表1 主な物理量と単位（つづき）

物理量	主な記号	単位の記号	単位の名称	単位の間の関係
磁束密度	$\boldsymbol{B}$	T	テスラ	
		Wb/m²	ウェーバ毎平方メートル	$1\,\text{T} = 1\,\text{Wb/m}^2$
磁束	$\varPhi_\text{M}$	Wb	ウェーバ	
透磁率	μ	H/m	ヘンリー毎メートル	
インダクタンス	L	H	ヘンリー	$1\,\text{H} = 1\,\text{Wb/A} = 1\,\text{J/A}^2$
インピーダンス	Z	Ω	オーム	
ポインティングベクトル	$\boldsymbol{P}$	W/m²	ワット毎平方メートル	
仕事関数	W	J	ジュール	
		eV	エレクトロン（電子）ボルト	$1\,\text{eV} \simeq 1.602 \times 10^{-19}\,\text{J}$

表2 物理定数

名称	記号	値
重力加速度の大きさ（国際標準値）	g	$9.80665\,\text{m/s}^2$
万有引力定数	G	$6.67408 \times 10^{-11}\,\text{N}\cdot\text{m}^2/\text{kg}^2$
絶対零度		$-273.15\,°\text{C}$
熱の仕事当量		$4.184\,\text{J/cal}$
ボルツマン定数	k_B	$1.38064852 \times 10^{-23}\,\text{J/K}$
アボガドロ定数	N_A	$6.022140857 \times 10^{23}/\text{mol}$
気体定数	R	$8.3144598\,\text{J/(mol}\cdot\text{K)}$
乾燥空気中の音速（0℃）		$331.45\,\text{m/s}$
電子の質量	m_e	$9.10938356 \times 10^{-31}\,\text{kg}$
陽子の質量	m_p	$1.6726219 \times 10^{-27}\,\text{kg}$
中性子の質量	m_n	$1.67492716 \times 10^{-27}\,\text{kg}$
電気素量	e	$1.60217662 \times 10^{-19}\,\text{C}$
真空中の光速	c	$299792458\,\text{m/s}$
真空の誘電率	ε_0	$8.85418782 \times 10^{-12}\,\text{F/m}$
真空の透磁率	μ_0	$4\pi \times 10^{-7}\,\text{H/m}$
プランク定数	h	$6.62607004 \times 10^{-34}\,\text{J}\cdot\text{s}$
リュードベリ定数	R	$10973731.568508/\text{m}$

表3 天文定数

名称	値
地球・太陽間の平均距離	$1.49597870 \times 10^{11}\,\text{m}$
地球の赤道半径	$6.378137 \times 10^6\,\text{m}$
地球の質量	$5.9742 \times 10^{24}\,\text{kg}$
太陽の半径	$6.960 \times 10^8\,\text{m}$
太陽の質量	$1.9891 \times 10^{30}\,\text{kg}$
月の半径	$1.738 \times 10^6\,\text{m}$
月の質量	$7.348 \times 10^{22}\,\text{kg}$
地球・月間の平均距離	$3.844 \times 10^8\,\text{m}$

理工系のリテラシー
物理学入門

轟木 義一
渡邊 靖志
共著

裳華房

INTRODUCTION TO PHYSICS
FOR THE NEXT GENERATION OF SCIENTISTS AND ENGINEERS

by

NORIKAZU TODOROKI, Dr. Eng.
YASUSHI WATANABE, Dr. Sc.

SHOKABO
TOKYO

はじめに

　なぜ，物理のような「小難しい科目」を受講しなければならないの？　なぜ物理には「難しげな数式」が頻発するの？　そもそも，物理は，化学，生物，地学と何がどう違うの？
　大学に入学したばかりの読者は，こんな疑問をもつだろう．基礎物理学の教科書はこれまでも数多く出版されてきた．そして基礎的な物理学の中身は，ここ数十年ほとんど変わっていない．そんな中，なぜまた，この教科書を加えようとするのだろうか．それは，以下の2つの理由からである．
　1つ目は，物理をとても難しいものだと思い，必修科目なので「仕方なく」受講する読者に，よい教科書を提供できたらという想いからである．読んでいるうちに，「何だ，そんな簡単なことだったのか」，「へー，自然はそんな風になっていたの」，「エーッ，本当にそんなことがあり得るの」と，物理への壁を乗り越えて物理ファンになっていただけたら著者としてもうれしい．そのために，高校で物理を選択せずに理工系の大学に入学してきた読者にも，わかりやすく楽しく学べるように細心の注意を払った．
　2つ目は，日頃いかに受講生にわかりやすく物理のエッセンスを伝えるべきかと苦心惨憺(さんたん)しておられる講義担当の先生方に，よりよい教科書を提供したいという想いからである．講義がしやすく，しかも随所に思いがけない発見があって楽しくなるような教科書を届けることができたらと願い，また，簡単ながら意外なデモのネタや，楽しい脱線の話題もできるだけ盛り込んだ．
　数学の取り扱いについては，その都度，必要最小限のやさしい解説を試みた．数学に強い人は読み飛ばしても問題ない．物理の理解に数学は必要不可欠である．数学嫌いの読者も，物理で数学を学び，実際に活用してみることによって，意外と簡単に身についてしまうのではないだろうか．
　本書では特に，物理が身近にあふれていること，また物理の拡がりを実感していただけるような例題，問題を多く作成することに注意を払った．「身の回りの不思議」に改めて気づき，新鮮な目で世界を見直す一助になるとうれしい．また，意外でおもしろい現象を扱う問題もできるだけ含めるようにした．それと同時に，まさに日進月歩の現代科学の話題もできるだけ盛り込もうとした．
　それでいて，理工系の基礎物理学の標準的教科書として，分厚くなく，コストパフォーマンスがよい教科書を目指した．限られたページの中に，いかに重要な事項を盛り込むかに心を砕いた．
　本書の構成は，第17章までの古典物理学（力学，物質の性質，熱力学，波動，電磁気学）と第18，19章の現代物理学（相対論，ミクロの世界）からなる．後者はまさに常識破りの世界であるが，直観的な理解ができるよう努めた．ここで，力学の比率が大きすぎると思われるかもしれない．しかしながらそれは，流体力学，熱力学，電磁力学，量子力学などと称されるように，物理学の基本に力学があるためとご理解いただきたい．（特に第2章が長くなったが，

微分，積分，ベクトルなどの基礎的な数学の説明を多く含むためである．）

　本書は，1学期14〜15コマ，または通年28〜30コマの講義での使用を想定して執筆された．しかし，14〜15コマで全部をきちんとカバーするのは，至難の業であろう．その場合は，目的に応じていくつかの章や節を省略するしかないだろう．そんなときでも読者には，省かれた章や節も目を通していただけたら大変幸いである．

　なお，本書の読者対象が大学新入生であることを考慮して，文字式については，式番号の付されているものに対して原則SIの単位をつけることにした．また，節の中で初出の，物理量を表す文字式についても，同様にSIの単位をつけることにした．読者におかれては，その数式がSIで表すとどういった単位がつくのかを，注意しつつ読み進めていただきたい．単位を常に意識することで，物理の理解度が格段に深まることと信じている．

　さて，この教科書は，専門分野，理論・実験，年齢，時間の余裕度のいずれにおいても相補的な，轟木義一と渡邊靖志が協力して生まれた．理想は高く現実とのギャップは大きい．著者らの意図が，読者や担当の教員各位に少しでも届けばとてもうれしい．

　最後に，本書を企画し，執筆を全面的にサポートしていただいた編集者の石黒浩之氏に心から感謝したい．

2018年9月

轟木義一
渡邊靖志

目 次

第1章　物理学と世界

1.1　物理学とは……………………………1
1.2　物理量と単位…………………………2
1.3　次元解析………………………………3
1.4　有効数字………………………………4
1.5　近似計算………………………………6
章末問題……………………………………7

第2章　位置，速度，加速度

2.1　直線運動における位置………………9
　2.1.1　質点………………………………9
　2.1.2　座標系と位置……………………10
2.2　直線運動における速度と加速度……11
　2.2.1　直線運動における速度…………11
　2.2.2　直線運動における加速度………14
2.3　3次元運動での位置と座標…………19
　2.3.1　3次元座標系……………………19
　2.3.2　位置ベクトル……………………21
2.4　変位ベクトル，速度ベクトル，加速度ベクトル……………………………………23
　2.4.1　変位ベクトル……………………23
　2.4.2　速度ベクトル・加速度ベクトル…23
章末問題……………………………………24

第3章　力と力の法則

3.1　力の3要素……………………………26
3.2　力の合成と分解………………………27
　3.2.1　力の合成…………………………27
　3.2.2　力の分解…………………………27
3.3　力のつり合い…………………………28
3.4　作用反作用の法則……………………29
3.5　基本的な力……………………………29
3.6　現象論的な力…………………………30
　3.6.1　重力………………………………30
　3.6.2　弾性力……………………………31
　3.6.3　張力………………………………32
　3.6.4　面から受ける力…………………33
章末問題……………………………………36

第4章　運動の3法則と物体の運動

4.1　運動の3法則…………………………38
　4.1.1　慣性の法則（運動の第1法則）…38
　4.1.2　運動の法則（運動の第2法則）…39
　4.1.3　作用反作用の法則（運動の第3法則）……………………………………40
4.2　運動方程式の解き方の例……………41
4.3　見かけの力……………………………43
章末問題……………………………………45

第5章　運動量とエネルギー

- 5.1 運動量と力積……………………47
- 5.2 運動量保存則……………………48
  - 5.2.1 衝突…………………………49
  - 5.2.2 はね返り係数………………50
- 5.3 エネルギーと仕事………………50
  - 5.3.1 一定の力が物体に対してする仕事・51
  - 5.3.2 変化する力が物体に対してする仕事
    ………………………………53
  - 5.3.3 仕事率………………………54
- 5.4 運動エネルギー…………………55
- 5.5 ポテンシャルエネルギー………56
  - 5.5.1 ポテンシャルエネルギーの定義…56
  - 5.5.2 力とポテンシャルエネルギーの関係
    ………………………………56
  - 5.5.3 重力のポテンシャルエネルギー…57
  - 5.5.4 ばねの弾性力のポテンシャルエネルギー
    ………………………………58
- 5.6 力学的エネルギー保存則………58
  - 5.6.1 保存力のみがはたらく場合………58
  - 5.6.2 保存力以外の力もはたらく場合…60
- 章末問題………………………………60

第6章　単振動と円運動

- 6.1 等速円運動………………………62
- 6.2 単振動……………………………63
  - 6.2.1 単振動と等速円運動…………64
  - 6.2.2 単振動の運動方程式と解……64
  - 6.2.3 単振り子………………………65
- 6.3 力のモーメントベクトルと角運動量…66
  - 6.3.1 力のモーメント………………66
  - 6.3.2 角運動量と回転の方程式……68
  - 6.3.3 角運動量保存則………………69
  - 6.3.4 ケプラーの法則………………69
- 6.4 遠心力とコリオリ力……………70
  - 6.4.1 遠心力…………………………70
  - 6.4.2 コリオリ力……………………71
- 章末問題………………………………73

第7章　剛体のつり合いと運動

- 7.1 物体の静止条件…………………74
- 7.2 物体の重心………………………75
- 7.3 剛体の運動………………………77
  - 7.3.1 慣性モーメント………………77
  - 7.3.2 回転運動の運動エネルギー…78
  - 7.3.3 慣性モーメントの計算………78
  - 7.3.4 物理振り子……………………80
  - 7.3.5 剛体の平面運動………………81
- 章末問題………………………………84

第8章　固体・液体・気体

- 8.1 原子・分子………………………86
- 8.2 物質の三態………………………86
  - 8.2.1 相図……………………………87
  - 8.2.2 物質の密度……………………87

8.2.3　圧力 ················· 88
8.3　固体 ······················· 88
　　8.3.1　ヤング率 ············ 89
　　8.3.2　ポアソン比 ·········· 89
　　8.3.3　剛性率 ·············· 89
8.4　気体と液体 ················· 90
　　8.4.1　浮力 ················ 90
　　8.4.2　流体中の圧力 ········ 91
8.5　運動流体 ··················· 92
　　8.5.1　連続の方程式 ········ 93
　　8.5.2　ベルヌーイの定理 ···· 93
　　8.5.3　流体中の物体にはたらく抵抗力 ···· 95
章末問題 ························· 97

第 9 章　熱　学

9.1　内部エネルギーと温度 ······· 99
　　9.1.1　内部エネルギー ······ 99
　　9.1.2　温度 ················ 99
　　9.1.3　示強的変数と示量的変数 ··· 100
9.2　理想気体 ··················· 100
　　9.2.1　理想気体の状態方程式 ···· 100
　　9.2.2　理想気体の内部エネルギー ··· 102
9.3　熱平衡状態 ················· 103
　　9.3.1　熱と熱量 ············ 103
　　9.3.2　熱平衡状態 ·········· 103
9.4　熱容量と比熱 ··············· 103
9.5　熱膨張 ····················· 105
9.6　熱の移動の仕方 ············· 105
章末問題 ························· 107

第 10 章　熱力学第 1 法則

10.1　熱力学第 1 法則 ············ 109
10.2　仕事 ······················ 110
10.3　過程 ······················ 111
　　10.3.1　定積過程 ············ 111
　　10.3.2　定圧過程 ············ 111
　　10.3.3　断熱過程 ············ 112
　　10.3.4　等温過程 ············ 113
10.4　サイクルと熱機関 ·········· 113
章末問題 ························· 116

第 11 章　熱力学第 2 法則

11.1　可逆過程と不可逆過程 ······ 118
11.2　カルノーサイクル ·········· 118
　　11.2.1　カルノーサイクルの各過程 ···· 119
　　11.2.2　カルノーサイクルの熱効率 ···· 120
11.3　熱力学第 2 法則 ············ 121
11.4　エントロピー ·············· 122
　　11.4.1　クラウジウスの不等式 ···· 123
　　11.4.2　クラウジウスの不等式の一般化 ·· 123
　　11.4.3　エントロピーの定義 ···· 124
　　11.4.4　エントロピーと熱力学第 1 法則 ·· 124
　　11.4.5　エントロピー増大則 ···· 125
章末問題 ························· 125

第12章 波　動

- 12.1 波 ································ 127
  - 12.1.1 波 ···························· 127
  - 12.1.2 縦波と横波 ···················· 128
  - 12.1.3 波の図と物理量 ················ 128
  - 12.1.4 波の重ね合わせの原理 ·········· 128
  - 12.1.5 正弦波 ························ 129
- 12.2 波の干渉と反射 ···················· 129
  - 12.2.1 干渉 ·························· 129
  - 12.2.2 反射 ·························· 129
  - 12.2.3 定常波 ························ 131
- 12.3 波の伝播 ·························· 132
  - 12.3.1 ホイヘンスの原理 ·············· 132
  - 12.3.2 屈折 ·························· 133
  - 12.3.3 回折 ·························· 133
- 12.4 音波 ······························ 134
  - 12.4.1 音の高さ，音色，大きさ ········ 134
  - 12.4.2 音速 ·························· 134
  - 12.4.3 ドップラー効果 ················ 135
  - 12.4.4 うなり ························ 136
- 12.5 光波 ······························ 137
  - 12.5.1 光の反射と屈折 ················ 137
  - 12.5.2 光の分散 ······················ 138
  - 12.5.3 光の干渉 ······················ 139
- 章末問題 ································ 142

第13章 電　場

- 13.1 電荷と電荷保存則 ·················· 144
  - 13.1.1 電荷と静電気力 ················ 144
  - 13.1.2 帯電の原因 ···················· 145
  - 13.1.3 電荷保存則 ···················· 145
- 13.2 導体, 半導体, 絶縁体 ·············· 146
- 13.3 クーロンの法則とその合力 ·········· 147
  - 13.3.1 クーロンの法則 ················ 147
  - 13.3.2 静電気力の合力 ················ 148
- 13.4 電荷密度 ·························· 149
  - 13.4.1 線電荷密度 ···················· 149
  - 13.4.2 面電荷密度 ···················· 151
  - 13.4.3 体積電荷密度 ·················· 151
- 13.5 電場 ······························ 151
  - 13.5.1 遠隔作用と近接作用 ············ 151
  - 13.5.2 電場ベクトル ·················· 151
  - 13.5.3 点電荷の作る電場 ·············· 152
  - 13.5.4 電場の重ね合わせの原理 ········ 152
- 13.6 一様な電場中の荷電粒子の運動 ······ 153
- 章末問題 ································ 153

第14章 電場に関するガウスの法則と電位

- 14.1 電束と電束密度ベクトル ············ 155
  - 14.1.1 電気力線 ······················ 155
  - 14.1.2 点電荷の作る電気力線 ·········· 156
  - 14.1.3 電束と電束密度ベクトル ········ 156
- 14.2 電場に関するガウスの法則 ·········· 157
- 14.3 ポテンシャルエネルギーと電位 ······ 159
  - 14.3.1 電位の重ね合わせの原理 ········ 160
  - 14.3.2 等電位面 ······················ 160
- 14.4 平行板コンデンサ ·················· 160
  - 14.4.1 極板間の電場と電位差 ·········· 161
  - 14.4.2 コンデンサの電気容量 ·········· 162
  - 14.4.3 コンデンサに蓄えられる静電エネルギー ···························· 162
  - 14.4.4 コンデンサの接続 ·············· 163

章末問題······164

第15章　電流と抵抗

15．1　電流······166
15．2　オームの法則······167
　15．2．1　抵抗······167
　15．2．2　ジュール熱······168
　15．2．3　抵抗の温度依存性······168
15．3　直流回路······169
　15．3．1　キルヒホッフの第1法則······169
15．3．2　キルヒホッフの第2法則······169
15．3．3　合成抵抗······169
15．3．4　電源······171
15．3．5　電流計と電圧計······171
15．4　ホイートストンブリッジ回路······171
章末問題······172

第16章　磁　場

16．1　磁束密度ベクトル······174
　16．1．1　平行な電流間にはたらく力······174
　16．1．2　ローレンツ力······175
16．2　磁場に関するガウスの法則······177
16．3　磁場ベクトル······177
16．3．1　永久磁石と磁場······177
16．3．2　磁束密度ベクトルと磁場ベクトル······178
16．4　アンペールの法則······178
章末問題······180

第17章　電磁誘導と電磁波

17．1　電磁誘導とファラデーの法則······182
　17．1．1　電磁誘導······182
　17．1．2　ファラデーの法則······183
17．2　交流······183
　17．2．1　実効電圧，実効電流，実効電力······184
　17．2．2　インダクタンス······184
　17．2．3　コイルに蓄えられるエネルギー······185
　17．2．4　インピーダンス······186
17．3　マクスウェル-アンペールの法則······186
17．4　マクスウェル方程式と電磁波······187
　17．4．1　マクスウェル方程式······187
　17．4．2　電磁波······188
　17．4．3　円偏光と楕円偏光······188
　17．4．4　電磁波のエネルギー······189
　17．4．5　電磁波の種類······189
章末問題······190

第18章　相対性理論

18．1　相対性原理と光速不変の原理······192
　18．1．1　ガリレイ変換と相対性原理······192
18．1．2　光速不変の原理······193
18．2　特殊相対性理論の帰結とローレンツ変換

…………………………194	18.3.1　4元ベクトル………………198
18.2.1　時間の遅れ………………194	18.3.2　ローレンツ不変量…………198
18.2.2　ローレンツ収縮……………195	18.4　一般相対性理論へ………………199
18.2.3　同時性………………………195	18.4.1　等価原理……………………199
18.2.4　ローレンツ変換……………196	18.4.2　一般相対性理論と世界……200
18.2.5　速度の合成則………………197	章末問題……………………………………201
18.3　4次元の世界………………………198	

第19章　ミクロの世界の物理学

19.1　光電効果と光量子仮説…………203	19.3.4　超伝導と超流動……………207
19.1.1　光電効果……………………203	19.3.5　粒子の状態への入り方……207
19.1.2　光量子仮説…………………204	19.4　原子の構造とボーア模型………207
19.1.3　仕事関数と限界振動数，限界波長	19.4.1　原子の構造…………………207
…………………………………204	19.4.2　ボーア模型…………………208
19.2　粒子の波動性……………………205	19.5　不確定性原理……………………209
19.2.1　電子の二重スリット実験…205	19.6　放射性元素………………………210
19.2.2　ド・ブロイ波………………205	19.6.1　粒子の安定性と崩壊………210
19.3　粒子の大別………………………205	19.6.2　原子核の安定性と崩壊……210
19.3.1　ボース粒子とフェルミ粒子…205	19.6.3　放射線の人体への影響……213
19.3.2　パウリ原理…………………206	19.6.4　放射線の利用………………214
19.3.3　ボース–アインシュタイン凝縮…206	章末問題……………………………………215

問題解答………………………………………………………………………………………216
索引……………………………………………………………………………………………233

コ ラ ム

オーダーエスティメーション……………………………………………………………………7
分子時計と進化速度……………………………………………………………………………24
ループ量子重力理論……………………………………………………………………………36
ダークエネルギー………………………………………………………………………………60
宇宙エレベータ…………………………………………………………………………………72
ナノカーボン……………………………………………………………………………………96
温暖化と過去の温暖期………………………………………………………………………115
r^{-2}則と余剰次元……………………………………………………………………………164

半導体の進化………………………………………………………………… 190
時空間の歪みと重力波……………………………………………………… 201
^{14}C 年代測定……………………………………………………………… 214

第 1 章

物理学と世界

物理学とは何だろうか．なぜ理工系の必修基礎科目の1つなのだろうか．他の科目とどう違い，どう関係しているのだろうか．

この章では，まず，このような根源的なことを考えよう．そのうえで，物理学の学習を進めていく際に必要となる基礎的な事項を身につけよう．

学習目標
- 物理学とは何か，何を対象とする学問なのか，なぜ物理学を学ぶのかを理解する．
- 物理量と単位を理解し，国際単位系（SI）を説明できるようになる．
- 有効数字を考慮した物理量同士の計算ができるようになる．
- 次元解析を用いて，物理量の間の関係を予測することができる．
- いくつかの近似式を用いた計算ができるようになる．

キーワード
物理量，単位，SI，長さ l [m]，質量 m [kg]，時間 t [s]，次元解析，誤差，有効数字，近似

1.1 物理学とは

自然現象は，普遍的な法則によって支配されている．それらの法則を発見し，活用することによって，文明は発展してきた．この自然を支配する法則を明らかにする学問が，物理学である．したがって，物理学は，理工系の基礎となる学問の1つである．

物理学と他の学問分野

高校での理科の科目には，物理，化学，生物，地学の4分野がある．物理と他の分野では何が異なるのだろうか．まず，化学，生物，地学は，その対象の違いによって分けた科目と考えてよいだろう．

一方で，**物理学の対象は自然界の現象すべて**である．したがって，物理学は化学と重複部分も多く，また，生物物理学，地球物理学なども存在する．

物理学と数学

物理学と数学は扱う対象が異なる．物理学が扱うのは「自然現象」であるのに対し，数学で扱うのは自然を抽象化した「数や図形」である．

それでは，物理学と数学は関係がないのだろうか．実をいうと，両者には密接な関係がある．物理学では自然界を**物理量**で記述し，それらの間に成り立つ関係（法則）を発見し，活用する．その関係が数式で表される．

1.2 物理量と単位

物理量は，次のように，**単位**（比較の基準となる量）の何倍になるかで表される．
$$（物理量）=（数値）\times（単位） \tag{1.1}$$

国際単位系（SI）

単位，すなわち，何を基準にするかは人間が決めるものである．例えば，物体の移動距離を，メートルで表してもインチで表しても，物体の運動自体は変わらない．このように単位の選び方は自由であるが，表 1.1 の**国際単位系**（略：**SI**❶）が広く用いられており，本書でも SI を採用する．SI では，**時間** [s]，**長さ** [m]，**質量** [kg]，電流 [A]，絶対温度 [K]，物質量 [mol]，光度 [cd] の 7 つの基本単位が定められている．

単位には，基本単位を組み合わせた**組立単位**もある．例えば，物体の速さ v は，物体が通った道のり Δx [m] を，移動するのにかかった時間 Δt [s] で割ることによって $v = \Delta x / \Delta t$ と求められる❷．したがって，速さ v の単位は m/s（メートル毎秒）となる．

表 1.1 SI 基本単位（国立天文台 編：「理科年表」（丸善出版，2018 年）をもとに作成）

量	名称	記号	定義
時間	秒	s	^{133}Cs 原子の基底状態における 2 つの超微細準位の間の遷移に対応する放射の 9192631770 周期の継続時間である．
長さ	メートル	m	光が真空中で 1/299792458 s の間に進む距離である．
質量	キログラム	kg	質量の単位であり，国際キログラム原器の質量に等しい．
電流	アンペア	A	真空中に 1 m の間隔で平行に置かれた，無限に小さい円形断面積を有する，無限に長い 2 本の直線状導体のそれぞれに流し続けたときに，これらの導体の長さ 1 m ごとに 2×10^{-7} N の力を及ぼし合う一定の電流である．
熱力学温度	ケルビン	K	水の 3 重点の熱力学温度の 1/273.16 である．
物質量	モル	mol	0.012 kg の ^{12}C に含まれる，原子と等しい数の構成要素を含む系の物質量である．モルを使用するときは，構成要素を指定しなければならない．構成要素は原子，分子，イオン，電子その他の粒子またはこの種の粒子の特定の集合体であってよい．
光度	カンデラ	cd	周波数 540×10^{12} Hz の単色放射を放出し，所定の方向の放射強度が $1/683$ W sr^{-1} である光源の，その方向における光度である．

=== **累乗と指数** ===

物理学では，非常に大きい数から小さい数までを扱う．そのため，10 の**累乗**を用いて表すことが多い．ここで累乗とは，ある 1 つの数を繰り返し掛け合わせることを指す．x を n 回掛けた累乗を x の n 乗といい，この n を**指数**という．x の n 乗を x^n と表す．

---

❶ フランス語の Système international d'unitès の略．長さ，質量のもとの定義は，それぞれ，地球の子午線に沿っての 1 周の長さを 4 万 km，体積 1 L の水の質量を 1 kg とした．

❷ Δx, Δt は，それぞれ，$\Delta \times x$, $\Delta \times t$ ではなく，x, t の変化量を表す記号であることに注意すること．

指数の掛け算，割り算に関して，次の関係（**指数法則**）が成り立つ．

$$x^m \times x^n = x^{m+n}, \quad x^m \div x^n = x^{m-n}, \quad (x^m)^n = x^{m \times n}, \quad (xy)^n = x^n y^n \tag{1.2}$$

指数法則を用いると，単位の変換や，大きな数値や小さな数値の計算を手早く行うことができる．

SI では表 1.2 の SI 接頭辞を用いて，次のように 10 の累乗で表す．

$$10\,\mathrm{km} = 10 \times 10^3\,\mathrm{m} = 1.0 \times 10^4\,\mathrm{m}, \quad 1.0\,\mathrm{g} = 0.0010\,\mathrm{kg} = 1.0 \times 10^{-3}\,\mathrm{kg} \tag{1.3}$$

表 1.2 SI 接頭辞

数	接頭辞	記号	数	接頭辞	記号
10^1	デカ	da	10^{-1}	デシ	d
10^2	ヘクト	h	10^{-2}	センチ	c
10^3	キロ	k	10^{-3}	ミリ	m
10^6	メガ	M	10^{-6}	マイクロ	μ
10^9	ギガ	G	10^{-9}	ナノ	n
10^{12}	テラ	T	10^{-12}	ピコ	p
10^{15}	ペタ	P	10^{-15}	フェムト	f
10^{18}	エクサ	E	10^{-18}	アット	a
10^{21}	ゼッタ	Z	10^{-21}	ゼプト	z
10^{24}	ヨッタ	Y	10^{-24}	ヨクト	y

問題 1.1 次の指数で表された数値を，指数を用いないで表しなさい．
(1) 3^6 (2) $(2^2)^5$ (3) $-2^2 \times (-3)^3$

問題 1.2 次の速さを，m/s の単位で求め，大きい順に並べなさい．ただし，与えられていない必要な数値は見返しの表から求めなさい．
(1) 100 m を 10 秒で走るランナー (2) 時速 1000 キロの航空機 (3) 地球の自転による赤道上の地表の速さ (4) 地球の公転の速さ (5) 大陸プレートの速さ（約 5.0 cm/年）
(6) 風速 30 m の風 (7) 乾燥した 0 ℃ の空気中での音速 (8) 真空中を伝わる光

問題 1.3 天文学で使われる長さの概略値を m の単位で表しなさい．ただし，必要な数値は見返しの表から求めなさい．
(1) 1 au（≃ 地球・太陽間の平均距離）
(2) 1 光年（光が光速で 1 年間（≃ 3.156×10^7 s）に飛ぶ距離）

1.3 次元解析

前節で紹介した長さ，質量および時間は，異なった物理的性質をもっている．この物理的性質を**次元**という．長さ，質量および時間の次元を，それぞれ，L，M および T と表す．ある物理量の単位を SI で $\mathrm{m}^a \mathrm{kg}^b \mathrm{s}^c$ とするとき，その物理量の次元を $\mathrm{L}^a \mathrm{M}^b \mathrm{T}^c$ と表す．同じ次元をもつ 2 つの物理量の比を考えると，それは次元のない数値（**無次元数**）になる．また，$\sin \alpha$, e^β などの α, β は無次元量である（角度 30°，π rad の ° や rad は無次元の単位）．

物理量の間の関係式が与えられたとき，右辺と左辺の次元は同じになる．また，異なる次元の量は，足し引きすることができない．これらの性質から，具体的に計算を行わなくても，物理量の間の関係を推測できる．このような，物理量の間の関係を導く強力な方法を**次元解析**という．

例題 1.1

図 1.1 のように，長さ $l\,[\mathrm{m}]$ の伸び縮みしない軽い糸の先に，質量 m $[\mathrm{kg}]$ のおもりのついた振り子がある．この振り子の周期 $T\,[\mathrm{s}]$ を，次元解析により求めなさい．ただし，重力加速度の大きさを $g\,[\mathrm{m/s^2}]$ とする．

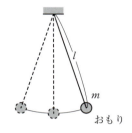

図 1.1 振り子の周期

解 この問題に現れる物理量は，質量 m，糸の長さ l，重力加速度の大きさ g であるから，振り子の周期はこれらのべき乗の積 $m^\alpha l^\beta g^\gamma$ と書けるはずである．この次元が周期の次元 $\mathrm{M^0 L^0 T^1}$ となるように，α，β，γ を決めていこう．

m の次元は M，l の次元は L，g の次元は $\mathrm{LT^{-2}}$ であるから，

$$[m^\alpha l^\beta g^\gamma] = [\mathrm{M}^\alpha \mathrm{L}^\beta (\mathrm{LT^{-2}})^\gamma] = [\mathrm{M}^\alpha \mathrm{L}^{\beta+\gamma} \mathrm{T}^{-2\gamma}] \tag{1.4}$$

となる．これが周期 T の次元 $[\mathrm{M^0 L^0 T^1}]$ と一致するためには，$\alpha = 0$，$\beta + \gamma = 0$，$\gamma = -1/2$ を満たさなければならない．これより，$\alpha = 0$，$\beta = 1/2$，$\gamma = -1/2$ と求まる．したがって，周期 T は，A を無次元の定数として，

$$T = A l^{\frac{1}{2}} g^{-\frac{1}{2}} = A\sqrt{\frac{l}{g}}\,[\mathrm{s}] \tag{1.5}$$

のように書けると予想できる（T は質量によらない）．次元解析だけでは定数 A まで求めることはできないが，周期 T の l および g（および m）依存性は求めることができた（(6.14) 参照）．

問題 1.4

地震の P 波の速さ v が地殻のヤング率 E と密度 ρ のみによるとき，v を E と ρ を用いて表しなさい．ただし，v，E，ρ の次元はそれぞれ，$\mathrm{LT^{-1}}$，$\mathrm{ML^{-1}T^{-2}}$，$\mathrm{ML^{-3}}$ である．

1.4 有効数字

物理量の測定では，必ず**誤差**が生じる．例えば，アナログ測定器の目盛りを読むときには，最小目盛りの 10 分の 1 までは何とか目分量で読める．デジタル測定器では最小表示桁数まで読むことができるが，それより小さい桁まで測定できない．高性能な測定器を用いれば測定の精度は増すが，それでも厳密な値は測定できず，誤差が生じる．

そのため，**有効数字**を用いて測定の精度を表す．最小目盛りが 1 mm である物差しで長さを測るときには，0.1 mm の位まで目分量で読み，例えば 12.3 mm と表す．この場合，最小桁の 3 は ±1 程度の誤差を含んではいるが，'1'，'2'，'3' はいずれも測定で得た意味のある数値なので，これらの数字を有効数字という．また，「有効数字は 3 桁である」ともいう．

同様に，最小目盛りが 1 mm で，物差しの目盛り線上に測定値がある場合は，どこまでが正確に測って得られた数値かを明確にするため，例えば 12.0 mm と書く．このとき，末尾の 0

には意味がある．1.20×10^3 m という測定値の場合は，有効数字は '1'，'2'，'0' の3桁であり，10 m の位までは測定で得られた意味のある数値であることを表している．

一方で，測定値ではない確定している数は，誤差をもたない．したがって，その数には有効数字の桁数を考えない．例えば，半径 r の球の体積は $4\pi r^3/3$ であるが，ここで，4 や 3 は確定している数であるから，有効数字の桁数を考えない．また，π の有効数字は無限個である．

有効数字を含む測定値の計算

有効数字の末尾の桁は，誤差を含んでいるので，それ以上計算しても意味がない．そこで，測定値の計算は，次のように行う．

(1) **加減算**

測定値の中で末位が最も高い位に合わせるように計算結果を四捨五入し，有効数字とする❸．例えば，測定値 1.41 と測定値 2.0 の足し算は，$1.4\dot{1} + 2.\dot{0} = 3.4\dot{1}$ となるので，小数第2位を四捨五入して $3.4\dot{1} = 3.4$ とする．（誤差を含む数字を，上に点をつけて表した．）

(2) **乗除算**

測定値の中で有効数字の桁数が最小のものに合わせるように計算結果を四捨五入し，有効数字とする．例えば，測定値 1.41 と測定値 2.2 の掛け算は，2.2 の方が有効数字の桁数が小さく，2桁であるので，答えの3桁目を四捨五入して，$1.41 \times 2.2 = 3.1\cancel{0}2$ とする．

例題 1.2

有効数字に注意して次の計算を行いなさい．

(1)　$1.24 - 1.23$

(2)　$(1.24 - 1.23) \times 4.0$

解　(1)　$1.2\dot{4} - 1.2\dot{3} = 0.0\dot{1}$ となる．有効数字3桁の測定値同士を引き算して，有効数字が1桁になっていることに注意しよう．

(2)　括弧の引き算は (1) で得たように 0.01 となり，有効数字は1桁になる．よって，0.01×4.0 では，有効数字を1桁にして，$0.01 \times 4.0 = 0.04\cancel{0} = 0.04$ となる．

問題 1.5　有効数字に注意して次の計算を行いなさい．

(1)　$1.23 + 1.4$　　(2)　$1.34 - 1.2$　　(3)　9.8×1.2

問題 1.6　分度器を用いてある角度 θ を測定したところ，図 1.2 のようになった．θ は何度か．また，電卓を使って $\cos\theta$ を求めなさい．

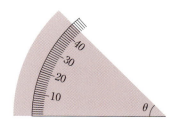

図 1.2　分度器による角度の測定

---

❸　計算では，初めから有効数字の位を最も高いものに合わせて計算してはならない．計算してから結果を最も高い位に合わせること．

1.5 近似計算

概算結果を求めることはしばしば重要である．そのような場合に，以下に示す**近似**計算を行うとよい．

2項展開近似

$|x|$ が 1 より十分に小さい ($|x| \ll 1$) ときには，次のように近似できる．

$$(1+x)^\alpha \simeq 1 + \alpha x \tag{1.6}$$

例題 1.3

α を自然数として，(1.6) を説明しなさい．

解 $(1+x)^\alpha$ を2項展開すると，

$$(1+x)^\alpha = 1 + \alpha x + \frac{\alpha(\alpha-1)}{2\cdot 1}x^2 + \frac{\alpha(\alpha-1)(\alpha-2)}{3\cdot 2\cdot 1}x^3 + \cdots \tag{1.7}$$

となる．ここで，$|x|$ が十分に小さい ($|x| \ll 1$) ときには，x^2, x^3 は x に比べて無視できる．よって，(1.6) と近似できる．

問題 1.7 近似式 (1.6) を用いて，$(10000/10001)^5$ を計算しなさい．

問題 1.8 近似式 (1.6) を用いて，$\sqrt{2}$ を小数点以下第1位まで求めなさい．【ヒント】例えば $2 = 1.5^2 - 0.25$ を用いる．

三角関数の近似

角度 $|\theta|$ [rad] (ラジアン) が十分に小さいときには，次の近似を用いることができる．

$$\sin\theta \simeq \tan\theta \simeq \theta, \quad \cos\theta \simeq 1 \tag{1.8}$$

例題 1.4

(1.8) を説明しなさい．

解 図 1.3 のように中心角 θ [rad]，半径 r [m]，$\theta = (\text{弧 AB})/r$，$\sin\theta = \overline{AC}/r$，$\tan\theta = \overline{AD}/r$ である．これらは，$|\theta|$ が十分に小さいときには等しいと見なせる．また，$\cos\theta = \overline{OC}/r$ である．θ が十分に小さいときには，$\overline{OC} = r$ と見なすことができる．したがって，(1.8) と近似できる．

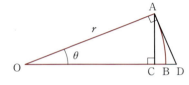

図 1.3 三角関数の近似

コラム オーダーエスティメーション

「地球の大気の厚さは何 m か？」

このような問いがあったときに，どのように計算すればよいだろう．

大気にはたらく重力が大気圧を与えるので，どの位置でも同じ厚さ，同じ密度で大気の層があると仮定し，地上での大気圧を P [Pa]，大気の密度を ρ [kg/m³]，重力加速度の大きさを g [m/s²] とすれば，大気の厚さ h [m] は，$h = P/(\rho g)$ [m] より求めることができる．

地上の大気圧は天候などによって変動するが，おおよそ 1000 hPa $= 1.0 \times 10^5$ Pa である．大気の密度は気温や高度にもよるが 1.0 kg/m³ としよう．重力加速度の大きさは，おおよそ 9.8 m/s² であるが，これを 10 m/s² としよう．これらの値を用いれば，大気の厚さは $h = 1.0 \times 10^4$ m $= 10$ km と求めることができる．大気の密度は高度が高くなるほど小さくなるので，実際には，この値は，大気の平均の厚さを与える．

このような概算値を求める方法をオーダーエスティメーションという．物理学において，正確な計算をする前に，オーダーエスティメーションによって物理量の概算値を見積もることはよく行う手法である．概算値を見積もることで，初めの仮定やモデルの妥当性を知ったり，求めたい値の下限や上限を評価したりすることができる．

オーダーエスティメーションはフェルミが得意だったので，**フェルミ推定**ともよばれている．フェルミ自身が行った例として有名なのは，トリニティ実験での核出力のオーダーエスティメーションである．トリニティ実験は，1945 年にアメリカで行われた人類最初の核実験であり，その頃はまだ核出力の測定は難しかった．爆発の際，フェルミは紙切れを空中に撒き，爆風によって紙が飛ばされた距離から核出力を見積もった（爆風は爆発から 40 s 後にフェルミのいた場所に到達し，紙切れは 2.5 m だけ飛ばされた）．

フェルミが見積もった核出力の値は，TNT（トリニトロトルエン）火薬の量に直して 10 kt（キロトン）であった．これは，現在見積もられている，より正確な値の約 20 kt に近い値になっている（章末問題 1.5(2) 参照）．

章 末 問 題

1.1 2018 年に，質量の単位が国際キログラム原器の質量を用いたものから，光子のエネルギーを用いたものに変更された．この変更が行われた理由を調べてみなさい． ⇒ **1.2 節**

1.2 アボガドロ定数（$\simeq 6.0 \times 10^{23}$/mol）個の炭素 ^{12}C 原子の質量が 12 g と定められている．水素原子 1 個の質量を求めなさい．ただし，^{12}C 原子は，陽子，中性子，電子がそれぞれ 6 個ずつからなり，陽子と中性子の質量はほぼ同じで，電子の質量は無視できる．また，水素原子は陽子と電子 1 個ずつからなる．

⇒ **1.2, 1.4 節**

1.3 次の物質の平均密度を kg/m³ の単位で求めなさい．ただし，与えられていない必要な数値については見返しの表を用いなさい．

⇒ **1.2, 1.4 節**

(1) 純水．（1 kg のもとの定義は，1 L の純水の質量．）

(2) 地球．（ただし，地球を半径 6.38×10^3 km の一様な球とする．）

(3) 標準状態の大気（1 気圧，0 ℃）．ただし，物質量 1 mol の気体の体積は 22.4 L で，空気の組成は，窒素（^{14}N）が 78.08 %，酸素（^{16}O）が 20.95 %，アルゴン（^{40}Ar）が 0.93 %，二酸化炭素（^{12}CO$_2$）が 0.04 % とする．また，1 mol の ^{12}C 原子の質量は 12 g である．

(4) 太陽．（ただし，太陽を半径 6.96×10^5 km の一様な球とする．）

(5) 中性子星．（ただし，中性子星を半径 10.0 km の一様な球とし，質量は太陽質量とする．）

1.4 東京（北緯 35 度 41 分）の位置での，地球の自転の速さを m/s の単位で求めなさい．ただし，地球を半径 6.38×10^3 km の球とする． ⇨ 1.2, 1.4 節

1.5 次の問題を次元解析の方法を用いて解きなさい．ただし，数値を求める際は，比例定数を 1 とし，与えられていない必要な数値は見返しの表を用いなさい． ⇨ 1.3, 1.4 節

(1) 津波の速さ v [m/s] が海の深さ h [m] と重力加速度の大きさ g [m/s^2] のみによるとして，v を g と h を用いて表しなさい．また，海の平均水深を 4.2 km，$g = 9.8$ m/s^2 とするとき，チリ沖の地震による津波の速さは時速何 km で，何時間後に日本に到着するか求めなさい．ただし，震源地と日本との距離を 1.7×10^4 km とする．

(2) コラム「オーダーエスティメーション」でのトリニティ実験の例を具体的に検討してみよう．核出力のエネルギー E [kg·m^2/s^2] が空気の密度 ρ [kg/m^3]，爆発半径 R [m]，爆発してからその半径に到達するまでの時間 t [s] のみによるとして，E を ρ, R および t を用いて表しなさい．

空気の密度を 1.2 kg/m^3 とし，トリニティ実験のデータ（16 ms での爆発半径が 110 m）を用いて，トリニティ実験における核出力のエネルギーを TNT の質量に換算して表しなさい．なお，TNT 1 kt $= 4.184 \times 10^9$ J とする．

(3) 自然界の定数として，光速 c [m/s]，万有引力定数 G [m^3/(s^2·kg)]，換算プランク定数 $\hbar = h/(2\pi)$ [kg·m^2/s] がある．これらを組み合わせて，長さの単位，質量の単位，時間の単位をもつ組み合わせを作りなさい．また，それぞれの値を計算しなさい．これらはそれぞれプランク長，プランク質量，プランク時間とよばれ，量子重力理論での重要な定数である（第 3 章コラム「ループ量子重力理論」参照）．

1.6 ある物理量 A が，正の物理量 X, Y を用いて $A = X^a Y^b$ と表されるとする．ここで，a, b は正の定数である．

物理量 X, Y を測定した際に，それらの値が物理量 $X + \Delta X$, $Y + \Delta Y$ と，真の値に比べてそれぞれ ΔX, ΔY だけずれたとき，物理量 A の真の値からのずれ ΔA は，たかだか

$$\frac{|\Delta A|}{A} = a\frac{|\Delta X|}{X} + b\frac{|\Delta Y|}{Y} \quad (1.9)$$

と見積もれることを示しなさい．ただし，$X \gg |\Delta X|$, $Y \gg |\Delta Y|$ とする． ⇨ 1.5 節

1.7 1 % 未満の誤差で，(1.8) の近似ができる最大の角度 θ [rad] を電卓を使って有効数字 3 桁で求めなさい． ⇨ 1.5 節

第 2 章

位置，速度，加速度

　物体の運動とは，物体の位置が時間とともに変化することである．したがって，物体の運動を記述するには，各時刻における物体の位置を把握しなければならない．各時刻の位置から，速度，加速度がわかることをまず理解しよう．

　この章では，まず，直線に沿った運動について座標系を導入し，位置，速度，加速度を学ぼう．次に，3次元空間中の一般の運動に拡張し，位置ベクトル，速度ベクトル，加速度ベクトルを導入しよう．そして，微分・積分を用いた位置，速度，加速度の計算の基礎知識を身につけよう．

学習目標
- 位置，速度，加速度の定義を説明できるようになる．
- x–tグラフの傾きから速度を求められるようになる．
- v–tグラフの傾きから加速度，面積から変位を求められるようになる．
- a–tグラフの面積から速度の変化を求められるようになる．
- ベクトル演算を習得し，位置，速度，加速度をベクトルを用いて表せるようになる．
- 微分・積分を用いて，位置，速度，加速度の関係を説明できるようになる．

キーワード
質点，座標系，x–tグラフ，v–tグラフ，a–tグラフ，等速直線運動，等加速度直線運動，直交座標系，極座標系，位置ベクトル $\boldsymbol{r}$ [m]，ベクトルの演算，変位ベクトル $\Delta\boldsymbol{r}$ [m]，速度ベクトル $\boldsymbol{v}$ [m/s]，加速度ベクトル $\boldsymbol{a}$ [m/s^2]，微分，積分

2.1　直線運動における位置

2.1.1　質　点

　物理学では，現象を，まずは理想化して考える．その重要な例として，**質点**がある．

　物体の加速のしやすさを表す物理量を，**質量**という．質量をきちんと定義するには，第4章における運動の法則の登場を待たなければならない．今は，物体のもつ性質の1つだと考えておこう．物体の運動を記述する際，物体の回転や変形を考えなくてよい場合が多い．そういう場合には，物体を「質量をもった点」と見なす．この質量をもった点を，質点という．

2.1.2 座標系と位置

質点の運動を記述するには，各時刻の質点の位置を知る必要がある．そのためにまず，空間に目盛りをつける．この目盛りを**座標系**という❶．

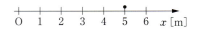

図 2.1 座標系

直線に沿って運動する質点の座標系を，次のように決める．図 2.1 のように，その直線上の適当な位置に原点 O を定め，そこを基準にして，直線に沿って，例えば 1 m を基本単位とした数直線を考える．この数直線を**座標軸**といい，その数直線上の値を**座標**という．原点 O の位置は自由に決めてよいが，時刻 $t=0$ のときの質点の位置を原点とする場合が多い．場合によっては，数直線の数値を省略して描くこともある．

x-t グラフ

質点の位置の時間変化の様子は，図 2.2 のように位置 x [m] を縦軸に，時刻 t [s] を横軸にしたグラフを描くと理解しやすい．このグラフを **x-t グラフ**（x-t 図）という❷．

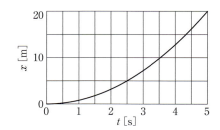

図 2.2 x-t グラフ

例題 2.1

直線に沿って運動するおもちゃのロボットの位置を時間 1 s ごとにマークしたところ，図 2.3 のようになった．ただし，ロボットは図の左から右に運動している．$t=0$ のロボットの位置を原点 O とし，運動方向を x 軸として，このロボットの運動の x-t グラフを描きなさい．

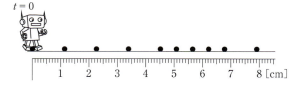

図 2.3 おもちゃのロボットの運動

解 x 座標を読み取り，それをグラフに表せば，図 2.4 のようになる．

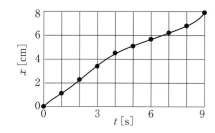

図 2.4 おもちゃのロボットの運動（x-t グラフ）

---

❶ 目盛りは人間が振るものなので，目盛りのつけ方によって物理現象が変わることはない．通常は問題を解くのに見通しがよい座標系を選ぶ．

❷ 一般に「a-b グラフ」とは，a を縦軸に b を横軸に取って描いたグラフのことである．

問題 2.1 次の運動の x-t グラフを描きなさい．ただし，それぞれの速さは一定とする．

(1) 100 m を 10 s で駆け抜けるランナー．

(2) 25 m プールを片道 20 s で往復している水泳選手．

(3) 周囲 200 m のトラックを一周 30 s で周回しているランナー．（トラックは直線ではないが，x 軸をトラックに沿って取る．）

2.2 直線運動における速度と加速度

2.2.1 直線運動における速度

質点の位置の変化（変位）を所要時間で割った量を質点の**速度**という．速度の単位は m/s（メートル毎秒）である．

直線（x 軸）に沿った運動を考えよう．速度の向きは x 軸の正の向きと負の向きの 2 種類になる．そこで大きさと正負の向きの符号を含んだ量として，速度を記号 v_x で表す．速度には**平均の速度**と**瞬間の速度**がある．

平均の速度

質点の時刻 t_I [s] から t_F [s] の間の平均の速度 $\overline{v_x}$ [m/s] は，変位 $\Delta x = x(t_\mathrm{F}) - x(t_\mathrm{I})$ [m] を所要時間 $\Delta t = t_\mathrm{F} - t_\mathrm{I}$ [s] で割って次のように定義する[3]．

$$\overline{v_x} = \frac{(\text{変位})}{(\text{所要時間})} = \frac{\Delta x}{\Delta t} = \frac{x(t_\mathrm{F}) - x(t_\mathrm{I})}{t_\mathrm{F} - t_\mathrm{I}} \ [\mathrm{m/s}] \tag{2.1}$$

瞬間の速度

Δt [s] として非常に短い時間を考え，時刻 t [s] から $t + \Delta t$ [s] の間の変位を $\Delta x = x(t + \Delta t) - x(t)$ [m] としたとき，この質点の時刻 t における瞬間の速度 $v_x(t)$ [m/s] を，次のように定義する．

$$v_x(t) = \lim_{\Delta t \to 0} \frac{\Delta x}{\Delta t} = \lim_{\Delta t \to 0} \frac{x(t + \Delta t) - x(t)}{\Delta t} \ [\mathrm{m/s}] \tag{2.2}$$

記号 $\lim_{\Delta t \to 0}$ は，Δt を限りなく 0 に近づけることを意味する．

瞬間の速度を単に**速度**という．また，速度の大きさを**速さ**という．速度はベクトル量なのに対し，速さはスカラー量である[4]．

x-t グラフの傾きと速度

図 2.5 の x-t グラフにおいて，曲線 $x(t)$ 上の 2 点 P, Q を通る直線の傾きは $\Delta x / \Delta t$ と表せる．

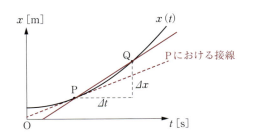

図 2.5 x-t グラフにおける接線の傾きと速度

---

[3] 時刻 t での x の値を $x(t)$ と書く．

[4] 速度（瞬間の速度）の大きさは速さ（瞬間の速さ）であるが，平均の速度の大きさが必ずしも平均の速さに等しいわけではない．

したがって，x-t グラフにおいて 2 点 P, Q を通る直線の傾きが，点 P の時刻 t_P から点 Q の時刻 t_Q の間における平均の速度（(2.1) で定義した量）に対応する．

点 P の時刻での瞬間の速度を求めるには，(2.2) で求めたように $\Delta x / \Delta t$ の Δt を限りなく 0 に近づければよい．これは，点 P を固定したまま，点 Q を点 P に限りなく近づけることに対応する．この場合，P, Q を通る直線は点 P での接線になる．したがって，x-t グラフにおける点 P での接線の傾きが，点 P の時刻における瞬間の速度に対応する．

問題 2.2 図 2.6 は，x 軸に沿って運動する質点の x-t グラフである．$t = 1.0 \sim 6.0\,\mathrm{s}$ の，質点の平均の速度を求めなさい．また，$t = 1.0\,\mathrm{s}$ における質点の速度を求めなさい．

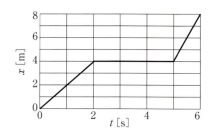

図 2.6　x-t グラフの傾きと速度

問題 2.3 図 2.7 は，x 軸に沿って運動する質点の x-t グラフである．次の問いに答えなさい．

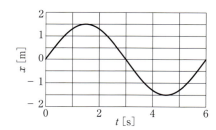

図 2.7　速度の大きさ，向きと x-t グラフ

(1) この質点の速度の大きさ（速さ）が最も大きくなる時刻，および最も小さくなる時刻をそれぞれ求めなさい．

(2) 質点が x 軸の正の向き，負の向きに進んでいる時間をそれぞれ求めなさい．

等速直線運動

直線に沿った一定の向き，一定の速さの運動を**等速直線運動**という．x 軸に沿って速度 $v_x\,[\mathrm{m/s}]$ で等速直線運動をする質点の位置 $x(t)\,[\mathrm{m}]$ は，$t = 0$ での質点の位置を $x_0\,[\mathrm{m}]$ とすれば，次のように表せる．

$$x(t) = v_x t + x_0\,[\mathrm{m}] \quad (\text{等速直線運動をする質点の位置}) \tag{2.3}$$

等速直線運動をする質点は，その速度も一定であるので，等速直線運動を**等速度運動**ともいう．また，等速直線運動では，平均の速度と瞬間の速度は等しくなる．

v-t グラフの面積と変位

質点の速度を縦軸に，時間を横軸に描いたグラフを **v-t グラフ**（v-t 図）という．v-t グラフを描くと，質点の速度が時間とともに変化する様子がわかる．曲線が v_x 軸と交わる点（切片）は $t = 0$ での質点の速度であり，**初速度**という．

x 軸に沿って等速直線運動をする質点を考えよう．この質点の速度は一定であるから，v-t グラフは，図 2.8 のように t 軸に平行な直線になる．等速直線運動では，速度 v_x [m/s] は，変位 $\Delta x = x(t_\mathrm{F}) - x(t_\mathrm{I})$ [m] と，移動するのに要する時間 $\Delta t = t_\mathrm{F} - t_\mathrm{I}$ [s] とを用いて，$v = \Delta x / \Delta t = \Delta x / (t_\mathrm{F} - t_\mathrm{I})$ と書ける．これを変形すれば，変位 Δx [m] は

$$\Delta x = v_x \Delta t = v_x \times (t_\mathrm{F} - t_\mathrm{I}) \text{ [m]} \quad (2.4)$$

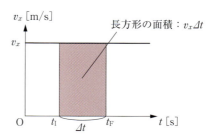

図 2.8 　v-t グラフ（等速直線運動）

となる．したがって，質点が等速直線運動をする場合，v-t グラフの直線，t 軸，$t = t_\mathrm{I}$，$t = t_\mathrm{F}$ の直線で囲まれた長方形（図 2.8 の網かけの部分）の面積が，t_I から t_F までの質点の変位 Δx に対応する．

時刻 t [s] における質点の位置 (2.3) は，$t = 0$ での位置 x_0 [m] に (2.4) を加えることで，$x(t) = x_0 + \Delta x = x_0 + v_x \times (t - 0) = v_x t + x_0$ [m] と求まる．

より一般的に，質点の速度が時々刻々と変化する場合は，図 2.9 のように，v-t グラフを短冊状に分割して考えればよい．その分割が十分に細かければ，短冊の中では速度が一定であると考えることができ，短冊 1 つ 1 つに (2.4) を適用して，短冊の面積が求められる．そして，それらの面積をすべて足し合わせたものが変位となる．よって，速度が時々刻々と変化する場合も，曲線 $v_x(t)$ [m/s]，t 軸，$t = t_\mathrm{I}$，$t = t_\mathrm{F}$ の直線で囲まれた領域（図 2.9 の網かけ部分）の面積が，t_I から t_F までの質点の変位 Δx に対応する[5]．

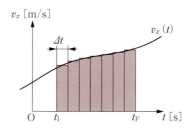

図 2.9 　v-t グラフ（速度が変化する場合）

例題 2.2

図 2.10 は，x 軸に沿って運動する質点の v-t グラフである．$t = 0 \sim 6$ s の質点の変位を求めなさい．

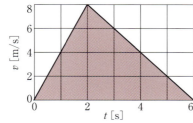

図 2.10 　v-t グラフの面積と変位に関する例題

解 　$t = 0 \sim 6$ s の質点の変位は，図 2.10 の網かけ部分の三角形の面積である．したがって，質点の変位は $6.0 \times 8.0 / 2 = 24$ m となる．

---

[5] ただし，「向きつきの面積」ということに注意しなくてはならない．すなわち，t 軸より下側の面積は負の値であると考える．

2. 位置，速度，加速度

問題 2.4 図 2.11 は，x 軸に沿って運動する質点の v–t グラフである．$t = 0 \sim 6\,\mathrm{s}$ の質点の変位を求めなさい．

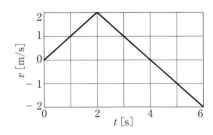

図 2.11　v–t グラフの面積と変位に関する問題 (1)

問題 2.5 図 2.12 は，x 軸に沿って運動する質点 A, B の v–t グラフである．質点 A および B は，時刻 $t = 0$ でともに原点を出発した．質点 B が A に追いつく時刻を求めなさい．

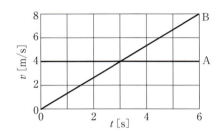

図 2.12　v–t グラフの面積と変位に関する問題 (2)

2.2.2 直線運動における加速度

次に，速度の時間変化を表すために，単位時間（1 s 間）当りにどれだけ速度が変化したかを表す物理量を導入する．この物理量を**加速度**という．時間の単位は s，速度の単位は m/s であるから，加速度の単位は m/s^2（読み：メートル毎秒毎秒）である．

直線（x 軸）に沿った運動を考えよう．速度と同様に，大きさだけでなく正負の向きの符号を含んだ量として，加速度を記号 a_x で表す．加速度にも**平均の加速度**と**瞬間の加速度**がある．

平均の加速度

時刻 $t_\mathrm{I}\,[\mathrm{s}]$ から $t_\mathrm{F}\,[\mathrm{s}]$ の間に，質点の速度が $\Delta v_x = v_x(t_\mathrm{F}) - v_x(t_\mathrm{I})\,[\mathrm{m/s}]$ だけ変化したとき，この質点の時間 $\Delta t = t_\mathrm{F} - t_\mathrm{I}\,[\mathrm{s}]$ の間の平均の加速度 $\overline{a_x}\,[\mathrm{m/s^2}]$ を，次のように定義する．

$$\overline{a_x} = \frac{(\text{速度変化})}{(\text{所要時間})} = \frac{\Delta v_x}{\Delta t} = \frac{v_x(t + \Delta t) - v_x(t)}{t_\mathrm{F} - t_\mathrm{I}}\,[\mathrm{m/s^2}] \quad (\text{平均の加速度}) \quad (2.5)$$

瞬間の加速度

$\Delta t\,[\mathrm{s}]$ として非常に短い時間を考え，時刻 $t\,[\mathrm{s}]$ から $t + \Delta t\,[\mathrm{s}]$ の間における質点の速度変化を $\Delta v_x\,[\mathrm{m/s}]$ としたとき，この質点の瞬間の加速度 $a_x\,[\mathrm{m/s^2}]$ を，次のように定義する．

$$a_x = \lim_{\Delta t \to 0} \frac{\Delta v_x}{\Delta t} = \lim_{\Delta t \to 0} \frac{v_x(t + \Delta t) - v_x(t)}{\Delta t}\,[\mathrm{m/s^2}] \quad (\text{瞬間の加速度}) \quad (2.6)$$

瞬間の加速度を，単に加速度という[6]．

---

[6] 加速度には，速度と速さのようにベクトル量とスカラー量を区別するような言葉はない．

$v\text{-}t$ グラフの接線の傾きと加速度

　$v\text{-}t$ グラフにおける接線の傾きと加速度の関係は，$x\text{-}t$ グラフにおける接線の傾きと速度の関係と同様に考えられる．すなわち，図 2.13 の $v\text{-}t$ グラフにおいて，2 点 P, Q を結ぶ直線の傾きが，点 P の時刻 t_P [s] から点 Q の時刻 t_Q [s] 間における平均の加速度に対応する．また，点 P での接線の傾きが，点 P の時刻における瞬間の加速度に対応する．

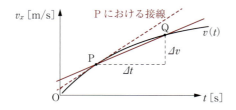

図 2.13　$v\text{-}t$ グラフの接線の傾きと加速度

等加速度直線運動

　質点が一定の加速度で運動する場合，この運動を**等加速度運動**という．特に，直線に沿った等加速度運動を**等加速度直線運動**という．

　x 軸に沿って，一定の加速度 a_x [m/s^2] で等加速度直線運動をする質点を考えよう．$v\text{-}t$ グラフの傾きが加速度に対応しているので，この質点の $v\text{-}t$ グラフは図 2.14 のように傾き a_x [m/s^2] の直線になる．したがって，等加速度直線運動をする質点の速度 $v_x(t)$ は，

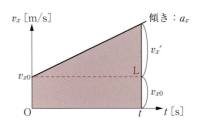

図 2.14　等加速度直線運動の式の導出

$$v_x(t) = a_x t + v_{x0} \text{ [m/s]} \tag{2.7}$$

と書ける．直線の v 軸との交点 v_{x0} [m/s] は $t = 0$ での速度（初速度）である．

　時刻 $t = 0$ から t [s] までの質点の変位は，図 2.14 の網かけ部分の面積に対応する．網かけ部分の台形を，破線 L によって三角形の部分と長方形の部分に分ける．加速度 a_x は，図の v_x' [m] および t を用いれば $a_x = v_x'/t$ であるから，$v_x' = a_x t$ と書ける．これより，三角形と四角形の面積は，それぞれ，（三角形の面積）$= (a_x t) \times t/2 = a_x t^2/2$，（四角形の面積）$= v_{x0} \times t = v_{x0} t$ である．したがって，質点の変位 Δx は次のようになる．

$$\Delta x = \frac{1}{2} a_x t^2 + v_{x0} t \text{ [m]} \tag{2.8}$$

　時刻 t での質点の位置 $x(t)$ [m] は，$t = 0$ での質点の位置を x_0 [m] とすれば，次のように求まる．

$$x(t) = \Delta x + x_0 = \frac{1}{2} a_x t^2 + v_{x0} t + x_0 \text{ [m]} \tag{2.9}$$

問題 2.6　次の等加速度直線運動をする質点について，加速度の大きさを求めなさい．

(1) 静止していた質点が，2.0 s 後に 10 m/s の速さになった．
(2) 静止していた質点が，2.0 s 後に 20 m だけ移動した．
(3) 10.0 m/s で運動していた質点が，2.0 s 後に 2.0 m/s の速さになった．

(4) 10.0 m/s で運動していた質点が，2.0 s 後に 30 m だけ移動した．

a–*t* グラフの面積と速度

質点の加速度を縦軸に，時間を横軸に描いたグラフを ***a*–*t* グラフ**（*a*–*t* 図）という．*a*–*t* グラフを描くことで，質点の加速度の時間変化の様子がわかる．*a*–*t* グラフの面積と速度の関係は，*v*–*t* グラフにおける面積と変位の関係と同様に考えられる．すなわち，図 2.15 のような *a*–*t* グラフにおいて，曲線 $a = a(t)$，t 軸，$t = t_\mathrm{I}$，$t = t_\mathrm{F}$ の直線で囲まれた領域の面積（図 2.15 の網かけの部分）が，速度変化 $\Delta v = v(t_\mathrm{F}) - v(t_\mathrm{I})$ [m/s] に対応する．

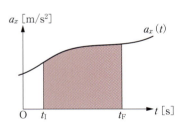

図 2.15 *a*–*t* グラフ

====== 接線の傾きと微分 ======

x–*t* グラフ，*v*–*t* グラフの接線の傾きが，それぞれ，速度，加速度であった．これらの関係を次のように数学的な概念として一般化しておこう．

関数 $x(t)$ の *x*–*t* グラフにおける $t = t_a$ での接線の傾きを，関数 $x(t)$ の t_a での**微分係数**といい，記号 $(dx(t)/dt)_{t=t_a}$ で表す．すなわち，

$$\left(\frac{dx(t)}{dt}\right)_{t=t_a} \equiv \lim_{\Delta t \to 0} \frac{x(t_a + \Delta t) - x(t_a)}{\Delta t} \tag{2.10}$$

である[7]．$t = t_a$ で微分係数が存在する場合，$x(t)$ は $t = t_a$ で**微分可能**であるという[8]．ある区間内のすべての t において，$x(t)$ が微分可能であるとき，関数 $x(t)$ はこの区間で微分可能であるという．この場合には，区間内の各 t に対し，その点における微分係数が求められるので，微分係数は t の関数であると考えられる．この関数を $x(t)$ の t についての**導関数**といい，$dx(t)/dt$ と書く．導関数を求めることを，**微分**するという．

導関数 $dx(t)/dt$ をもう一度 t で微分する場合，

$$\frac{d}{dt}\left(\frac{dx(t)}{dt}\right) = \frac{d\left(\frac{dx(t)}{dt}\right)}{dt} = \frac{d^2x(t)}{dt^2} \quad \text{または} \quad \frac{d^2}{dt^2}(x(t)) \tag{2.11}$$

と書く．$x(t)$ を t で n 回微分した場合も同様に，

$$\frac{d^nx(t)}{dt^n} \quad \text{または} \quad \frac{d^n}{dt^n}(x(t)) \tag{2.12}$$

と書く（ライプニッツ記法[9]）．$x(t)$ を t で n 回微分して得られる導関数を，$x(t)$ の t についての ***n* 次導関数**（*n* 階導関数[10]）という．

t^n の t についての導関数は，次の通りである．

---

[7] ≡ は，定義の意味．
[8] 一般の関数において，(2.10) で表される極限値が存在するかどうかは自明でないが，物理学では，たいていの場合はこの極限値が存在すると考えてよい．
[9] 導関数にはライプニッツ記法の他に，ラグランジュ記法（$f'(x) = df(x)/dx$, $f''(x) = d^2f(x)/dx^2$, …），ニュートン記法（$\dot{f}(t) = df(t)/dt$, $\ddot{f}(t) = d^2f(t)/dt^2$, …）などの記法がある．
[10] (2.11) のように，n 階導関数では n 階に積み上がるので，「回」ではなく「階」を使う．

$$\frac{dt^n}{dt} = nt^{n-1} \tag{2.13}$$

例題 2.3

(2.13) を示しなさい．

解 微分の定義 (2.10) より，

$$\frac{dt^n}{dt} = \lim_{\Delta t \to 0}\frac{(t+\Delta t)^n - t^n}{\Delta t} = \lim_{\Delta t \to 0}\frac{t^n(1+\Delta t/t)^n - t^n}{\Delta t} \tag{2.14}$$

である．$|\Delta t/t| \ll 1$ であるから，近似 $(1+\Delta t/t)^n \simeq 1 + n\Delta t/t$ を行えば，

$$\frac{dt^n}{dt} = \lim_{\Delta t \to 0}\frac{t^n(1+n\Delta t/t) - t^n}{\Delta t} = \lim_{\Delta t \to 0}\frac{nt^n \Delta t}{t\Delta t} = nt^{n-1} \tag{2.15}$$

となり，(2.13) が示せる．

微分には以下の性質がある．ここで，$f(t)$ および $g(t)$ は微分可能な関数である．

$$\frac{d}{dt}(f(t)g(t)) = \frac{df(t)}{dt}g(t) + f(t)\frac{dg(t)}{dt} \tag{2.16}$$

$$\frac{d}{dt}(f(g(t))) = \frac{df(g)}{dg}\frac{dg(t)}{dt} \tag{2.17}$$

これらの関係はすべて，微分の定義 (2.10) から導ける．

問題 2.7 微分の定義 (2.10) から，微分の性質 (2.16)，(2.17) を導きなさい．

問題 2.8 次の 2 つの事柄を説明しなさい．

(1) 「アキレスと亀」のパラドックスは，「前を行く亀をアキレスはいつまで経っても追い越せない．なぜなら，アキレスが亀のいた地点に達するたびに，亀は少し前に進んでいるから」というものである．この考えのどこが間違っているのだろうか．

ところで，アキレス腱はギリシャの勇者アキレスとどういう関係があるのだろうか．

(2) ゼノンのパラドックスは「飛んでいる矢は止まっている」というものである．確かに，$\Delta t \to 0$ の極限では，$x(t+\Delta t) \to x(t)$ となり，その瞬間だけ見れば動いている矢は止まっている．次の瞬間も次の瞬間も止まっているのだから，矢は永久に動かないというのがこのパラドックスの主張である．運動している物体が動いていることを，どのように理解すればよいのだろうか．

微分を用いれば，位置 x，速度 v_x，加速度 a_x の間の関係は，次のように書ける．

$$v_x(t) = \frac{dx(t)}{dt} \text{ [m/s]}, \quad a_x(t) = \frac{dv_x(t)}{dt} = \frac{d^2x(t)}{dt^2} \text{ [m/s}^2] \tag{2.18}$$

問題 2.9 x 軸上を運動する質点の時刻 t [s] における位置が次のように与えられるとき，任意の時刻 t の質点の速度および加速度を求めなさい．ただし，A, B は定数である．

(1) $x = At$ [m]

(2) $x = At^2 + Bt$ [m]

(3) $x = (At+B)^4$ [m]

面積と積分

v-t グラフ，a-t グラフの面積が，それぞれ，変位，速度変化であった．これらの関係も次のように数学的な概念として一般化しておこう．一般に，関数 $f(t)$ が与えられたとき，$\Delta t = (t_F - t_I)/n$, $t_i = t_I + (i-1)\Delta t$ として，極限操作,

$$\int_{t_I}^{t_F} f(t)\,dt \equiv \lim_{n \to \infty}(f(t_I)\Delta t + f(t_I + \Delta t)\Delta t + f(t_I + 2\Delta t)\Delta t + \cdots + f(t_F)\Delta t)$$
$$= \lim_{n \to \infty} \sum_{i=1}^{n} f(t_i)\Delta t \tag{2.19}$$

を考え，この値を求めることを関数 $f(t)$ を t で t_I から t_F まで**積分（定積分）**するという❶．ここで，t_I を積分の下限，t_F を積分の上限といい，$f(t)$ を**被積分関数**という❷．

積分には以下の性質がある．ここで，$f(t)$ は積分可能な関数であり，C は定数である．

$$\int_{t_a}^{t_b} Cf(t)\,dt = C\int_{t_a}^{t_b} f(t)\,dt \tag{2.20}$$

$$\int_{t_a}^{t_b} f(t)\,dt = \int_{t_a}^{t_c} f(t)\,dt + \int_{t_c}^{t_b} f(t)\,dt \tag{2.21}$$

微分と積分の関係を明らかにするために，t から $t + \Delta t$ までの積分

$$\int_{t}^{t + \Delta t} f(t)\,dt = F(t + \Delta t) - F(t) \tag{2.22}$$

を考えよう．Δt が十分に小さい場合には，被積分関数 $f(t)$ は積分範囲 Δt 内では一定であると考えてよく，積分の前に出すことができる．これより，(2.22) の左辺は

$$f(t)\int_{t}^{t + \Delta t} dt = f(t)\Delta t \tag{2.23}$$

となる．したがって，(2.22) の両辺を Δt で割って $\Delta t \to 0$ の極限を取ると，

$$f(t) = \lim_{\Delta t \to 0} \frac{F(t + \Delta t) - F(t)}{\Delta t} = \frac{dF(t)}{dt} \tag{2.24}$$

となる．ここで，$F(t)$ を $f(t)$ の**原始関数**という．

すなわち，$f(t)$ を t_I から t_F まで積分するには，$f(t) = dF(t)/dt$ となる原始関数 $F(t)$ を求めて，

$$\int_{t_I}^{t_F} f(t)\,dt = F(t_F) - F(t_I) \tag{2.25}$$

を計算すればよい．

例題 2.4

$f(t) = t^n$ ($n \neq -1$) を t について t_I から t_F まで積分しなさい．

解 $dt^{n+1}/dt = (n+1)t^n$ であるから，t^n の原始関数は $t^{n+1}/(n+1)$ である．したがって，次式を得る．

$$\int_{t_I}^{t_F} t^n\,dt = \left[\frac{t^{n+1}}{n+1}\right]_{t_I}^{t_F} = \frac{t_F^{n+1} - t_I^{n+1}}{n+1} \tag{2.26}$$

---

❶ 積分記号 $\int$ は，sum の頭文字 s を上下に引き延ばしたものである．

❷ 積分の場合も微分のときと同じように，一般の関数において，(2.19) で表される極限値が存在するかどうかは自明でないが，通常，物理学ではこの極限値が存在すると考えてよい．その場合，関数 $f(t)$ は $t = t_I$ から $t = t_F$ において積分可能であるという．

関数 $F(t)$ が $f(t)$ の原始関数のとき，$F(t)$ に任意の定数 C を加えたものも $f(t)$ の原始関数になっている．そこで，

$$\int f(t)\,dt = F(t) + C \tag{2.27}$$

と書き，これを $f(t)$ の**不定積分**という．また，$f(t)$ の不定積分を求める操作を，$f(t)$ を積分（不定積分）するという．ここで，任意定数 C を**積分定数**という．

問題 2.10 積分の定義 (2.19) から，積分の性質 (2.20)，(2.21) を導きなさい．

積分を用いれば，位置 x，速度 v_x，加速度 a_x の間の関係は，次のように書ける．

$$x(t_\mathrm{F}) - x(t_\mathrm{I}) = \int_{t_\mathrm{I}}^{t_\mathrm{F}} v_x(t)\,dt \,[\mathrm{m}], \quad v_x(t_\mathrm{F}) - v_x(t_\mathrm{I}) = \int_{t_\mathrm{I}}^{t_\mathrm{F}} a_x(t)\,dt \,[\mathrm{m/s}] \tag{2.28}$$

問題 2.11 x 軸上を運動する質点の時刻 $t\,[\mathrm{s}]$ の加速度 $a(t)$，$t=0$ の位置 $x(0)\,[\mathrm{m}]$，速度 $v(0)\,[\mathrm{m/s}]$ が次のように与えられるとき，任意の時刻 t の質点の位置および速度を求めなさい．

(1) $a(t) = a_0\,[\mathrm{m/s^2}]$ (a_0：定数)，$x(0) = 0$，$v(0) = v_0\,[\mathrm{m/s}]$ (v_0：定数)
(2) $a(t) = At\,[\mathrm{m/s^2}]$ (A：定数)，$x(0) = 0$，$v(0) = 0$
(3) $a(t) = At^2\,[\mathrm{m/s^2}]$ (A：定数)，$x(0) = 0$，$v(0) = 0$

2.3 3次元運動での位置と座標

これまで，直線に沿った運動に限って議論をしてきたが，ここでは，3次元空間内における質点の運動を，3次元座標系を用いて表そう．

2.3.1 3次元座標系

直交座標系

3次元空間内での質点の運動を表す座標系としてよく用いられるのは，**直交座標系（デカルト座標系）**である．直交座標系では，まず原点 O を決め，原点を通り互いに直交する x 軸，y 軸，z 軸によって座標を定める．3つの軸の順番は，通常は，右手の親指，人差し指，中指を互いに直交させたときに，親指が x 軸，人差し指が y 軸，中指が z 軸になるように定める．このように定めた直交座標系を**右手系**という．

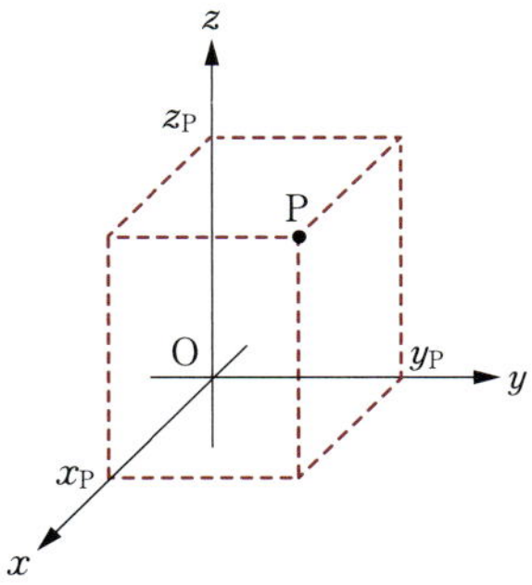

図 2.16 直交座標系の座標

原点と座標軸を決めた場合，点 P の位置は，図 2.16 のように，点 P を通って座標軸に平行に引いた直交する3本の直線と，座標軸とで作られる直方体の3辺の長さ $(x_\mathrm{P}, y_\mathrm{P}, z_\mathrm{P})\,[\mathrm{m}]$ で定められる．これを点 P の座標という[13]．

---

[13] 質点の運動が直線上に限られる場合には，前節のように，3本の座標軸のうち1本だけを直線に沿った方向に考えればよい．また，質点の運動が平面内に限られる場合には，質点が運動する面内の2本の座標軸だけを考えればよい．

2次元極座標系

座標系は，必ずしも直交座標系である必要はなく，問題が解きやすいように選ぶ．質点の運動が平面内に限られている場合は，運動面内に x 軸と y 軸を考えるだけでなく，図 2.17 のように，原点からの距離 r [m] と，x 軸からの左回りを正とした角度 θ [rad] の組 (r, θ) で座標を定めることもできる．このように定めた座標系を，**2次元極座標系**という．また，r を**動径成分**，θ を**方位角成分**という．

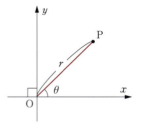

図 2.17　2次元極座標系

直交座標 (x, y) と極座標 (r, θ) との間には，次の関係がある．

$$\begin{cases} x = r \cos \theta \, [\text{m}] \\ y = r \sin \theta \, [\text{m}] \end{cases} \tag{2.29}$$

問題 2.12　2次元極座標が $(r, \theta) = (2.0\,\text{m}, \pi/6\,\text{rad})$ で与えられている点 P がある．点 P の直交座標 (x, y) を求めなさい．

3次元極座標系

3次元極座標系には円柱座標系と球座標系がある．点 $\text{P}(x, y, z)$ の座標を3次元極座標系で表してみよう．

(1) 円柱座標系

図 2.18 のように 2 次元の極座標系に対して垂直に z 軸を加え，(r, θ, z) で3次元座標を表す．

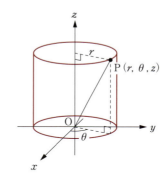

図 2.18　円柱座標系

(2) 球座標系

図 2.19 のように，z 軸と $\overline{\text{OP}}$ とのなす角度を θ [rad]，点 P から xy 平面に下した点 Q と原点 O

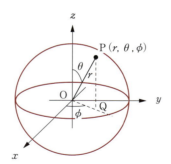

図 2.19　球座標系

を結ぶ線分 $\overline{\mathrm{OQ}}$ が x 軸となす角度を ϕ [rad] とする．さらに，$\overline{\mathrm{OP}}$ の長さを $r = \sqrt{x^2 + y^2 + z^2}$ [m] とする．この (r, θ, ϕ) で 3 次元座標を表し，(x, y, z) と次の関係がある．

$$x = r\sin\theta\cos\phi \,[\mathrm{m}], \qquad y = r\sin\theta\sin\phi \,[\mathrm{m}], \qquad z = r\cos\theta \,[\mathrm{m}] \quad (2.30)$$

2.3.2 位置ベクトル

図 2.20 のように座標系の原点 O から点 P までの矢印を引き，それによって質点の位置を表すと便利である．この原点 O から P まで引いた矢印を**位置ベクトル**という．位置ベクトルは P の座標 $(x_\mathrm{P}, y_\mathrm{P}, z_\mathrm{P})$ を用いて次のように表す．

$$\boldsymbol{r}_\mathrm{P} = (x_\mathrm{P}, y_\mathrm{P}, z_\mathrm{P}) \,[\mathrm{m}] \quad (2.31)$$

ここで，$x_\mathrm{P}, y_\mathrm{P}, z_\mathrm{P}$ は $\boldsymbol{r}_\mathrm{P}$ の **x 成分**，**y 成分**，**z 成分**という．また，位置ベクトルの大きさ（原点 O から P までの距離）$r_\mathrm{P} = |\boldsymbol{r}_\mathrm{P}|$ は，三平方の定理より，次のようになる．

$$r_\mathrm{P} = |\boldsymbol{r}_\mathrm{P}| = \sqrt{x_\mathrm{P}{}^2 + y_\mathrm{P}{}^2 + z_\mathrm{P}{}^2} \,[\mathrm{m}] \quad (2.32)$$

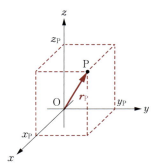

図 2.20 位置ベクトル

問題 2.13 カーナビなどで利用されている GPS（全地球測位システム）では，4 つの人工衛星を用いて地上の位置を特定している．4 つの人工衛星が必要な理由を説明しなさい．

=== **ベクトル量とその演算規則** ===

物理学では，質量などの大きさだけをもつ量の他に，位置ベクトルのように大きさと向きをもつ量が登場する．大きさだけをもつ量を**スカラー量**といい，大きさと向きをもつ量を**ベクトル量**という．ベクトル量は太字 $\boldsymbol{A}$ や上つき矢印 $\vec{A}$ で表す．また，ベクトルの大きさは，$|\boldsymbol{A}|$ や $|\vec{A}|$，または，単に A と表す．スカラー量は数学のスカラー（実数）の演算規則に従い，ベクトル量は数学のベクトルの演算規則に従う．ここでは，ベクトルの演算規則を復習しておこう．

ベクトルのスカラー倍

ベクトル $\boldsymbol{A}$ の大きさを c 倍（c はスカラー）したものを $c\boldsymbol{A}$ と表す．ここで，$c > 0$ のときは $\boldsymbol{A}$ と同じ向き，$c < 0$ では逆向きである．$c = -1$ の場合 $(-\boldsymbol{A})$ を $\boldsymbol{A}$ の逆ベクトルという．

ベクトルの和と差

ベクトル $\boldsymbol{A}$ と $\boldsymbol{B}$ の和 $\boldsymbol{A} + \boldsymbol{B}$ の定義の仕方は，三角形法と平行四辺形法の 2 通りある．三角形法は，図 2.21(a) のように，$\boldsymbol{B}$ の始点を $\boldsymbol{A}$ の終点と一致す

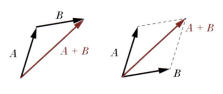

(a) 三角形法　　(b) 平行四辺形法

図 2.21 ベクトルの和

るように平行移動させ，A の始点から B の終点に引いたベクトルを和 $A + B$ とする方法である．一方，平行四辺形法は，ベクトル A と B の始点を一致するように平行移動させ，図 2.21(b) のように A と B を隣り合う 2 辺とする平行四辺形を描く．そして，A と B の始点から対角線に引いたベクトルを和 $A + B$ とする方法である．

図 2.22　ベクトルの差

ベクトル A と B の差 $A - B$ は，A に B の逆ベクトル $-B$ を加えたものである．これは，ベクトル A と B の始点を一致するように平行移動させ，B の終点から A の終点に引いたベクトルになる（図 2.22）．特に，$A - A$ を考えると，これは，同じ点を始点および終点とするベクトルになる．このベクトルを零ベクトルといい $\mathbf{0}$ で表す．

ベクトルの成分

図 2.23 のようにベクトル A の成分が A_x, A_y, A_z のとき，$A = (A_x, A_y, A_z)$ と表す．これを**ベクトルの成分表示**（直交座標成分表示）という．A の大きさ A は，次のようになる．

$$A = |\mathbf{A}| = \sqrt{A_x{}^2 + A_y{}^2 + A_z{}^2} \tag{2.33}$$

ベクトルの和の成分表示

$A = (A_x, A_y, A_z)$，$B = (B_x, B_y, B_z)$ とし，k, l をスカラーとしたとき，次式が成り立つ．

$$kA + lB = (kA_x + lB_x, kA_y + lB_y, kA_z + lB_z) \tag{2.34}$$

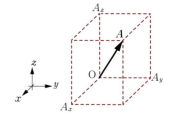

図 2.23　ベクトルの成分

例題 2.5

xy 平面内のベクトルを考える．$A = (A_x, A_y)$，$B = (B_x, B_y)$ としたとき，

$$A + B = (A_x + B_x, A_y + B_y) \tag{2.35}$$

を図を描いて確かめなさい．

解　図を描けば図 2.24 のようになり，確かめられる．

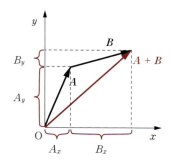

図 2.24　ベクトル和の成分表示の例

2.4 変位ベクトル，速度ベクトル，加速度ベクトル

2.4.1 変位ベクトル

質点の位置は，運動中に時々刻々と変化する．時刻 t [s] に位置 $\bm{r}(t)$ [m] にあった質点が，時刻 $t + \Delta t$ [s] に位置 $\bm{r}(t + \Delta t)$ [m] へと移動したとき，

$$\Delta \bm{r} = \bm{r}(t + \Delta t) - \bm{r}(t) \ [\text{m}] \tag{2.36}$$

を，時刻 t から $t + \Delta t$ までの質点の**変位ベクトル**という．変位ベクトル $\Delta \bm{r}$ を図で表すと，図 2.25 のように，$\bm{r}(t)$ から $\bm{r}(t + \Delta t)$ に引いたベクトルになる．

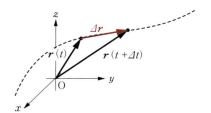

図 2.25　変位ベクトル

問題 2.14　変位と移動距離の違いを説明しなさい．

問題 2.15　xy 平面内，$(x, y) = (2.0\,\text{m}, 2.0\,\text{m})$ の位置にあった質点が，$(4.0\,\text{m}, 3.0\,\text{m})$ の位置に移動した．この間の質点の変位ベクトルを求めなさい．

2.4.2 速度ベクトル・加速度ベクトル

3 次元空間内における質点の運動では，速度や加速度も 3 次元のベクトルになる．

時刻 t [s] から $t + \Delta t$ [s] までの質点の変位ベクトルを $\Delta \bm{r}$ [m] とすれば，時刻 t での質点の**速度ベクトル** $\bm{v}(t)$ [m/s] は，次のようになる．

$$\bm{v}(t) = \lim_{\Delta t \to 0} \frac{\Delta \bm{r}}{\Delta t} = \frac{d\bm{r}}{dt} = \left(\frac{dx}{dt}, \frac{dy}{dt}, \frac{dz}{dt} \right) \ [\text{m/s}] \tag{2.37}$$

時間 Δt [s] の間に質点の速度が $\Delta \bm{v}$ [m/s] だけ変化したとすれば，時刻 t での質点の**加速度ベクトル** $\bm{a}(t)$ [m/s^2] は，次のようになる．

$$\bm{a}(t) = \lim_{\Delta t \to 0} \frac{\Delta \bm{v}}{\Delta t} = \frac{d\bm{v}}{dt} = \left(\frac{dv_x}{dt}, \frac{dv_y}{dt}, \frac{dv_z}{dt} \right) = \left(\frac{d^2 x}{dt^2}, \frac{d^2 y}{dt^2}, \frac{d^2 z}{dt^2} \right) \ [\text{m/s}^2] \tag{2.38}$$

また積分を用いれば，位置 $\bm{r}$，速度 $\bm{v}$，加速度 $\bm{a}$ の間の関係は，次のように書ける．

$$\bm{r}(t_\text{F}) - \bm{r}(t_\text{I}) = \int_{t_\text{I}}^{t_\text{F}} \bm{v}(t)\,dt \ [\text{m}], \qquad \bm{v}(t_\text{F}) - \bm{v}(t_\text{I}) = \int_{t_\text{I}}^{t_\text{F}} \bm{a}(t)\,dt \ [\text{m/s}] \tag{2.39}$$

コラム 分子時計と進化速度

生物の種が分岐した年代をたどるうえで，種の間における分子の違いの解析が大きな威力を発揮している．生物進化は，生殖細胞のDNAの突然変異によって生じると考えられる．DNAの中で機能に対して重要な役割を果たしている塩基配列の変化は，ゆっくり起こる．致命的な誤りの配列は淘汰され，環境に有利な突然変異だけが受け継がれていく．一方，機能に対して重要ではない（中立的な）突然変異は，速く起こる．

そこで，この塩基配列の突然変異の速度が一定と仮定し，生物間でのDNA塩基配列の違いを比べることで，祖先からの分岐年代を推定することができる．この方法を**分子時計**という．

1967年，サリッチとウィルソンらは，類人猿間のDNAの違いから，ヒトとチンパンジーの分岐が400万〜500万年前頃だと結論し，それまでの1400万年前頃とされていた定説を覆した．

1987年，ウィルソンらは，ヒトのミトコンドリアDNAを解析し，すべての現生人類（新人類）が，20万年ほど前にアフリカで生きた1人の女性（ミトコンドリア・イブ）の子孫であることを明らかにして，大きな話題となった．

ミトコンドリアは，各細胞内に数百〜数千個存在し，酸素呼吸により効率的にエネルギー（ATP）を産出する小器官である．細胞の核とは独立なDNAをもつことから，昔は独立した生物であり，細胞内共生をしたものと見られている．

ミトコンドリアは，母親（卵細胞）からのみ受け継がれる．すなわち，ミトコンドリアDNAを解析することによって，母親の母親の母親…，というように，母系をたどることができる．

ミトコンドリアDNA解析の結果，新人類（ホモ・サピエンス）は，約20万年前にアフリカを出て，各大陸に拡がったことがわかった．このような人類のアフリカからの拡散は，過去に何度か繰り返され，各地の旧人類の化石になったと見られている．

28000年前に絶滅したネアンデルタール人も旧人類であるが，DNA解析によると，新人類とは約60万年前に分岐したとのことである．新人類と多少の交配があったことも報告されている．

このように，分子時計によって，ヒトをはじめとする生物の進化の理解が大いに深まった．

章 末 問 題

2.1 A，B，C，Dの4つの駅の間を運行する単線の列車を考えよう．ただし，駅と駅の間隔はどれも等しく，列車は駅間を等速直線運動するものとする．⇨ 2.2節

(1) A駅を朝5：00に出発して次の駅に8分で到着し，2分停車してA–D間を往復する列車のダイヤグラム（x–tグラフ）を描きなさい．

(2) 各駅の構内だけを複線にして列車がすれ違うようにする．朝5：00以降にD駅を出発する1番電車は，何時何分に出発すべきか．また，そのダイヤグラムを描き入れなさい．

(3) さらに，A–D間をノンストップで24分で走る特急列車を朝5：00以降1番に走らせるには，何時何分に出発させるべきか．また，そのダイヤグラムを描き入れなさい．

2.2 地上から小型ロケットを鉛直上方に打ち上げたところ，このロケットは，初め $14.7\,\mathrm{m/s^2}$ の上向きの加速度で上昇した．そして，打ち上げてから $10.0\,\mathrm{s}$ 後に燃料が尽きると，$9.80\,\mathrm{m/s^2}$ の下向きの加速度で運動した．次の問いに答えなさい．⇨ 2.2節

(1) ロケットの v–t グラフを描きなさい．

(2) ロケットの最大高度を求めなさい．

(3) 打ち上げてから，ロケットが再び地上に戻ってくるまでの時間を求めなさい．

2.3 地上から小球 A を速さ v_0 [m/s] で鉛直上方に投げ上げ，それと同時に地面からの高さ h [m] の位置で小球 B を静かに放したところ，小球 A と小球 B はともに鉛直下向き，大きさ g [m/s^2] の加速度で等加速度運動をした．次の問いに答えなさい． ⇨ 2.2 節

(1) 小球 A が最高点に達した瞬間に，小球 A と B が衝突したとき，v_0, g, h の満たす関係を求めなさい．

(2) 小球 A が小球 B と衝突する前に地上に戻ってきたとき，v_0, g, h の満たす関係を求めなさい．

2.4 地球が太陽を中心とする円軌道を描いて公転しているとし，地球の冬至と春分の位置をそれぞれ $(x, y) = (R, 0)$ [m], $(0, R)$ [m] として以下の量を求めなさい． ⇨ 2.3 節

(1) 夏至，秋分の地球の位置座標

(2) 冬至の位置から見た春分の位置ベクトル

(3) 春分の位置から見た秋分の位置ベクトル

2.5 地球を半径 R_E [m] の球であるとし，地球の中心を原点とする直交座標系を考える．赤道上で東経 0°，東経 90° の位置をそれぞれ $(R_E, 0, 0)$ [m], $(0, R_E, 0)$ [m] として，次の量を求めなさい． ⇨ 2.3 節

(1) 北極点の位置座標

(2) 北緯 30°，東経 135° の位置座標

(3) (2) の位置から見た赤道上東経 0° の位置ベクトル

(4) (2) の位置から見た北極点の位置ベクトル

(5) 東経 135° の赤道上空 h [m] にある静止衛星の位置座標

2.6 平面上の質点が以下の運動をしているとき，その運動の軌跡を描きなさい．また時刻 t [s] での，位置ベクトル，速度ベクトル，加速度ベクトルを求めなさい． ⇨ 2.4 節

(1) x 軸の正の点から出発し，原点を中心とする半径 r [m] の円周上を速さ v [m/s] で反時計回りに等速円運動をする質点．

(2) 原点から出発し，点 $(0, r)$ [m] を中心とする半径 r の円周上を，速さ v [m/s] で反時計回りに等速円運動をする質点．

2.7 前問の (2) の場合について，次の問いに答えなさい． ⇨ 2.4 節

(1) 時刻 t [s] における質点の位置の，原点からの変位ベクトルを求めなさい．

(2) $t = 0$ から t [s] の間の質点の平均の速度を求めなさい．

2.8 自動車がカーブを一定の速さで走行するとき，この自動車の加速度は 0 であるといえるか．また，その理由も説明しなさい． ⇨ 2.4 節

第 3 章

力と力の法則

　この章では，まず，力の基本的な性質を学ぼう．次に，静止した物体にはたらく力のつり合いを考えよう．そして，力のつり合いと作用反作用の法則をもとに，物体にどのような力がはたらくかを調べよう．

学習目標
- 力の合成と分解ができるようになる．
- 静止している物体にはたらく，力のつり合いの条件を書けるようになる．
- 作用反作用の関係にある2つの力を見つけられるようになる．
- 現象論的な力（重力，弾性力，張力，垂直抗力と摩擦力）を説明できるようになる．
- 力のつり合いと作用反作用の法則から，物体にはたらいている力を見つけられるようになる．

キーワード
力 F [N]，力の合成と分解，力のつり合い，万有引力，電磁気力，重力 W [N]，弾性力，フックの法則，ばね定数 k [N/m]，糸の張力 T [N]，抗力，垂直抗力 N [N]，摩擦力 $F_{摩擦力}$ [N]，最大静止摩擦力，静止摩擦係数 μ，動摩擦力，動摩擦係数 μ'

3.1　力の3要素

　力には，大きい力もあり，小さい力もある．右向きの力もあり，上向きの力もある．すなわち，力は，大きさと向きをもつベクトル量である．

　力は，はたらいている点（**作用点**），**力の向き**および**力の大きさ**が決まれば，1つに決まる．そこで，この作用点・向き・大きさの3つを，**力の3要素**という．作用点を通り，力の方向に引いた直線を**作用線**という．

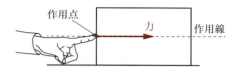

図3.1　力の描き方

　力の単位には，N（ニュートン）を用いる．1Nとは，質量1kgの物体に1m/s²の加速度を生じさせる力の大きさである．また，後で見るように，100gの物体にはたらく重力は0.980Nであるから，ほぼ1Nである．

　物体にはたらく力を図に表す場合，図3.1のように矢印を用いる❶．この矢印は，作用点か

ら力の向きに，その大きさに比例した長さで描く❷．

3.2 力の合成と分解

3.2.1 力の合成

物体に 2 つ以上の力が同時にはたらく場合，これらすべての力と同じはたらきをする 1 つの力を考えることができる．この 1 つの力を求める作業を**力の合成**といい，求めた 1 つの力を**合力**という．

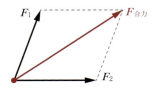

図 3.2　合力 $F_{合力}$

力はベクトル量であるから，2.13 節のベクトルの計算規則に従う．すなわち，2 つの力 F_1 [N], F_2 [N] の合力 $F_{合力}$ [N] を求めるには，F_1 と F_2 のベクトル和

$$F_{合力} = F_1 + F_2 \, [\mathrm{N}] \tag{3.1}$$

を計算すればよい．平行四辺形法を用いれば，図 3.2 のように F_1 と F_2 の始点を同じにして，それを 2 辺とする平行四辺形を描いたとき，F_1, F_2 と始点を同じとする平行四辺形の対角線が $F_{合力}$ となる．

問題 3.1　水平方向に大きさ 4.0 N の力と，鉛直上向きに大きさ 3.0 N の力が物体にはたらいている（図 3.3）．これら 2 つの力の合力の大きさを求めなさい．

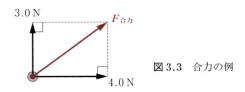

図 3.3　合力の例

問題 3.2　図 3.4 のように，物体に大きさ 1.0 N と 2.0 N の力が角度 120° をなしてはたらいている．この 2 力の合力の大きさを求めなさい．

図 3.4　物体にはたらく 2 つの力

3.2.2 力の分解

力の合成とは逆に，1 つの力をそれと同じ効果をもつ 2 つ以上の力に分けることができる．この作業を**力の分解**といい，分けられた複数の力を**分力**という．

---

❶ 本章以降，特に断らない限り物体を質点と考えるが，図示する場合にはわかりやすいように，大きさをもった物体として描く．
❷ 物体が面から力を受けている場合には，代表として面の中心を作用点とする．また，重力のように，物体全体に力がはたらいているときには，代表として物体の中心（重心）を作用点とする．

例題 3.1

水平となす角度 $30°$ の方向に大きさ $2.0\,\mathrm{N}$ の力 $\boldsymbol{F}$ が物体にはたらいている．力 $\boldsymbol{F}$ を水平方向と鉛直方向の力に分解し，その大きさを求めなさい．

解 図 3.5 のように，力 $\boldsymbol{F}$ を水平方向と鉛直方向の力 $F_\mathrm{A}\,[\mathrm{N}]$，$F_\mathrm{B}\,[\mathrm{N}]$ に分ける．△OPQ は $\angle \mathrm{POQ}= 30°$ の直角三角形であるから，$\overline{\mathrm{OQ}}:\overline{\mathrm{PQ}}:\overline{\mathrm{OP}} = 2:1:\sqrt{3}$ である．したがって，次のようになる．

$$F_\mathrm{A} = 2.0 \times (\sqrt{3}/2) = 1.73\,\mathrm{N}, \qquad F_\mathrm{B} = 2.0 \times (1/2) = 1.0\,\mathrm{N} \tag{3.2}$$

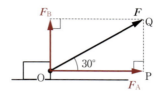

図 3.5　力の分解の例

問題 3.3
荷物に 2 本の軽い[3]ひもをつけ，A 君と B さんの 2 人でそれぞれのひもを持って静かに持ち上げた．A 君と B さんのひもは鉛直方向とそれぞれ $\theta_\mathrm{A}\,[\mathrm{rad}]$，$\theta_\mathrm{B}\,[\mathrm{rad}]$ をなした．A 君，B さんがひもを引く力の大きさを求めなさい．ただし，荷物にはたらく重力の大きさを $W\,[\mathrm{N}]$ とする．

問題 3.4
大きな吊り橋には，高い主塔が必要な理由を説明しなさい．

3.3　力のつり合い

1 つの物体にはたらく力 $F_1\,[\mathrm{N}]$，$F_2\,[\mathrm{N}]$，$F_3\,[\mathrm{N}]$，… の合力が 0 であるとき，それらの力はつり合っているという．つり合いの条件を式で書けば，次のようになる．

$$\boldsymbol{F}_1 + \boldsymbol{F}_2 + \boldsymbol{F}_3 + \cdots = 0 \quad (\text{力のつり合いの条件}) \tag{3.3}$$

力のつり合いに関して，次のことがいえる[4]．

物体が静止しているときには，物体にはたらく力はつり合っている．

例題 3.2

図 3.6 のように，物体に力 $F_1\,[\mathrm{N}]$，$F_2\,[\mathrm{N}]$，$F_3\,[\mathrm{N}]$ がはたらいており，それらの力がつり合っている．F_2，F_3 と F_1 の作用線とのなす角度がそれぞれ $60°$，$30°$ であるとき，これらの力の大きさ F_1，F_2，F_3 の関係を求めなさい．

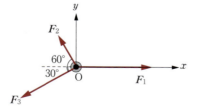

図 3.6　力のつり合い

---

[3] 物理では「軽い」を「質量が無視できる」の慣用句として用いる．
[4] 一般に，物体にはたらく力がつり合っているときには，静止しているか，または等速度運動をしている（第 4 章参照）．

解 図 3.6 のように，$\boldsymbol{F}_1$ の方向に x 軸を，それと垂直に y 軸を取る．$\boldsymbol{F}_1, \boldsymbol{F}_2, \boldsymbol{F}_3$ は直交座標表示で，

$$\boldsymbol{F}_1 = (F_1, 0)\,[\mathrm{N}], \qquad \boldsymbol{F}_2 = (F_2 \cos 120°, F_2 \sin 120°) = \left(-\frac{F_2}{2}, \frac{\sqrt{3}F_2}{2}\right)[\mathrm{N}] \qquad (3.4)$$

$$\boldsymbol{F}_3 = (F_3 \cos 210°, F_3 \sin 210°) = \left(-\frac{\sqrt{3}F_3}{2}, -\frac{F_3}{2}\right)[\mathrm{N}] \qquad (3.5)$$

と書ける．したがって，力のつり合いの式は，

$$x\text{成分}: F_1 - \frac{F_2}{2} - \frac{\sqrt{3}F_3}{2} = 0, \qquad y\text{成分}: \frac{\sqrt{3}F_2}{2} - \frac{F_3}{2} = 0 \qquad (3.6)$$

となる．これより次の関係を得る．

$$\frac{F_2}{F_3} = \frac{1}{\sqrt{3}}, \qquad \frac{F_1}{F_3} = \frac{2}{\sqrt{3}} \qquad (3.7)$$

3.4 作用反作用の法則

物体 A が物体 B に力 $\boldsymbol{F}_{A \to B}\,[\mathrm{N}]$ を及ぼすとき，物体 B は物体 A に大きさが等しく逆向きの力 $\boldsymbol{F}_{B \to A}\,[\mathrm{N}]$ を及ぼしている．これを**作用反作用の法則**という．作用反作用の法則を式で書けば，次のようになる．

$$\boldsymbol{F}_{A \to B} = -\boldsymbol{F}_{B \to A}\,[\mathrm{N}] \quad (\text{作用反作用の法則}) \qquad (3.8)$$

物体 A が B に及ぼす力 $\boldsymbol{F}_{A \to B}$ を作用といえば，物体 B が A に及ぼす力 $\boldsymbol{F}_{B \to A}$ が反作用になる．作用反作用の法則によれば，力には作用と反作用の組が必ずある．これらの組を**相互作用**という．

3.5 基本的な力

これまで，ベクトル量としての力の性質を見てきた．それでは具体的に，物体にはどのような力がはたらくのだろうか．

物質は素粒子から構成されている．その素粒子の間にはたらく力は，**万有引力**，**電磁気力**，**弱い力**，**強い力（核力）**の 4 種類ある．これら 4 つの力を**基本的な力**という．弱い力や核力は及ぶ力の距離が非常に短いため，私たちの身の回りにある巨視的な現象では現れない．つまり，巨視的な物体にはたらく力として現れるのは，万有引力と電磁気力の 2 つである．電磁気力は第 13 章以降で取り扱う．ここでは，万有引力を見ていこう．

万有引力

質量をもつすべての物体の間には引力がはたらく．この力を万有引力という．質点 A, B に及ぼす万有引力の向きは，質点 A, B を結ぶ直線上，互いに引き合う向きである．また質点 B

30   3. 力と力の法則

が質点 A に及ぼす万有引力の大きさ $F_{B \to A}$ [N] は，2つの質点の質量 m_A [kg], m_B [kg] の積に比例し，質点 A, B 間の距離 r [m] の2乗に反比例する．これを式で表せば，

$$F_{B \to A} = G \frac{m_A m_B}{r^2} \text{ [N]} \quad \text{（万有引力）} \tag{3.9}$$

となる．ここで，$G = (6.67408 \pm 0.00031) \times 10^{-11}$ N·m²/kg² を**万有引力定数**という．

質点 A が質点 B に及ぼす万有引力の大きさ $F_{A \to B}$ も (3.9) に等しい．$F_{A \to B}$ と $F_{B \to A}$ は，作用反作用の法則 $\boldsymbol{F}_{A \to B} = -\boldsymbol{F}_{B \to A}$ の関係にある[5]．

万有引力は物体同士が離れていても力を及ぼし合う．このような離れていても及ぼし合う力を**非接触力**，物体同士が接触したときだけ及ぼし合う力を**接触力**という．

問題 3.5   あなたの隣には 0.60 m だけ離れて友達が座っている．その友達が，あなたに及ぼす万有引力の大きさを求めなさい．ただし，あなたも友達も体重は 60 kg 重で，2人とも質点であると考えてよいとし，また，万有引力定数を 6.7×10^{-11} N·m²/kg² とする．

問題 3.6   地球と太陽の間にはたらく万有引力の大きさは，地球と月の間にはたらく万有引力の大きさの何倍か．必要な数値は見返しの表を用いなさい．

3.6   現象論的な力

物体間にはたらく力は，3.5節で述べた4種類しかない．原理的には，これら4種類の力を考えればすべての自然現象は説明できる．しかし，実際の物体は，膨大な数の素粒子が集まってできており，それら1つ1つの素粒子にはたらく力を考えるのは現実的でない．そこで，ここでは巨視的な物体にはたらく力（**現象論的な力**）として，**重力**，**弾性力**，**張力**，**垂直抗力**，**摩擦力**を考えよう．流体中の物体にはたらく浮力や抵抗力については，第8章で考えることにする．

3.6.1   重 力

一般に，物体間にはたらく万有引力の大きさはとても小さいので，私たちはそれを気にせず生活している．しかし，相互作用をする相手が地球の場合には，万有引力が大きく，身の回りの運動を考えるときに本質的な役割を演ずる．

地球が物体に及ぼす万有引力を**重力**という．また，重力の大きさを**重さ**（**重量**）という．物体にはたらく重力 W [N] は鉛直下向き[6]である．また，その大きさ W [N] は物体の質量 m [kg] に比例し，次のように書ける．

$$W = mg \text{ [N]} \quad \text{（重力）} \tag{3.10}$$

ここで，比例定数 $g \, (\simeq 9.8 \text{ m/s}^2)$ は，後で見るように加速度と同じ単位をもつので，**重力加速度の大きさ**という．重力加速度の大きさは，地球の赤道付近が膨らんでいることや，地球の

---

[5] 大きさがある物体間にはたらく万有引力の大きさを求める場合には，(3.9) の r として，物体の重心間の距離を用いればよい．

[6] 糸をつけておもりを垂らした向き．昔はおもりとして鉛を使ったので鉛直という．

自転による遠心力の影響により，場所によって異なった値を取る．そのため，同じ標高であっても，南極や北極での値に比べて赤道での値の方がわずかに小さい．

例題 3.3

地球を質量 $M = 6.0 \times 10^{24}$ kg，半径 $R = 6.4 \times 10^6$ m の一様な球とし，万有引力定数を 6.7×10^{-11} N·m²/kg² として，物体にはたらく万有引力と重力との関係から重力加速度の大きさ g [m/s²] を見積もりなさい．ただし，物体が受ける万有引力の大きさを計算する際には，地球および物体の質量はそれぞれの中心に集中していると考えてよい．

解　質量 m [kg] の物体を考える．物体にはたらく重力と，物体と地球との万有引力が等しいとおくと，$mg = GMm/R^2$ となる．これを g について解いて，それぞれの値を代入すれば，重力加速度の大きさは次のように求まる．

$$g = G\frac{M}{R^2} = 6.7 \times 10^{-11} \times \frac{6.0 \times 10^{24}}{(6.4 \times 10^6)^2} = 9.81 \text{ m/s}^2 \tag{3.11}$$

問題 3.7　質量と重量（重さ）の違いを述べなさい．

問題 3.8　月面上の物体にはたらく，月による万有引力の大きさは，地上における重力の大きさの何倍か．ただし，必要な数値は見返しの表を用いなさい．

3.6.2 弾性力

どのような物体（固体）でも，力を加えて伸ばすと縮もうとする．逆に，縮めると伸びようとする．変形した物体がもとの形に戻ろうとする力を**弾性力**という．力学ではイメージしやすいように，弾性力を取り扱う場合の典型的な対象として，軽いばねを用いる．

例題 3.4

軽いばねの一端を天井に固定し，他端に質量 m [kg] のおもりを吊り下げて静止させる．このとき，重力加速度の大きさを g [m/s²] として，おもりにはたらくばねの弾性力の大きさを m, g で表しなさい．

解　物体にはたらいている力を見つけるためには，次のようにすればよい．まず，注目している物体（おもり）を太線で囲む（図 3.7 (a)）．次に，注目している物体が外部（物体以外の部分）と接している場所に点を打つ．ここでは，おもりがばねと接している場所に点を打つ（図 3.7 (b)）．そして，その点を作用点とする，はたらく力を書き込む．ここでは，ばねの弾性力 $F_{弾性力}$ [N] を上向きに描く（図 3.7 (c)）．最後に，物体の重心を作用点として，非接触力である重力 W [N] を書き込む（図 3.7 (d)）．この作業を行えば，物体にはたらく力は，ばねの弾性力と重力の 2 つであることがわかる．

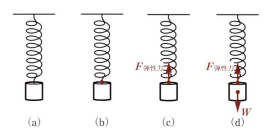

図 3.7　ばねに吊したおもりにはたらく力の見つけ方

今，物体は静止しているから，$F_{弾性力}$ と重力 W がつり合っている．よって，ばねがおもりに及ぼす弾性力の大きさと重力の大きさは等しい．これを式で書けば，$F_{弾性力} = W$ となる．一方で，質量 m [kg] のおもりにはたらく重力の大きさは $W = mg$ [N] であるので，ばねの弾性力の大きさは $F_{弾性力} = mg$ [N] となる．

ばねの伸びは，ばねを伸ばす（または縮める）力の大きさ，すなわち，ばねの弾性力の大きさ，に比例する（**フックの法則**）．ばねの自然の長さ（**自然長**）のときのおもりの位置を原点とし，ばねの伸びる方向を x 軸とすれば，弾性力 F_x [N] は，次のように書ける．

$$F_x = -kx \text{ [N]} \quad (\text{フックの法則}) \tag{3.12}$$

ここで，比例係数 k [N/m] はばねによって決まっている定数で，**ばね定数**という．ばね定数 k が大きいほど，ばねの弾性力が大きくなるので，k は「ばねの硬さ」に相当する．また，(3.12) の負符号は，弾性力がばねの伸びまたは縮みと逆向きだからである．

問題 3.9 ばね定数 k [N/m] の軽いばねの一端を天井に固定し，他端に質量 m [kg] のおもりを吊り下げ静止させる．このときの，ばねの自然長からの伸びを求めなさい．ただし，重力加速度の大きさを g [m/s²] とする．

3.6.3 張 力

図 3.8 のように，伸び縮みしない軽い糸の一端を天井に固定し，他端におもりを吊り下げて静止させる．この場合におもりにはたらく力は，例題 3.4 と同様にして見つけることができる．すなわち，おもりが静止しているので，おもりにはたらく力はつり合っている．これより，おもりにはたらく重力と逆向きに，同じ大きさの力で，糸はおもりを引いているとわかる．このような，ぴんと張った糸がおもりを引く力を糸の**張力**という．

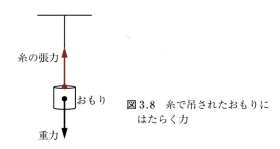

図 3.8 糸で吊されたおもりにはたらく力

例題 3.5

伸び縮みしない質量 m' [kg] の針金の一端を天井に固定し，他端に質量 m [kg] のおもりを取りつけて鉛直に吊り下げて静止させる．この針金がおもりを引く力 T [N] と，この針金が天井を引く力 T' [N] の大きさの大小関係を説明しなさい．

解 針金がおもりを引く力の大きさは，先ほど求めたように，$T = mg$ である．また，天井が針金を引く力の大きさ T' は，針金とおもりを 1 つの物体と考えると，$T' = (m + m')g$ と求まる．針金が天井を引く力の大きさは，作用反作用の法則より T' である．したがって，$T' > T$ である．

特に針金が軽く，$m' = 0$ と見なしてよい場合には $T = T'$ となる．すなわち，その場合には針金の両端で張力は等しくなる．

問題 3.10 質量 m_A [kg]，m_B [kg] のおもり A，B が，図 3.9 のように伸び縮みしない軽い糸 1，糸 2 で吊されている．重力加速度の大きさを g [kg/m²] として，糸 1，糸 2 がおもり A に及ぼす張力の大きさを求めなさい．

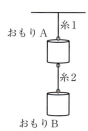

図 3.9 糸で吊されたおもり A と B

3.6.4 面から受ける力

物体が面から受ける力を**抗力**といい，次のように垂直抗力と摩擦力とに分けて考える．

垂直抗力

水平面上に静止している物体にはたらく力を考えよう．物体のつり合いの条件から，物体にはたらく力の合力は 0 になる．したがって，この場合には図 3.10 のように，物体には重力 W [N] の他につり合う力 N [N] がはたらいている．このような，面が物体に及ぼす力の，面に垂直な成分を**垂直抗力**という．

垂直抗力の大きさ N は，つり合いの条件より，重力の大きさ W と等しい．すなわち，物体の質量を m [kg]，重力加速度の大きさを g [m/s²] とすれば，垂直抗力の大きさは，$N = W = mg$ [N] である．

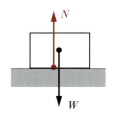

図 3.10 垂直抗力

問題 3.11 机の上に物体が置かれている．この物体にはたらく重力と，机が物体を押す力は，作用反作用の関係にある 2 力といえるか．

例題 3.6

質量 m [kg] の物体を水平面上に静かに置き，鉛直上方に大きさ F [N] の力で引いたところ，物体は静止していた．このときの物体にはたらく垂直抗力の大きさを求めなさい．ただし，重力加速度の大きさを g [m/s²] とし，$F < mg$ [N] とする．

解 図 3.11 のように物体にはたらく力は，物体を引き上げる力 F [N]，水平面が物体に及ぼす垂直抗力 N [N]，および重力 W [N] である．

力のつり合いの式より，それらの力の大きさの間には，$F + N = W$ の関係がある．

ここで，$W = mg$ を代入し，N について解けば，次のようになる．

$$N = mg - F \text{ [N]} \tag{3.13}$$

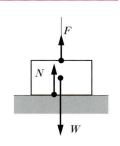

図 3.11 水平面に置いた物体にはたらく力

すなわち，垂直抗力の大きさ N は，F の分だけ mg よりも小さくなる．垂直抗力の大きさは，必ずしも mg ではないので注意が必要である．

摩擦力

水平面上に置かれた物体を動かそうと水平方向に力を加えると，水平面が滑らかなときには，微小な力でも物体は動き出す．しかし，水平面が粗いと，小さい力では物体は動き出さない．これは図3.12のように，物体が水平面から水平方向の力を受けているからである．このような，物体が面から受ける，面に平行な力を **摩擦力** という．特に，面に対して物体が静止している場合の摩擦力を，**静止摩擦力** という [7]．

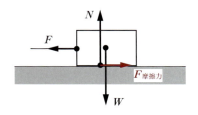

図 3.12　摩擦力

水平方向に加える力の大きさをだんだんと大きくすると，初めのうちは静止摩擦力はそれとともに大きくなるが，加える力と静止摩擦力がつり合っていて，物体は動かない．しかし，力の大きさがある値を超えたときに，物体は動き始める．物体が動き始める直前の静止摩擦力を **最大静止摩擦力** という．

その大きさ $F_{最大静止摩擦力}$ [N] は，物体が面を垂直に押す力の大きさ（すなわち，垂直抗力の大きさ）N [N] に比例して大きくなり，次のように書ける．

$$F_{最大静止摩擦力} = \mu N \,[\mathrm{N}] \quad （最大静止摩擦力の大きさ） \tag{3.14}$$

このときの比例係数 μ を **静止摩擦係数** という．

物体が動き始めた後も，運動を妨げる向きに，物体は面から力を受けている．この力を **動摩擦力** という．動摩擦力の大きさも，（近似的には）最大静止摩擦力と同様に，垂直抗力の大きさに比例する．すなわち，動摩擦力の大きさも次のように書ける．

$$F_{動摩擦力} = \mu' N \,[\mathrm{N}] \quad （動摩擦力の大きさ） \tag{3.15}$$

このときの比例係数 μ' を **動摩擦係数** という．

静止摩擦係数や動摩擦係数は，物体と面の表面の材質や状態によって決まり，接する面の面

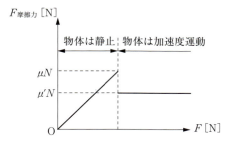

図 3.13　摩擦力の大きさ $F_{摩擦力}$ と引く力の大きさ F との関係

---

[7] 物理学での「滑らかな面」は「摩擦力が無視できる」という意味，「粗い面」は「摩擦力が無視できない」という意味である．

積にはほとんどよらない．また，通常は動摩擦力の大きさは最大静止摩擦力よりも小さくなる．したがって，図 3.12 の水平方向に引く力の大きさ F [N] を大きくしていったとき，物体にはたらく摩擦力の大きさ $F_{摩擦力}$ [N] と F との関係は，図 3.13 のようになる．

例題 3.7

水平となす角度 θ [rad] の粗い斜面がある．この斜面上に質量 m [kg] の物体を置いたところ，物体は静止したままであった．重力加速度の大きさを g [m/s^2] として次の問いに答えなさい．

(1) このときの物体にはたらく，垂直抗力および摩擦力の大きさを求めなさい．

(2) θ の値を大きくしていったところ，$\theta = \theta_0$ [rad] を超えたときに物体は滑り始めた．物体と斜面との静止摩擦係数を求めなさい．

解 (1) 図 3.14 のように，斜面に沿って上向きに x 軸，それに垂直上向きに y 軸を取る．重力を x 成分と y 成分に分解すると，x 成分は $-mg\sin\theta$ であり，y 成分は $-mg\cos\theta$ である．したがって，物体にはたらく垂直抗力の大きさを N [N]，摩擦力の大きさを $F_{摩擦力}$ [N] とすれば，つり合いの条件は，次のように書ける．

$$\begin{cases} F_{摩擦力} - mg\sin\theta = 0 & (x\text{成分}) \\ N - mg\cos\theta = 0 & (y\text{成分}) \end{cases} \quad (3.16)$$

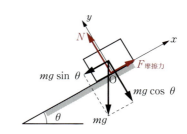

図 3.14 斜面上の物体にはたらく摩擦力

したがって，垂直抗力の大きさ N は $N = mg\cos\theta$，摩擦力の大きさ $F_{摩擦力}$ は $F_{摩擦力} = mg\sin\theta$ と求まる．

(2) 静止摩擦係数を μ とすれば，$F_{最大摩擦力} = \mu N$ であるから，θ を θ_0 とおいて次式を得る．

$$\begin{aligned} \mu &= \frac{F_{最大摩擦力}}{N} \\ &= \frac{mg\sin\theta_0}{mg\cos\theta_0} = \tan\theta_0 \end{aligned} \quad (3.17)$$

問題 3.12

粗い水平面上に置かれた質量 1.0 kg の物体に，水平方向に大きさ F [N] の力を加え，F をだんだんと大きくしていく．重力加速度の大きさを 9.8 m/s^2 として，次の問いに答えなさい．

(1) $F = 10$ N のとき，物体は静止したままであった．このとき，物体にはたらく摩擦力の大きさを求めなさい．

(2) $F = 20$ N を超えたところで，物体は滑り始めた．物体と面との間の静止摩擦係数を求めなさい．

問題 3.13

(3.15) で見たように，物体にはたらく動摩擦力は，接している物体および面の状態と，物体が面を押す力によって決まる．しかし，自動車レースで使われるスリックタイヤでは，摩擦力は接する面の面積にはよらないのにもかかわらず，溝をなくし，路面と接触する部分の面積を大きくしている．これはなぜだろうか．

コラム　ループ量子重力理論

自然界には基本的な力として，電磁気力，弱い力，強い力，万有引力の4つの力がある．そのうちの，最初の3つは，量子力学の枠組みで理解されている．しかし，重力を量子力学の枠組みで理解する重力の量子化はまだ完成していない．

現在，重力の量子化の有力な候補の1つとされているのが，ループ量子重力理論である（もう1つは，超ひも理論）．ループ量子重力理論では，ループ表現というものを利用して量子化を行う．その結果，空間や時間は小さな塊からできていることになる．このとき，空間の最小の要素は1プランク長 ($\sqrt{\hbar G/c^3} \simeq 10^{-35}$ m) となる．

空間に最小の要素があるという指摘は，マトベイ・ブロンスタインによってなされた．ここでは，その概要を見ていこう．

位置の不確かさ Δx が $\Delta x < L$ となるように，粒子の位置を長さ L の精度で決めることを考えよう．量子力学によれば，位置の不確かさ Δx と運動量の不確かさ Δp の間には，$\Delta x \, \Delta p \geq \hbar/2$ の不確定性関係があるので（19.5節参照），$\Delta p \geq \hbar/2L$ となる．ここで，$p^2 > (\Delta p)^2$ であるから，$p > \hbar/2L$ と書くことができる．

静止エネルギーが無視できる場合では，エネルギーは $E \simeq pc$ と書くことができるので，$E > \hbar c/(2L)$ となる．

一方で，一般相対性理論によれば，エネルギー E をもつ粒子のブラックホールの半径（シュバルツシルト半径）R は，$R = 2GE/c^4$ で与えられる．粒子の位置を R よりも精度よく決めようとすると，時空の地平線を越えてしまう．そこで，$R = L$ とおけば，

$$L = \frac{2GE}{c^4} \geq \frac{\hbar G}{Lc^3} \qquad (3.18)$$

となり，これを L について解けば，$L = \sqrt{\hbar G/c^3}$（プランク長）となる．

ところで，ループ量子重力理論は実際に検証できる可能性がある．例えば，空間が離散的だとすると，光速が電磁波の波長にわずかであるが依存する．そこで，ループ量子重力理論を検証するために，ガンマ線バーストという天体現象によって発生する光の速度の波長依存性を測定しているが，現在，ループ量子重力理論で予言されているような光速のずれは見つかっていない．

果たしてループ量子重力理論は，重力の量子化の正しいアプローチとなりうるのだろうか．

章末問題

3.1 図3.15のように，石塊などをアーチ上に積み上げた構造をアーチ構造といい，橋などの建築構造物によく見ることができる．図3.15のa, b の石塊にはたらく力のつり合いを説明しなさい．　⇨ 3.2節

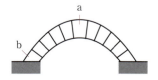

図3.15　アーチ橋

3.2 登山では，安全を確保するため，複数の支点とスリング（ロープをリング状にしたもの）

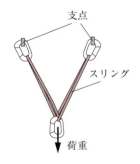

図3.16　スリングと荷重の分散

とを用いて荷重を分散する．図3.16のように，鉛直に下降するために2つの支点を用いる場合，スリングの長さについてどのような注意が必要か．また，その理由を説明しなさい． ⇨3.3節

3.3 質量 M [kg] の人が，滑らかに動く軽い滑車と軽いひもを用いて，図3.17の装置A，Bを用い，荷物を持ち上げて静止させる．それぞれの場合で，持ち上げられる荷物の最大の質量を求めなさい． ⇨3.3節

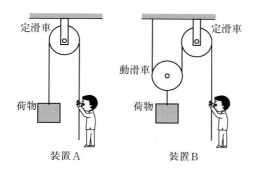

図3.17 荷物を持ち上げる装置A，B

3.4 電子天びんの上に，鳥の入った鳥かごを乗せておく．鳥が鳥かごの中で飛んでいるときと，止まり木に止まっているときとで，電子天びんの目盛りはどうなるか． ⇨3.4節

3.5 ばね定数が k_1 [N/m]，k_2 [N/m] の2本の軽いばねを直列につないだ．これについて次の問いに答えなさい． ⇨3.6節

(1) この2本のばねを天井から鉛直に吊し，下端を大きさ f [N] の力で鉛直下方に引っ張ったとき，それぞれのばねの伸びを求めなさい．

(2) この2本のばねを水平な床に，それぞれが自然長になるように両端を固定した．ばねのつなぎ目を，ばね定数 k_2 のばねが縮む向きに大きさ f の力で水平に引っ張った．それぞれのばねの伸び（縮み）を求めなさい．

3.6 水平で粗い床の上に質量 m [kg] の荷物が置かれている．荷物に伸び縮みしない軽いひもをつけて，水平からの角度 θ ($<\pi/2$) の斜め上方向に大きさ f [N] の力で引く．f を徐々に大きくしていくと，f がある値を超えたところで，荷物は動き出した．これについて次の問いに答えなさい．ただし，重力加速度の大きさを g [m/s²] とし，床面と荷物の間の静止摩擦係数を μ とする． ⇨3.6節

(1) 荷物が動かなかったとき，荷物にはたらく摩擦力の大きさを求めなさい．

(2) 荷物が動き出す直前の，f の値およびひもの張力の大きさを求めなさい．

3.7 水平となす角度 θ [rad/s] の粗い斜面上にある質量 m [kg] の物体を，下側から水平の向きに押して物体が静止し続けているとき，その力の大きさの最小値と最大値を求めなさい．ただし，物体と斜面との静止摩擦係数を μ とする． ⇨3.6節

第 4 章

運動の3法則と物体の運動

物体にはたらく力と物体の運動の関係は，ニュートンの運動の3法則（慣性（かんせい）の法則，運動の法則，作用反作用の法則）によって規定されている．この章では，ニュートンの運動の3法則を学ぼう．そして，運動方程式を立てて解くことによって，物体の運動を記述しよう．

学習目標
- 運動の3法則を説明できるようになる．
- 物体にはたらいている力を見つけ，運動方程式が立てられるようになる．
- 運動方程式を解いて，現象を説明できるようになる．
- 等加速度直線運動をする座標系における，見かけの力を計算できるようになる．

キーワード
運動の3法則，慣性の法則，運動方程式，向心力，作用反作用の法則，慣性座標系，非慣性座標系，見かけの力（慣性力）

4.1 運動の3法則

ニュートンによって定式化された**運動の3法則**は，物体の運動を記述する法則である．物体の変形や回転については第7章や第8章で考えることにして，ここでは物体を質点として考え，その運動を調べていこう．

4.1.1 慣性の法則（運動の第1法則）

> 物体に力がはたらいていないか，物体にはたらく力がつり合っていて正味の力が0のとき，静止している物体は静止し続け，運動している物体は等速直線運動をし続ける．

これを**慣性の法則（運動の第1法則）**という．また，このように，物体が運動状態を保ち続けようとする傾向を**慣性**という．

身の回りの物体の運動を観測すると，運動していた物体も放っておけばそのうち止まってしまう．これは物体に摩擦力や抵抗力がはたらいているからである．慣性の法則は，物体にはたらく正味の力が0である理想的な場合を考えている．

4.1.2 運動の法則（運動の第 2 法則）

物体に 0 でない正味の力がはたらくと，速度が変化する．すなわち，加速度が生じる．力と加速度の関係について，次のことがいえる．

> 物体に力がはたらくと，物体には力の向きに加速度が生じ，加速度の大きさは力の大きさに比例する．

これを **運動の法則（運動の第 2 法則）** という．

物体の質量（慣性質量）を m [kg]，加速度を $\boldsymbol{a} = d^2\boldsymbol{r}/dt^2$ [m/s^2]，力を $\boldsymbol{F}$ [N] とすると，上の関係は次のように書ける．

$$m\boldsymbol{a} = m\frac{d^2\boldsymbol{r}}{dt^2} = \boldsymbol{F} \ [\text{N}] \quad \text{（運動方程式）} \tag{4.1}$$

これを **ニュートンの運動方程式** という．力の単位は N（ニュートン）であるが，この式から $1\,\text{N} = 1\,\text{kg}\cdot\text{m/s}^2$ であることがわかる．

例題 4.1

水平な道路を走行中の自動車が急ブレーキをかけた．このときの自動車の加速度を求めなさい．ただし，道路とタイヤとの間の動摩擦係数を $\mu' = 0.40$，重力加速度の大きさを $g = 9.8\,\text{m/s}^2$ とする．

解 自動車の進行方向を x 軸の正の向きとする．自動車の質量を m [kg] とすると，垂直抗力の大きさは mg [N]．したがって，動摩擦力は $-\mu' mg$ となる（負符号は，進行方向と逆向きを表している）．加速度を a_x [m/s^2] とすると，運動方程式は $ma_x = -\mu' mg$ となる．両辺を m で割り，値を代入して次のように求まる．

$$a_x = -\mu' g = -0.4 \times 9.8 = -3.92\,\text{m/s}^2 \tag{4.2}$$

問題 4.1 物体への正味の力が 0（$\boldsymbol{F} = \boldsymbol{0}$）のとき，(4.1) より，物体の加速度が $\boldsymbol{0}$，すなわち物体の速度変化が $\boldsymbol{0}$ となる．これは慣性の法則（運動の第 1 法則）そのものではないかと思うかもしれない．なぜ，運動の法則とは別に慣性の法則が必要なのだろうか．

問題 4.2 以下の，x 軸に沿って運動する質量 m [kg] の物体の運動方程式を書きなさい．

(1) 物体が静止している．
(2) 物体が等速度運動をしている．
(3) 物体が x 軸方向の一定の力 F_{x0} [N] を受けて運動をしている．
(4) 物体が一定の加速度 a_{x0} [m/s^2] で運動をしている．

問題 4.3 エレベータ（トラクション式エレベータ）の人が乗り降りするかごには，巻上機の滑車（綱車）を介して「かごの重さ + 定格積載量の半分」の重量のつり合いおもりが吊り下げられている．なぜ，つり合いおもりが吊り下げられているのだろうか．

例題 4.2

次のページの図 4.1 は，円軌道上を一定の速さで運動する物体（図中の白丸）の 1 s ごとの位置を表している．この物体にはたらいている力の向きを作図により求めなさい．

解 図 4.1 のように，物体の速度ベクトルは，隣り合う時刻同士の物体の位置に引いた矢印（図中の黒い矢印）である．

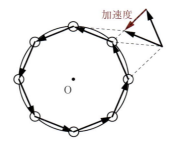

図 4.1　円運動と向心力

物体の加速度ベクトルは，隣り合う時刻同士の物体の速度変化であるから，円の中心 O に向いていることがわかる．したがって，物体は円の中心に向かう力を受けている．この中心に向かう力を**向心力**という．

問題 4.4　図 4.2 は，ボールを斜めに投げ上げたときの 1 s ごとのボールの位置を描いたものである．(1) $t = 1.0$ s, (2) $t = 5.0$ s, (3) $t = 9.0$ s のボールにはたらく力の向きを，例題 4.2 にならって，作図により求めなさい．

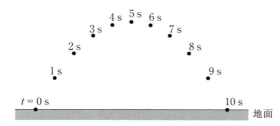

図 4.2　放物運動でボールにはたらく力

4.1.3　作用反作用の法則（運動の第 3 法則）

3 つ目のニュートンの運動法則は，次の**作用反作用の法則（運動の第 3 法則）**である．

> 物体 A が物体 B に力 $\boldsymbol{F}_{A \to B}$ [N] を及ぼすとき，物体 B が物体 A に同じ大きさで逆向きの力 $\boldsymbol{F}_{B \to A} = -\boldsymbol{F}_{A \to B}$ [N] を及ぼす．

3.4 節では，静止している物体についての，作用反作用の法則を学んだ．作用反作用の法則は，実は物体が静止しているか，運動しているかにかかわらず成り立つ．運動している物体でも作用反作用の法則が成り立つことを，次の例題で確かめよう．

例題 4.3

図 4.3 (a) のように，滑らかな水平面上に，それぞれ質量 m_A [kg], m_B [kg] の物体 A, B が接するように置かれている．物体 A に図の右向き，大きさ F_0 [N] の力を加えると，加えた力の方向に物

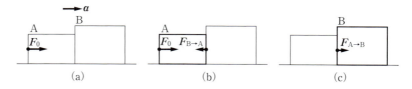

図 4.3　運動する物体での作用反作用の法則の確認

体 A と B が一体になって運動する．このとき，物体 A が B に及ぼす力 $F_{A \to B}$ [N] と，物体 B が A に及ぼす力 $F_{B \to A}$ [N] とが，大きさが同じで逆向きであることを確かめなさい．

解 加えた力の方向を x 軸とする．物体 A と B は接触しており，同じ加速度（a_x とする）で動く．図 4.3(b)，(c) のように，物体 A，B それぞれに注目すると，物体 A，B の運動方程式はそれぞれ，

$$m_A \boldsymbol{a} = \boldsymbol{F}_0 + \boldsymbol{F}_{B \to A} \ [\mathrm{N}], \qquad m_B \boldsymbol{a} = \boldsymbol{F}_{A \to B} \ [\mathrm{N}] \tag{4.3}$$

となる．これら 2 式の両辺をそれぞれ足し合わせれば，次式を得る．

$$(m_A + m_B)\boldsymbol{a} = \boldsymbol{F}_0 + \boldsymbol{F}_{B \to A} + \boldsymbol{F}_{A \to B} \ [\mathrm{N}] \tag{4.4}$$

一方で，物体 A と物体 B を 1 つの物体として考えると，物体の質量は $m_A + m_B$ であり，はたらいている力は $\boldsymbol{F}_0$ であるから，運動方程式は，

$$(m_A + m_B)\boldsymbol{a} = \boldsymbol{F}_0 \ [\mathrm{N}] \tag{4.5}$$

となる．(4.4) と (4.5) を見比べれば，$\boldsymbol{F}_{A \to B} = -\boldsymbol{F}_{B \to A}$ でなければならないことがわかる．

4.2　運動方程式の解き方の例

滑らかな水平面上に静止している質量 m [kg] の物体がある．この物体に，時刻 $t = 0$ から大きさ F_0 [N] の一定の力を水平方向に加え続けた．この物体の運動方程式を立て，それを解いて，任意の時刻 t [s] での物体の位置および速度を求めよう．

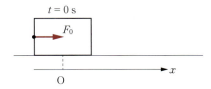

図 4.4　物体に一定の力がはたらく場合

図 4.4 のように，$t = 0$ の物体の位置を原点とし，加えた力の方向を x 軸とする．このとき $F_x = F_0$ [N] を運動方程式 $ma_x = F_x$ に代入すれば，

$$ma_x = F_0 \ [\mathrm{N}] \tag{4.6}$$

を得る．

これがこの物体の運動方程式である❶．(4.6) の両辺を m で割り，加速度の定義 $a_x = dv_x/dt$ を代入して，両辺を時間 t [s] で積分する．積分定数を C とすると，

$$v_x = \int \frac{dv_x}{dt} \, dt = \int \frac{F_0}{m} \, dt + C = \frac{F_0}{m} t + C \ [\mathrm{m/s}] \tag{4.7}$$

を得る．速度の定義 $v_x = dx/dt$ を代入し，(4.7) の両辺をもう一度，時間 t で積分する．積分定数を C' として次式を得る．

$$x = \int \frac{dx}{dt} \, dt = \int \left(\frac{F_0}{m} t + C \right) dt + C' = \frac{1}{2} \frac{F_0}{m} t^2 + Ct + C' \ [\mathrm{m}] \tag{4.8}$$

---

❶ このように，考えている物体にはたらく力 $\boldsymbol{F}$ を求めて，それを運動方程式 $m\boldsymbol{a} = \boldsymbol{F}$ に代入する作業を，運動方程式を立てるという．

時刻 $t=0$ のとき,物体は原点に静止していたのだから,$t=0$ のとき $x=0$,$v_x=0$ である.(4.7) に $t=0$,$v_x=0$ を代入すれば $C=0$,(4.8) に $t=0$,$x=0$ を代入すれば $C'=0$ が求まる.したがって,物体の位置 x および速度 v_x はそれぞれ,次のように求まる.

$$x = \frac{1}{2}\frac{F_0}{m}t^2 \,[\text{m}], \qquad v_x = \frac{F_0}{m}t \,[\text{m/s}] \tag{4.9}$$

このように,任意の時刻における物体の位置および速度を求めて物体の運動を知るためには,次の手順で行えばよい.

(1) 座標系を設定する.
(2) 物体にはたらく(正味の)力を求め,運動方程式を立てる.
(3) 運動方程式を時間で積分して,速度,位置を時間の関数として求める.
(4) 初期条件から積分定数を決定する.

例題 4.4

時刻 $t=0$ で,地上から,水平となす角度 $\theta\,[\text{rad}]$ の向きに,大きさ $v_0\,[\text{m/s}]$ の初速度で質量 $m\,[\text{kg}]$ のボールを投げ上げた.この場合のボールの運動について運動方程式を立て,それを解いて,任意の時刻 $t\,[\text{s}]$ でのボールの位置および速度を求めなさい.ただし,空気抵抗は無視し,重力加速度の大きさを $g\,[\text{m/s}^2]$ とする.

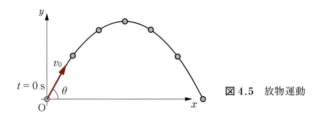

図 4.5 放物運動

解 図 4.5 のように,水平方向で図の右向きを x 軸,鉛直上向きを y 軸とする.ボールにはたらく力は,重力 $\boldsymbol{F}=(0,-mg)\,[\text{N}]$ である.これを運動方程式 $m\boldsymbol{a}=md\boldsymbol{v}/dt=\boldsymbol{F}$ に代入すれば,次式を得る.

$$ma_x = m\frac{dv_x}{dt} = 0, \qquad ma_y = m\frac{dv_y}{dt} = -mg \,[\text{N}] \tag{4.10}$$

これらの式の両辺を m で割り,時間 t で積分して,$\boldsymbol{v}=d\boldsymbol{r}/dt$ を代入すると,

$$v_x = \frac{dx}{dt} = C \,[\text{m/s}], \qquad v_y = \frac{dy}{dt} = -gt + D \,[\text{m/s}] \tag{4.11}$$

となる.ここで,C,D は積分定数である.両辺をもう一度,時間 t で積分して,

$$x = Ct + C' \,[\text{m}], \qquad y = -\frac{1}{2}gt^2 + Dt + D' \,[\text{m}] \tag{4.12}$$

を得る.ここで,C',D' は積分定数である.

$t=0$ のとき,$x=0$,$y=0$,$v_x=v_0\cos\theta$,$v_y=v_0\sin\theta$ より,$C=v_0\cos\theta$,$D=v_0\sin\theta$,$C'=D'=0$ と求まる.したがって,これらを代入すれば,時刻 t でのボールの位置 $\boldsymbol{r}=(x,y)$ および速度 $\boldsymbol{v}=(v_x,v_y)$ は,次のように求まる.

$$x = (v_0\cos\theta)t \,[\text{m}], \qquad y = -\frac{1}{2}gt^2 + (v_0\sin\theta)t \,[\text{m}] \tag{4.13}$$

$$v_x = v_0 \cos\theta \,[\mathrm{m/s}], \qquad v_y = -gt + v_0 \sin\theta \,[\mathrm{m/s}] \tag{4.14}$$

この例題からもわかるように，重力のような，質量に比例する力のみがはたらいている場合の物体の運動は，物体の質量によらなくなる．

問題 4.5 プロ野球でのホームランの最高推定飛距離は約 170 m という．水平となす角度 45° の向きにボールが上がったとしたとき，打った瞬間のボールの速さはいくらか．ただし，空気抵抗は無視し，重力加速度の大きさを $9.8\,\mathrm{m/s^2}$ とする．

問題 4.6 水平な直線道路を一定の速さ $v_0\,[\mathrm{m/s}]$ で走っていた質量 $m\,[\mathrm{kg}]$ の自動車が，急ブレーキをかけた．重力加速度の大きさを $g\,[\mathrm{m/s^2}]$，道路との動摩擦係数を μ' として，急ブレーキをかけてから自動車が止まるまでに走る距離（制動距離）が，質量によらず v_0 の 2 乗に比例することを導きなさい．

問題 4.7 滑らかな水平面上に静止している質量 $m\,[\mathrm{kg}]$ の物体がある．この物体に，時刻 $t=0$ から大きさ $At\,[\mathrm{N}]$ の力を水平方向に加え続けた．ここで $A\,[\mathrm{N/s}]$ は定数である．運動方程式を立て，それを解いて，任意の時刻 $t\,[\mathrm{s}]$ での物体の位置および速度を求めなさい．

例題 4.5

枝になっている 1 個の柿をめがけて石を投げた．石を投げた瞬間に，柿は枝から離れた．石は柿に当たるだろうか．

解 石が柿に当たるということは，ある時刻に石と柿が同じ位置にあるということである．図 4.6 のように座標軸を取って，時刻 $t=0$ において原点から初速 $v_0\,[\mathrm{m/s}]$ で水平となす角度 $\theta\,[\mathrm{rad}]$ の向きに石を投げたとしよう．時刻 $t\,[\mathrm{s}]$ の石の位置は，(4.13) より

$$(x_{石}(t), y_{石}(t)) = \left((v_0\cos\theta)t,\, -\frac{1}{2}gt^2 + (v_0\sin\theta)t\right) [\mathrm{m}] \tag{4.15}$$

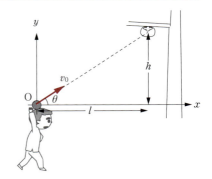

図 4.6 柿めがけての石投げ

となる．一方，$t=0$ の柿の位置を $(x_{柿}(0), y_{柿}(0)) = (l, h)\,[\mathrm{m}]$ とすれば，時刻 t の柿の位置は，

$$(x_{柿}(t), y_{柿}(t)) = \left(l,\, h - \frac{1}{2}gt^2\right) [\mathrm{m}] \tag{4.16}$$

となる．時刻 $t_1\,[\mathrm{s}]$ に x 座標が一致したとすると，$(v_0\cos\theta)t_1 = l$ から，$t_1 = l/(v_0\cos\theta)$ を得る．これを $y_{石}$ に代入すると，$l\tan\theta = h$ より $y_{石} = y_{柿}$ を得る．すなわち，石が柿に届く前に地面に落ちない限り，石は必ず柿に当たる．

4.3 見かけの力

力がはたらいていない物体は，常に静止または等速直線運動をしているというわけではない．例えば，電車の中にボールを静止させて置いておき，電車の中で静止している人がボールを観測する場合を考えよう．電車が発車すると，水平方向の力がはたらいていないにもかかわ

らず，ボールは転がり始めるだろう．このように電車の中で静止している人から見ると，慣性の法則は成り立たないように見える．

一方で，このボールを電車の外で静止している人が観測すると，電車が発車するとき，ボールはもとの位置に留まり続けようとするので，慣性の法則は成り立っている．力がはたらかない物体が静止または等速直線運動をし続ける座標系を**慣性座標系**（慣性系）といい，そうでない座標系を**非慣性座標系**（非慣性系）という．実は，運動方程式は慣性座標系でのみ成り立つ．運動方程式を非慣性座標系でも適用できる形に拡張しよう．ここでは，非慣性座標系として直線上を加速度運動している座標系を考えよう❷．

地上に静止している観測者の座標系（K 系）を考えると，K 系は慣性座標系と見なせる．この K 系では運動の法則が成り立ち，運動方程式は（4.1）となる．

図 4.7 のように，K 系に対して水平方向に，一定の加速度 $\boldsymbol{a}$ [m/s²] で平行移動をしている電車に乗っている観測者の座標系（K′ 系）で考えると，K′ 系は非慣性座標系である．K 系と K′ 系の原点が一致した時刻を $t = 0$，そのときの K 系に対する K′ 系の速度を $\boldsymbol{v}_0$ [m/s] とすれば，K 系での座標 $\boldsymbol{r}$ [m] と K′ 系での座標 $\boldsymbol{r}'$ [m] は，座標変換

$$\boldsymbol{r} = \boldsymbol{r}' + \frac{1}{2}\boldsymbol{a}t^2 + \boldsymbol{v}_0 t \ [\text{m}] \tag{4.17}$$

の関係で結びついている（図 4.8 参照）．これを時間 t で 2 回微分すると，$d^2\boldsymbol{r}/dt^2 = d^2\boldsymbol{r}'/dt^2 + \boldsymbol{a}$ [m/s²] となる．これを運動方程式に代入して，整理すると，

$$m\frac{d^2\boldsymbol{r}'}{dt^2} = \boldsymbol{F} - m\boldsymbol{a} \ [\text{N}] \tag{4.18}$$

を得る．ここで，$-m\boldsymbol{a}$ の項は実際にはたらいている力ではないが，この $-m\boldsymbol{a}$ を力と見なすと，K′ 系でも運動方程式が成り立つと考えられる．このような，非慣性座標系で運動方程式を成り立たせるために導入する，見かけ上の力を**見かけの力**，または**慣性力**という❸．

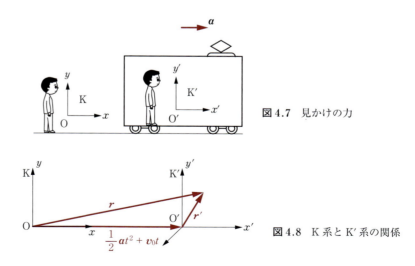

図 4.7 見かけの力

図 4.8 K 系と K′ 系の関係

---

❷ もう 1 つの典型的な非慣性系として，回転運動をする座標系が考えられるが，そこでの見かけの力は，6.4 節で扱う．

❸ 見かけの力は実際の力とは異なり，作用反作用の関係にある対の力は存在しない．

例題 4.6

水平方向に一定の加速度 a_x [m/s²] で等加速度直線運動をしている電車内の天井から，軽い糸で質量 m [kg] のおもりを吊す．このとき，糸は鉛直線に対して傾く．これを地上に静止している観測者と，電車に乗っている観測者の立場で説明しなさい．

解 地上に静止している観測者から見た場合，おもりは a_x の加速度で運動しているので，$F_x = ma_x$ [N] の力がおもりにはたらいている．F_x は，おもりにはたらく糸の張力と重力との合力である．

一方，電車に乗っている観測者から見た場合，おもりは静止しているので，おもりにはたらく合力は 0 のはずである．糸の張力と重力との合力とつり合うために，図 4.9 のように $-ma_x$ の力がはたらいていなければならない．これが見かけの力である．

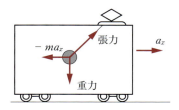

図 4.9 加速度運動をする電車内に吊されたおもりにはたらく力（非慣性系である電車内の観測者の立場から見た力）

問題 4.8
水平方向に一定の加速度で等加速度直線運動をしている電車の中にヘリウム風船があり，その糸は電車の床に固定されている（図 4.10）．風船は，(a) 後ろに傾くだろうか，(b) 鉛直上向きのままだろうか，それとも (c) 前に傾くだろうか．

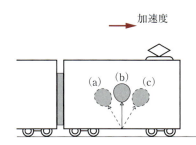

図 4.10 電車の中のヘリウム風船

章 末 問 題

4.1 日本のロケットの打ち上げ施設は種子島と内之浦にあるが，その理由の 1 つは，なるべく赤道に近い位置にあった方がよいからである．そうした方がよい理由を 2 つ述べなさい．

⇨ 4.1 節

4.2 傾斜角 θ [rad] の斜面上の質量 m [kg] の物体について，次のような運動を考える．斜面に沿って下向きを x 軸として，物体の運動方程式を書き，任意の時刻 t [s] での物体の位置 x [m] と速度 v [m/s] を求めなさい．ただし，$t = 0$ の位置を原点，初速度を 0 とし，重力加速度の大きさを g [m/s²] とする．

⇨ 4.1, 4.2 節

(1) 滑らかな斜面を滑り降りている．
(2) 粗い斜面を，一定の動摩擦力 f [N] を受けて滑り降りる．
(3) 物体を，斜面に平行な一定の力 F [N] で，滑らかな斜面に沿って，引き上げる．
(4) 物体を，粗い斜面に平行な一定の力 F で斜面に沿って，引き上げる．このとき，物体

は，一定の動摩擦力 f を受ける．

4.3 水平な粗い台の上に質量 m [kg] の物体 A が静止している．図 4.11 のように，この A に伸び縮みしない軽い糸をつけ，滑らかに回転する軽い滑車を介しておもり B を吊したところ，A につないだ糸は水平になった．A と台の間の静止摩擦係数，動摩擦係数をそれぞれ μ, μ' とし，重力加速度の大きさを g [m/s²] として以下の問いに答えなさい． ⇨ 4.1, 4.2 節

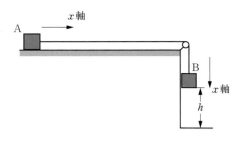

図 4.11 水平な台上の物体とおもり

(1) B の質量を徐々に大きくしていったとき，物体が動き出す直前の B の質量を求めなさい．

(2) B の質量が (1) の値より大きいとき，A は動き出す．このときの B の質量を M [kg]，糸の張力の大きさを S [N] として，A と B の運動方程式を書きなさい．ただし，糸に沿って x 軸を取りなさい．

(3) 運動中の加速度と糸の張力 S を求めなさい．

(4) 初め，B は床から h [m] の高さにあった．B が床に着いた瞬間の物体の速さを求めなさい．

(5) その後，A はしばらく滑って止まった．初めの位置から止まるまでに A が滑った距離を求めなさい．

4.4 エレベータ内の人が体重計に乗っている．エレベータが加速度 a [m/s²] で上昇しているとき，体重計が指し示す目盛りはいくらか．ただし，エレベータが静止していたとき，体重計は m（単位は kg）を指し示していたとし，重力加速度の大きさを g [m/s²] とする． ⇨ 4.3 節

4.5 前問で $a = -g$ [m/s²] のとき，すなわち，自由落下するエレベータ内では無重力になることがわかる．同様にして，航空機で 20 秒間ほど無重力を味わえる．航空機はエンジンを切ると放物線運動をする．無重力を味わえるのは次のどのときか．ただし，空気抵抗は無視できるものとする． ⇨ 4.1～4.3 節

(1) 放物線の頂点から　(2) 機体が水平になった瞬間から　(3) エンジンを切った瞬間から

4.6 滑らかな斜面に水の入ったコップを静かに置いて手を放した．コップの水面はどうなるか． ⇨ 4.1～4.3 節

4.7 スマートフォンの多くには加速度センサがついている．加速度センサはどのようにして加速度を測定するのだろうか．また，スマートフォンには速度センサではなく，どうして加速度センサがついているのだろうか． ⇨ 4.3 節

第 5 章

運動量とエネルギー

　何かが起こる前と後とで物理量の値が変わらないことを，その物理量は保存されているという．保存則を用いることで，問題がより高い観点から理解できたり，簡潔に解けたりする．この章では，運動量，力学的エネルギーの2つの物理量を導入し，それらの保存則を学ぼう．

> **学習目標**
> - 力積が与えられたときの運動量の変化を求められるようになる．
> - 衝突や分裂の問題に運動量保存則を適用し，物体の速度を求められるようになる．
> - 物体に加えた仕事から運動エネルギーの変化を求められるようになる．
> - ポテンシャルエネルギーの変化から，物体に加えられた仕事を求められるようになる．
> - 力学的エネルギー保存則を具体的な問題に適用できるようになる．
>
> **キーワード**
> 運動量 $\boldsymbol{p}$ [kg·m/s]，力積，運動量保存則，仕事 W [J]，運動エネルギー K [J]，ポテンシャルエネルギー U [J]，力学的エネルギー，力学的エネルギー保存則

5.1　運動量と力積

　いろいろな速さや質量のボールを使って，キャッチボールをすることを想像してみよう．その際に，速く投げたときと，ゆっくり投げたときとで，受け手の手が受ける衝撃にどのような違いがあるのかを考えてみよう．そうすると，同じ質量のボールなら速いほど，同じ速さのボールなら質量が大きいほどその衝撃は大きい，ということに気づくだろう．このことから，質量が大きいものほど，そして速さが大きいものほど「運動の勢い」があると考えられる．この「運動の勢い」を，物体の質量 m [kg] と速度 $\boldsymbol{v}$ [m/s] の積

$$\boldsymbol{p} = m\boldsymbol{v} \ [\text{kg·m/s}] \quad (\text{運動量の定義式}) \tag{5.1}$$

で定義する．この $\boldsymbol{p}$ を**運動量**という．運動量の単位は，kg·m/s，または N·s である❶．

　運動量 $\boldsymbol{p}$ を用いれば，運動方程式は

---

❶　運動量はベクトル量であり，その向きによって，物体が運動する向きも表せる．

$$\frac{d\boldsymbol{p}}{dt} = \boldsymbol{F}\,[\mathrm{N}] \quad (\text{運動量による運動方程式}) \tag{5.2}$$

と書ける．運動方程式 (5.2) を $t_\mathrm{I}\,[\mathrm{s}]$ から $t_\mathrm{F}\,[\mathrm{s}]$ まで時間で積分すると，次式を得る．

$$\boldsymbol{p}(t_\mathrm{F}) - \boldsymbol{p}(t_\mathrm{I}) = \int_{t_\mathrm{I}}^{t_\mathrm{F}} \boldsymbol{F}(t)\,dt\,[\mathrm{N\cdot s}] \tag{5.3}$$

この式の右辺は**力積**とよばれる．すなわち，物体の運動量変化が物体の受けた力積となる．

衝突や打撃などで瞬間的にはたらく力を，**撃力**という．一般に，撃力がはたらいた場合の力の時間変化を調べるのは難しいが，運動量の変化から，力積の値は簡単に求められる．また，撃力がはたらいた時間 $\Delta t\,[\mathrm{s}]$ がわかれば，力積の値を Δt で割ることで平均の撃力が求められる．

例題 5.1

質量 0.50 kg の物体に大きさ 2.0 N の力が 2.5 s 間だけはたらいた．このとき，物体の運動量および速度の変化を求めなさい．

解 力の方向を x 軸とすれば，物体の運動量の変化は，

$$p_x(2.5\,\mathrm{s}) - p_x(0\,\mathrm{s}) = F_x \Delta t = 2.0 \times 2.5 = 5.0\,\mathrm{kg\cdot m/s} \tag{5.4}$$

であり，速度の変化は次のように求まる．

$$v_x(2.5\,\mathrm{s}) - v_x(0\,\mathrm{s}) = \frac{\{p_x(2.5\,\mathrm{s}) - p_x(0\,\mathrm{s})\}}{m} = \frac{5.0}{0.50} = 10\,\mathrm{m/s} \tag{5.5}$$

問題 5.1 次の問いに答えなさい．

(1) プールで体重 50 kg の水泳選手が泳いでいる．ターンの直前と直後の速度がともに時速 9.0 km であったとき，ターンによって選手がプールの壁に与えた力積を求めなさい．

(2) 質量 500 kg の自動車が壁に衝突して 10 ms で停止した．壁が平均 1.0×10^6 N の力を受けたときの，衝突前の自動車の速さを求めなさい．

問題 5.2
キャッチボールをするとき，グローブを引きながらボールを取った方が痛くないのはなぜなのかを説明しなさい．

問題 5.3
スキーのジャンプ競技のラージヒルは，地上からの高さ約 140 m の位置から滑走を始め，86 m の位置からジャンプする．このような高さからジャンプして地上に着地しても選手が耐えられる理由を説明しなさい．

5.2 運動量保存則

運動量について，次の**運動量保存則**が成り立つ．

> 外部からの力がはたらかない（または，その合力が 0 の）とき，系の運動量の総和は一定に保たれる（運動量保存則）[2]．

運動量保存則を示そう．図 5.1 のように，2 つの物体 A, B が，時刻 $t_\mathrm{I}\,[\mathrm{s}]$ から $t_\mathrm{F}\,[\mathrm{s}]$ の間，

---

[2] 系とは，考察の対象として注目しているまとまりのある部分をいう．

互いに力を及ぼし合っている場合を考える．ただし，物体 A および B は外部から力を受けていないとする．時刻 t [s] に，物体 A が B に及ぼす力を $\boldsymbol{F}_{A\to B}(t)$ [N]，物体 B が A に及ぼす力を $\boldsymbol{F}_{B\to A}(t)$ [N] とする．物体 A，B の運動量の変化は，それぞれ，

図 5.1　運動量保存則

$$\boldsymbol{p}_A(t_F) - \boldsymbol{p}_A(t_I) = \int_{t_I}^{t_F} \boldsymbol{F}_{B\to A}(t)\,dt\ [\mathrm{N\cdot s}], \quad \boldsymbol{p}_B(t_F) - \boldsymbol{p}_B(t_I) = \int_{t_I}^{t_F} \boldsymbol{F}_{A\to B}(t)\,dt\ [\mathrm{N\cdot s}] \quad (5.6)$$

と書ける．(5.6) と作用反作用の法則 $\boldsymbol{F}_{B\to A} = -\boldsymbol{F}_{A\to B}$ を用いた後で，整理すると，

$$\boldsymbol{p}_A(t_F) + \boldsymbol{p}_B(t_F) = \boldsymbol{p}_A(t_I) + \boldsymbol{p}_B(t_I)\ [\mathrm{N\cdot s}] \quad (5.7)$$

を得る．t_F, t_I は任意に決めてよいので，$\boldsymbol{p}_A$ と $\boldsymbol{p}_B$ の和は運動の間，一定に保たれるといえる．これが運動量保存則である[3]．

5.2.1　衝　突

同一直線上を運動していた 2 つの物体が正面衝突し，再び同一直線上を運動したとする．この直線に沿った衝突を**直衝突**（ちょくしょうとつ）という．

図 5.2 のように，それぞれ質量 m_A [kg]，m_B [kg] の物体 A，B の x 軸に沿った直衝突を考えよう．物体 A，B の衝突前後の速度をそれぞれ v_{Ax} [m/s]，v_{Bx} [m/s] および v_{Ax}' [m/s]，v_{Bx}' [m/s] とする．衝突前後の運動量の総和 P_x [N·s] および P_x' [N·s] は，

$$P_x = m_A v_{Ax} + m_B v_{Bx}\ [\mathrm{N\cdot s}], \qquad P_x' = m_A v_{Ax}' + m_B v_{Bx}'\ [\mathrm{N\cdot s}] \quad (5.8)$$

である．運動量保存則より，$P_x = P_x'$ であるから次式を得る．

$$m_A v_{Ax} + m_B v_{Bx} = m_A v_{Ax}' + m_B v_{Bx}'\ [\mathrm{N\cdot s}] \quad (5.9)$$

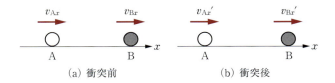

(a) 衝突前　　　　　　(b) 衝突後

図 5.2　直衝突

例題 5.2

図 5.3 のように，x 軸に沿って正の向きに速さ 5.0 m/s で進んでいる質量 2.0 kg の物体 A が，負の向きに速さ 3.0 m/s で進んでいる質量 3.0 kg の物体 B に直衝突をした．衝突後，物体 A が負の向きに速さ 2.5 m/s で進んだとき，物体 B の速度を求めなさい．

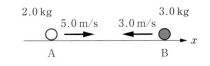

図 5.3　直衝突の例題

解　衝突後の物体 B の速度を v_x [m/s] とすれば，運動量保存則より，

$$2.0 \times 5.0 + 3.0 \times (-3.0) = 2.0 \times (-2.5) + 3.0 \times v_x \quad (5.10)$$

となる．これより，$v_x = 2.0$ m/s を得る．

---

[3] 導く過程からも明らかなように，運動量保存則の本質は作用反作用の法則である．

5.2.2 はね返り係数

衝突前後の2つの物体の速度差の比

$$e = \frac{v_{Bx}' - v_{Ax}'}{v_{Ax} - v_{Bx}} \quad \text{(はね返り係数の定義式)} \tag{5.11}$$

を**はね返り係数（反発係数）**といい，これは $0 \leq e \leq 1$ の値を取る．$e = 1$ の場合を**弾性衝突**，$e < 1$ の場合を**非弾性衝突**，$e = 0$ の場合を**完全非弾性衝突**という．

問題 5.4 x 軸に沿って正の向きに速さ v_0 [m/s] で進んでいた物体 A が，静止していた同じ質量の物体 B に直衝突をした．次の問いに答えなさい．

(1) 衝突が弾性衝突のとき，物体 A と B の衝突後の速度を求めなさい．
(2) 衝突後，物体 A と B がくっついて同じ速度で進んだとき，その速度を求めなさい．

問題 5.5 床面からの高さ h [m] の位置からボールを落としたところ，ボールは床面と衝突して，高さ $h/3$ の位置まではね返った．この衝突のはね返り係数はいくらか．

5.3 エネルギーと仕事

図 5.4 のように物体を落下させて，杭を地面に打ち込むとき，物体の質量が同じであれば，物体が高い位置にあるほど，杭は深く打ち込まれる．そこで，「高い位置にある物体は，低い位置にある物体よりもエネルギーをもっている．また，物体を高い位置まで運ぶ際には，外部から物体にエネルギーを加えた」と考える．物体に加えるエネルギーを**仕事**という．仕事は，具体的にどう定義すればよいのだろうか．それを見るために，次の例題を考えよう．

図 5.4 物体を落下させて杭を打ち込む場合

例題 5.3

質量 10 kg の荷物に軽くて伸び縮みしないひもをつけ，図 5.5 のように，A または B の滑らかに回転する軽い滑車装置を使って，荷物をゆっくりと持ち上げる．次の問いに答えなさい．

(1) 荷物を持ち上げるのに必要な力の大きさは，装置 A と B それぞれいくらか．
(2) 荷物を 1.0 m だけ持ち上げるとき，引かなければならないひもの長さは，装置

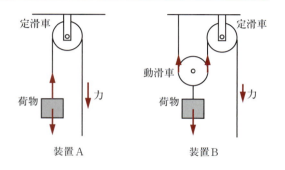

図 5.5 定滑車と動滑車の装置を用いた場合の力の大きさとひもを引く長さ

A と B それぞれいくらか．

解 （1） 装置 A を使うと，物体を持ち上げるのに必要な力の大きさは荷物にはたらく重力の大きさと等しい．したがって，力の大きさは $mg = 10 \times 9.8 = 98\,\text{N}$ である．一方で装置 B を使うと，おもりには，図 5.5 のように動滑車にかかったひもの左の部分と右の部分に力がはたらくので，それら 2 つの力の合力の大きさが荷物にはたらく重力の大きさと等しい．したがって，力の大きさは $mg/2 = 49\,\text{N}$ である．

（2） 装置 A の場合，引くひもの長さは，荷物を持ち上げる高さに等しく，1.0 m である．B の場合，引くひもの長さは，荷物を持ち上げる長さの 2 倍の 2.0 m になる．

5.3.1 一定の力が物体に対してする仕事

図 5.4 の話に戻ると，同じ高さから同じ質量の物体を落とせば，杭は同じだけ打ち込まれる．したがって例題 5.3 において，同じ高さまで，装置 A で持ち上げた場合も B で持ち上げた場合も，物体は同じ量のエネルギーをもっており，どちらも同じ量の仕事を物体にしたと考える．

どちらも仕事が同じ量であるためには，仕事 W [J] を

$$W = （力の大きさ）\times（移動距離）\,[\text{J}] \tag{5.12}$$

と定義すればよい[4]．なお，仕事の単位を J と書く．力の単位は N，移動した距離の単位は m であるから，1 J = 1 N·m である．

(5.12) は，物体にはたらく力と物体の変位が同じ方向の場合の定義である．一般には，力と変位の方向が異なる場合もある．例えば，一定の力 $\boldsymbol{F}$ [N] を受けて，物体が力と

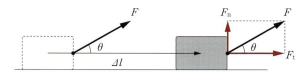

図 5.6 仕事

なす角度 θ [rad] の一定の方向に変位 Δl [m] だけ運動した場合を考えよう．この場合，図 5.6 のように，力を運動方向に平行な成分 $F_t = F\cos\theta$ [N] と，運動方向に垂直な成分 $F_n = F\sin\theta$ [N] に分解する．垂直な成分 F_n の方向に物体は動かないので，F_n は物体に仕事をしない．平行な成分 F_t だけが物体に仕事をする．したがって，力 $\boldsymbol{F}$ が物体にした仕事 W [J] は，力の移動方向成分 F_t と移動距離 $\Delta l = |\Delta\boldsymbol{l}|$ の積を用いて，次のように書ける．

$$W = F_t \Delta l = F \Delta l \cos\theta = \boldsymbol{F} \cdot \Delta\boldsymbol{l}\,[\text{J}] \tag{5.13}$$

最後の式は，移動距離 Δl の代わりに，移動方向を考慮して変位ベクトル $\Delta\boldsymbol{l}$ を用いて表したもので，次で説明するベクトルの内積を用いた．

(5.13) において，$0 \leq \theta < 90°$ の場合，仕事は正になり，$90° < \theta \leq 180°$ の場合，仕事は負になる．物体にはたらく力のした仕事の値が正ならば，物体は（外部から）仕事をされたとい

---

[4] 摩擦や空気抵抗がない場合，物体をある高さまで持ち上げるのに，斜面や滑車を使えば要する力の大きさは小さくできるが，仕事の値は同じになる．これを**仕事の原理**という．

い，負ならば，物体は（外部に）仕事をしたという．

ベクトルの内積

2つのベクトル $\boldsymbol{A}$, $\boldsymbol{B}$ のなす角度を θ $(0 \leq \theta \leq 2\pi)$，直交座標成分を $\boldsymbol{A} = (A_x, A_y, A_z)$, $\boldsymbol{B} = (B_x, B_y, B_z)$，大きさを A, B とするとき，

$$\boldsymbol{A} \cdot \boldsymbol{B} = AB\cos\theta = A_xB_x + A_yB_y + A_zB_z \quad (\text{内積}) \tag{5.14}$$

をベクトル $\boldsymbol{A}$ と $\boldsymbol{B}$ の内積という[5]．

内積に関して，次の性質が成り立つ．

$$\boldsymbol{A} \cdot \boldsymbol{B} = \boldsymbol{B} \cdot \boldsymbol{A} \tag{5.15}$$

$$\boldsymbol{A} \cdot (\boldsymbol{B} + \boldsymbol{C}) = \boldsymbol{A} \cdot \boldsymbol{B} + \boldsymbol{A} \cdot \boldsymbol{C} \tag{5.16}$$

また，ベクトル $\boldsymbol{A}$ の大きさ A は，内積を用いて，

$$A = \sqrt{\boldsymbol{A} \cdot \boldsymbol{A}} \tag{5.17}$$

と書ける．

例題 5.4

(5.14) の関係式が成り立つことを示しなさい．

解 図 5.7 のように，$\boldsymbol{A}$ の向きが x 軸と一致し，また，$\boldsymbol{A}$ と $\boldsymbol{B}$ を含む平面が xy 平面になり，$B_y \geq 0$ になるように座標軸を決める．そうすると，2つのベクトル $\boldsymbol{A}$, $\boldsymbol{B}$ の大きさを A, B とし，それらがなす角度を θ とするとき，

$$\boldsymbol{A} = (A, 0, 0), \quad \boldsymbol{B} = (B\cos\theta, B\sin\theta, 0) \tag{5.18}$$

と書ける．これを，(5.14) の右辺に代入すれば，(5.14) の関係式を得る．

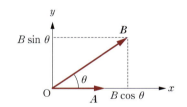

図 5.7　ベクトルの内積

問題 5.6

2つのベクトル $\boldsymbol{A}$, $\boldsymbol{B}$ を2辺とする平行四辺形の面積 S は，内積を用いて，次のように書けることを示しなさい．

$$S = \sqrt{|\boldsymbol{A}|^2|\boldsymbol{B}|^2 - (\boldsymbol{A} \cdot \boldsymbol{B})^2} \tag{5.19}$$

例題 5.5

図 5.8 のように，水平面となす角度 30° の滑らかな斜面がある．斜面上の点 P に質量 2.0 kg の物体を置き，斜面と平行な力を物体に加えて，斜面に沿って距離 2.0 m だけ離れた点 Q まで物体をゆっくりと移動させる．重力加速度を 9.8 m/s² として，次の問いに答えなさい．

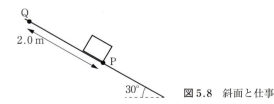

図 5.8　斜面と仕事

---

[5] 2つのベクトル量同士の計算の結果がスカラー量になるので，内積をスカラー積ともいう．

(1) 重力が物体にする仕事はいくらか．
(2) 垂直抗力が物体にする仕事はいくらか．

解 (1) 図 5.9 のように重力を斜面と平行な成分と垂直な成分に分解すれば，その大きさは，$\theta = 30°$ として，

$$F_{平行} = mg\sin\theta = 2.0 \times 9.8 \times \frac{1}{2} = 9.8\,\mathrm{N} \tag{5.20}$$

$$F_{垂直} = mg\cos\theta = 2.0 \times 9.8 \times \frac{\sqrt{3}}{2} = 16.97 \approx 17\,\mathrm{N} \tag{5.21}$$

である．ここで，重力の斜面に垂直な成分は仕事をしない．斜面に平行な成分は変位と逆向きであるので，重力が物体にする仕事 W [J] は，次のように求まる．

$$W = F_{平行} \times 2.0 \times \cos 180° = -19.6 \approx -20\,\mathrm{J} \tag{5.22}$$

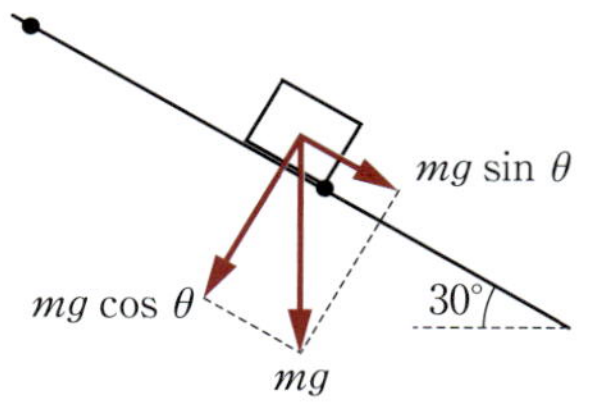

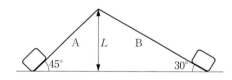

図 5.9　斜面に置かれた物体にはたらく重力とその分力

(2) 今の場合は，垂直抗力が運動の方向に対して垂直であるから，垂直抗力が物体にする仕事は 0 である．

問題 5.7 図 5.10 のように，水平となす角度 45° と 30° の滑らかな斜面 A, B からなる高さ L [m] の山がある．質量 m [kg] の物体を，地上から山頂まで重力に逆らってゆっくりと運ぶ．このとき，斜面 A に沿って運ぶために要する仕事と，斜面 B に沿って運ぶために要する仕事が等しくなることを示しなさい．ただし，重力加速度の大きさを g [m/s²] とする．

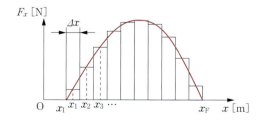

図 5.10　仕事の原理

5.3.2　変化する力が物体に対してする仕事

運動の途中で物体にはたらく力が変化する場合，その力のする仕事を求めるにはどうすればよいだろうか．x 軸方向の力 $F_x(x)$ [N] がはたらいて，物体が x 軸の正の方向に x_I [m] から x_F [m] まで運動する場合を考えよう[6]．この場合，図 5.11 のように，幅 Δx [m] の n 個の短冊に分割する．短冊の幅 Δx が十分に小さければ，それぞれの短冊内では力は一定と見なせるので，微小区間ごとの仕事は (5.13) を用いて計算できる．

図 5.11　力の大きさが変化する場合の仕事

---

[6] 力が位置 x に依存する場合を考えるので，$F_x(x)$ と書く．

微小区間ごとの仕事の総和を求め，$n \to \infty$ の極限を取れば，運動全体の仕事 W になる．これを式で書くと次のようになる．

$$W = \lim_{n \to \infty} \sum_{i=1}^{n} F_x(x_i) \Delta x$$
$$= \int_{x_\mathrm{I}}^{x_\mathrm{F}} F_x(x)\, dx \ [\mathrm{J}] \tag{5.23}$$

例題 5.6

図 5.12 のように，水平面上にばね定数 $k\,[\mathrm{N/m}]$ のばねの一端を固定し，他端に物体を取りつける．ばねが自然長のときの物体の位置を原点に取り，ばねの伸びる方向に x 軸を取る．物体に力を加えて，ばねが $x_\mathrm{I}\,[\mathrm{m}]$ だけ伸びた位置から $x_\mathrm{F}\,[\mathrm{m}]$ だけ伸びた位置までゆっくりと引き伸ばしたとき，ばねの弾性力のする仕事を求めなさい．

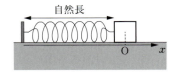

図 5.12 ばねの弾性力のする仕事

解 ばねの弾性力は $-kx$ なので，次のように求まる．

$$W = \int_{x_\mathrm{I}}^{x_\mathrm{F}} -(kx)\, dx = \left[-\frac{1}{2}kx^2 \right]_{x_\mathrm{I}}^{x_\mathrm{F}} = \frac{1}{2}kx_\mathrm{I}^2 - \frac{1}{2}kx_\mathrm{F}^2 \ [\mathrm{J}] \tag{5.24}$$

一般の 3 次元空間内での運動の場合は，どのように考えればよいだろうか．例えば，物体に加える力が一定でなく，また，直線でない一般の経路 C（P → Q）に沿って物体が運動した場合には，図 5.13 のように経路 C を微小区間に分割し，それぞれの部分で (5.23) を用いて仕事を求めてから，それらを足し合わせればよい．すなわち，i 番目の微小部分の変位を $\Delta \boldsymbol{l}_i\,[\mathrm{m}]$，そこでの力を $\boldsymbol{F}_i\,[\mathrm{N}]$ とすれば，仕事 W は次のようになる．

$$W = \lim_{n \to \infty} \sum_{i=1}^{n} \boldsymbol{F}_i \cdot \Delta \boldsymbol{l}_i = \int_C \boldsymbol{F} \cdot d\boldsymbol{l} \ [\mathrm{J}] \tag{5.25}$$

(5.25) の右辺は積分記号で表したもので，添え字 C は経路を表す．

図 5.13 経路 C に沿って運動した場合の仕事

5.3.3 仕事率

単位時間に行われる仕事を**仕事率**という．時間 $\Delta t\,[\mathrm{s}]$ に $\Delta W\,[\mathrm{J}]$ だけ仕事が行われたとすると，仕事率 $P\,[\mathrm{W}]$ は次のように表される．

$$P = \frac{\Delta W}{\Delta t} \ [\mathrm{W}] \quad (\text{仕事率の定義}) \tag{5.26}$$

仕事率の単位はW(ワット)であるが，$1\,\text{W} = 1\,\text{J/s}$ の関係がある[7]．

物体が大きさ F の一定の力を受けて，力の方向に一定の速さ v で運動している場合，時間 $\Delta t\,[\text{s}]$ の間の変位を Δl とすれば，この力の行う仕事率 P は，次のように表される．

$$P = \frac{\Delta W}{\Delta t} = \frac{F \Delta l}{\Delta t} = Fv\,[\text{W}] \tag{5.27}$$

問題 5.8 次の場合について，力の（平均の）仕事率を求めなさい．ただし，重力加速度の大きさを $9.8\,\text{m/s}^2$ とする．

(1) $50\,\text{kg}$ の荷物を海抜 $1000\,\text{m}$ のふもとから，海抜 $2600\,\text{m}$ の山の頂上まで 5.0 時間かかって担ぎ上げたときの担ぎ上げる力．

(2) クレーンが $1.0\,\text{t}$（$= 1.0 \times 10^3\,\text{kg}$）の物体を毎分 $6.0\,\text{m}$ の速さで吊り上げるときの吊り上げる力．

(3) 毎時 $3.6 \times 10^3\,\text{t}$ の水が $1.0\,\text{km}$ の高さを落下したときの重力．

5.4 運動エネルギー

運動している物体は，他の物体と衝突して相手の物体を動かすことができる．すなわち，運動している物体もエネルギーをもっている．そのエネルギーを**運動エネルギー**という．

図 5.14 のように，杭に物体を衝突させて打ち込むことを考えよう．物体の速さが大きいほど，また，物体の質量が大きいほど，杭は深く打ち込まれる．したがって，運動エネルギーも大きいと予想できる．

質量 $m\,[\text{kg}]$，速さ $v\,[\text{m/s}]$ の物体の運動エネルギーは次のように定義される．

$$K = \frac{1}{2}mv^2\,[\text{J}] \quad \text{（運動エネルギーの定義式）} \tag{5.28}$$

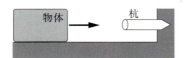

図 5.14 物体を衝突させて水平方向に杭を打ち込む場合

(5.28) が，前節で定義した仕事と矛盾がないかを確かめるため，運動エネルギーと仕事の関係を見てみよう．静止していた物体に，$t = t_\text{I}$ から $t_\text{F}\,[\text{s}]$ の間に，x 軸方向に力 $F_{0x}\,[\text{N}]$ がはたらき，物体が x 軸の正の方向に $x_\text{I}\,[\text{m}]$ から $x_\text{F}\,[\text{m}]$ まで運動する場合を考えよう．運動方程式 $ma_x = F_{0x}$ を，物体の移動した経路に沿って積分すると，

$$\int_{x_\text{I}}^{x_\text{F}} m a_x\,dx = \int_{x_\text{I}}^{x_\text{F}} F_{0x}\,dx\,[\text{J}] \tag{5.29}$$

となる．ここで，合成関数の微分から，

---

[7] 日常では仕事率の単位に**馬力(ばりき)**を用いることがある．馬力は，蒸気機関車が発明されたころ，機関車が単位時間内にどれだけ重い荷物をどれだけ遠くに運べるかを，それまで動力の主流であった馬何頭分に相当するかを表すために導入された．現在では，メートル法に基づく仏馬力（PS）の 1 馬力は $1\,\text{PS} = 0.7355\,\text{kW}$ と，また，ヤードポンド法に基づく英馬力（HP）の 1 馬力は $1\,\text{HP} = 0.7457\,\text{kW}$ とそれぞれ定められている．

$$\frac{dv_x^2}{dt} = \frac{dv_x}{dt} \times (2v_x) = 2a_x v_x \,[\mathrm{m^2/s^3}] \tag{5.30}$$

であることに注意すると，(5.29) の左辺は $v = dx/dt$ を用いて

$$\int_{x_\mathrm{I}}^{x_\mathrm{F}} ma_x \, dx = \int_{t_\mathrm{I}}^{t_\mathrm{F}} ma_x \frac{dx}{dt} \, dt = \int_{t_\mathrm{I}}^{t_\mathrm{F}} mv_x a_x \, dt$$
$$= \frac{1}{2} m \int_{t_\mathrm{I}}^{t_\mathrm{F}} \frac{dv_x^2}{dt} \, dt = \frac{1}{2} m \{v_x(t_\mathrm{F})\}^2 - \frac{1}{2} m \{v_x(t_\mathrm{I})\}^2 \,[\mathrm{J}] \tag{5.31}$$

と書ける．これは，x_I から x_F までの運動エネルギーの変化である．一方で，(5.29) の右辺は力 F_{0x} のした仕事 $W\,[\mathrm{J}]$ であるから，力が物体に仕事をすると，その分だけ運動エネルギーが増えるといえる．すなわち，運動エネルギーの定義 (5.28) は妥当である．

この関係は，一般の 3 次元空間内の運動でも同様に考えることができる．すなわち，物体が外部から仕事 W をされて時刻 t_I から t_F の間運動した場合，t_I と t_F の速さを $v(t_\mathrm{I})\,[\mathrm{m/s}]$ および $v(t_\mathrm{F})\,[\mathrm{m/s}]$ とすれば，次式が成り立つ．

$$\frac{1}{2} m \{v(t_\mathrm{F})\}^2 - \frac{1}{2} m \{v(t_\mathrm{I})\}^2 = W \,[\mathrm{J}] \tag{5.32}$$

問題 5.9 粗い水平面上に置かれた物体に水平方向に初速 $v_0\,[\mathrm{m/s}]$ を与えた．物体が静止するまでに動く距離を (5.32) を用いて求めなさい．ただし，物体と床との動摩擦係数を μ'，重力加速度の大きさを $g\,[\mathrm{m/s^2}]$ とする．

5.5　ポテンシャルエネルギー

一般に仕事は，物体がどの経路を移動したかで異なる．例えば，粗い面上を物体が運動するとき，動摩擦力が物体にする仕事は，物体の移動した経路が長いほど大きくなる．しかし，物体がどの経路を通っても始めの位置および終わりの位置が同じであれば，仕事の値が同じになる力もある．このような力を**保存力**という．重力やばねの弾性力は保存力である．

5.5.1　ポテンシャルエネルギーの定義

力が保存力の場合，その力のする仕事 $W\,[\mathrm{J}]$ は，位置のみの関数 $U(\boldsymbol{r})\,[\mathrm{J}]$ における初めの位置 $\boldsymbol{r}_\mathrm{I}\,[\mathrm{m}]$ での値と，終わりの位置 $\boldsymbol{r}_\mathrm{F}\,[\mathrm{m}]$ での値との差として，次のように書ける．

$$W = U(\boldsymbol{r}_\mathrm{I}) - U(\boldsymbol{r}_\mathrm{F}) \,[\mathrm{J}] \quad \text{（ポテンシャルエネルギーの定義式）} \tag{5.33}$$

ここで，位置のみの関数 $U(\boldsymbol{r})$ を**ポテンシャルエネルギー**[8]（位置エネルギー）という[9]．

5.5.2　力とポテンシャルエネルギーの関係

質量 $m\,[\mathrm{kg}]$ の物体が x 軸方向の保存力 $F(x)\,[\mathrm{N}]$ を受けて，x 軸に沿って $x_\mathrm{P}\,[\mathrm{m}]$ から x_Q

---

[8] ポテンシャルは「能力がある」という意味で，仕事をする能力があることからのよび名．
[9] 定義式 (5.33) から明らかなように，基準点（どこの位置のポテンシャルエネルギーを原点 $U = 0$ とするか）を任意に選ぶことができる．

[m] まで運動したとする．このとき，$F(x)$ がした仕事 W [J] は，

$$W = \lim_{n\to\infty} \sum_{i=1}^{n} F(x_i) \Delta x \text{ [J]} \tag{5.34}$$

と書ける．一方で，点 P と点 Q のポテンシャルエネルギーの差 $U(x_\mathrm{P}) - U(x_\mathrm{Q})$ [J] は，こちらも n 個の微小区間に分割して考えれば，

$$U(x_\mathrm{P}) - U(x_\mathrm{Q}) = \lim_{n\to\infty} \sum_{i=1}^{n} \{U(x_{i-1}) - U(x_i)\} = -\lim_{n\to\infty} \sum_{i=1}^{n} \frac{\Delta U(x_i)}{\Delta x} \Delta x \text{ [J]} \tag{5.35}$$

と書ける．ここで，$\Delta U(x_i) = U(x_i) - U(x_{i-1})$，$\Delta x = (x_\mathrm{Q} - x_\mathrm{P})/n$ であり，$x_0 = x_\mathrm{P}$ および $x_n = x_\mathrm{Q}$ とした．(5.34) と (5.35) は (5.33) より等しいので，$F(x)$ と $U(x)$ の間には，

$$F(x) = -\frac{dU(x)}{dx} \text{ [N]} \quad \text{(保存力とポテンシャルエネルギーの関係式)} \tag{5.36}$$

の関係があることがわかる．右辺の負符号は，ポテンシャルエネルギーが小さくなる向きに力がはたらくことを意味する．

3 次元の運動では，偏微分を用いると，力とポテンシャルエネルギーとの関係は次のように表される[10]．

$$F_x(\boldsymbol{r}) = -\frac{\partial U(\boldsymbol{r})}{\partial x} \text{ [N]}, \quad F_y(\boldsymbol{r}) = -\frac{\partial U(\boldsymbol{r})}{\partial y} \text{ [N]}, \quad F_z(\boldsymbol{r}) = -\frac{\partial U(\boldsymbol{r})}{\partial z} \text{ [N]} \tag{5.37}$$

=== **偏 微 分** ===

一般に，$x, y, z, \cdots$ の関数 $f(x, y, z, \cdots)$ について，$y, z, \cdots$ を一定に保って x だけで微分する操作を，$f(x, y, z, \cdots)$ を x で**偏微分**するといい，

$$\frac{\partial f(x, y, z, \cdots)}{\partial x} = \lim_{\Delta x \to 0} \frac{f(x + \Delta x, y, z, \cdots) - f(x, y, z, \cdots)}{\Delta x} \tag{5.38}$$

と表す．また，$f(x, y, z, \cdots)$ を x で偏微分して得られた関数を，$f(x, y, z, \cdots)$ の x についての偏導関数という．

===

(5.37) は，ナブラ[11]演算子（∇）

$$\nabla = \left(\frac{\partial}{\partial x}, \frac{\partial}{\partial y}, \frac{\partial}{\partial z}\right) \tag{5.39}$$

を用いれば，次のように書ける．

$$\boldsymbol{F}(\boldsymbol{r}) = -\nabla U(\boldsymbol{r}) \text{ [N]} \tag{5.40}$$

5.5.3　重力のポテンシャルエネルギー

保存力のポテンシャルエネルギーがどのような形で書けるかを見ていこう．まずは，重力のポテンシャルエネルギーを考えよう．地上を原点とし，鉛直上向きを x 軸とする．重力のポテンシャルエネルギーを求めるには，x_I [m] から x_F [m] まで移動する際に重力のする仕事 W を求めればよい．重力のする仕事 W は，

---

[10] ∂ はラウンドディーまたはパーシャルデリバティブ（偏微分）などと読む．
[11] ギリシャ語でヘブライの竪琴の意味．形が似ていることから．

$$W = \int_{x_\mathrm{I}}^{x_\mathrm{F}} (-mg)\, dx = mgx_\mathrm{I} - mgx_\mathrm{F} \;[\mathrm{J}] \tag{5.41}$$

と求まる．したがって（5.41）で，$x_\mathrm{I} = 0$ を基準点 $U = 0$ とし，$x_\mathrm{F} = x$ とおいて，基準点からの高さ $x\,[\mathrm{m}]$ の位置の重力のポテンシャルエネルギーは次のようになる．

$$U(x) = mgx\;[\mathrm{J}] \quad (\text{重力のポテンシャルエネルギー}) \tag{5.42}$$

5.5.4 ばねの弾性力のポテンシャルエネルギー

次に，ばねの弾性力のポテンシャルエネルギーを考えよう．ばねが自然長のときの物体の位置を原点に取り，ばねの伸びる方向を x 軸とする．5.5.3 項と同様に $x_\mathrm{I} = 0$ を基準点 $U = 0$ とし，$x_\mathrm{F} = x$ とおいて，ばねの弾性力 $-kx$ を x で積分する．その結果，ばねの弾性力のポテンシャルエネルギーは次のようになる．

$$U(x) = \frac{1}{2}kx^2\;[\mathrm{J}] \quad (\text{ばねの弾性力のポテンシャルエネルギー}) \tag{5.43}$$

5.6 力学的エネルギー保存則

ある物体についての運動エネルギー $K\,[\mathrm{J}]$ とポテンシャルエネルギー $U\,[\mathrm{J}]$ の和 $E\,[\mathrm{J}]$ を，**力学的エネルギー**という．

$$E = K + U\;[\mathrm{J}] \quad (\text{力学的エネルギーの定義式}) \tag{5.44}$$

5.6.1 保存力のみがはたらく場合

物体に保存力のみがはたらいている場合，力学的エネルギーは一定に保たれる．これを**力学的エネルギー保存則**という．力学的エネルギーの変化を $\Delta E\,[\mathrm{J}]$ とすると，力学的エネルギー保存則は次のように書ける．

$$\Delta E = 0 \quad (\text{力学的エネルギー保存則}) \tag{5.45}$$

力学的エネルギー保存則を示そう．物体が保存力を受けて点 P から点 Q に移動したとき，保存力は物体に仕事をする．仕事とポテンシャルエネルギーの関係（5.33）と，運動エネルギーと仕事の関係（5.32）を用いると，

$$\frac{1}{2}mv_\mathrm{Q}^2 - \frac{1}{2}mv_\mathrm{P}^2 = U(\boldsymbol{r}_\mathrm{P}) - U(\boldsymbol{r}_\mathrm{Q})\;[\mathrm{J}] \tag{5.46}$$

が成り立つ．力学的エネルギー $E(\boldsymbol{r}, \boldsymbol{v}) = mv^2/2 + U(\boldsymbol{r})$ を用いると，上式は，

$$E(\boldsymbol{r}_\mathrm{P}, \boldsymbol{v}_\mathrm{P}) = E(\boldsymbol{r}_\mathrm{Q}, \boldsymbol{v}_\mathrm{Q})\;[\mathrm{J}] \tag{5.47}$$

と書ける．点 P，点 Q は任意の点なので，力学的エネルギー $E(\boldsymbol{r}, \boldsymbol{v})$ は運動の間，一定に保たれることがわかる．

例題 5.7

時刻 $t = 0$ で,高さ h [m] のビルの屋上からボールを鉛直下向きに速さ v_0 [m/s] で投げ下ろす.地上に到達するまでのポテンシャルエネルギー,運動エネルギー,力学的エネルギーの様子を,横軸を時間,縦軸をエネルギーとしてグラフに描きなさい.

解 地上を原点とし,鉛直上向きを x 軸とする.このとき,時刻 t [s] における物体の位置 x [m] および速度 v [m/s] は,$t = 0$ でボールを投げたとして,

$$x = -\frac{1}{2}gt^2 - v_0 t + h \,[\text{m}], \quad v = -gt - v_0 \,[\text{m/s}] \tag{5.48}$$

と書ける.したがって,時刻 t における運動エネルギー $K(t)$ [J] およびポテンシャルエネルギー $U(t)$ [J] は,次のようになる.

$$K(t) = \frac{1}{2}m(-gt - v_0)^2 = \frac{1}{2}m(gt + v_0)^2 \,[\text{J}] \tag{5.49}$$

$$U(t) = mg\left(-\frac{1}{2}gt^2 - v_0 t + h\right)$$
$$= -\frac{1}{2}m(g^2 t^2 + 2gv_0 t - 2gh) \,[\text{J}] \tag{5.50}$$

ここで,地上を U の基準点を地上とした.

また,力学的エネルギー $E(t)$ は

$$E(t) = K(t) + U(t) = \frac{1}{2}mv_0^2 + mgh \,[\text{J}] \tag{5.51}$$

となり,時間 t によらない一定値になる.これに例えば,$m = 1.0$ kg, $v_0 = 4.9$ m/s, $g = 9.8$ m/s^2, $h = 10$ m を代入すれば,グラフは図 5.15 のようになる.

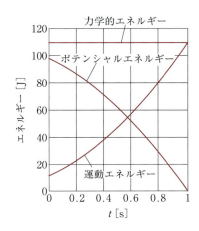

図 5.15 ボールの鉛直投げ下ろしにおけるエネルギー保存則

問題 5.10 図 5.16 のように,ビルの屋上から,同じ速さで,A は斜め上にボールを投げ上げ,B は斜め下にボールを投げ下ろした.地上に到達する直前のボールの速さは,A と B でどちらが速いか,または等しいか.ただし,空気抵抗は無視する.

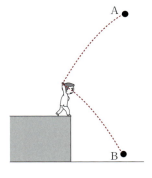

図 5.16 斜め上と斜め下に同じ速さでボールを投げた場合

問題 5.11 図 5.17 のように,質量 m [kg] のボール A を質量 M [kg] ($M \gg m$) のボール B の上に重ね,h [m] の高さから床に落とすと,A は nh の高さまで大きく跳ね上がる.ボールの大きさは h に比べて小さいものとし,ボール同士や床との衝突を弾性衝突として,n の値を求めなさい.

図 5.17 重いボールの上に軽いボールを重ねて落とすと?

5.6.2 保存力以外の力もはたらく場合

物体に，保存力以外の力（非保存力）$F_{非保存力}$ [N] もはたらく場合を考えよう．このとき，力 $F_{非保存力}$ のした仕事の分だけ，物体の力学的エネルギーが増える．力学的エネルギーの変化を ΔE [J]，力 $F_{非保存力}$ のする仕事を $W_{非保存力}$ [J] とすれば，次のように書ける．

$$\Delta E = W_{非保存力} \text{ [J]} \tag{5.52}$$

問題 5.12 傾斜角 θ [rad] の粗い斜面に質量 m [kg] の物体を静かに置いたところ，物体は滑り始めた．斜面に沿って L [m] だけ滑ったときの物体の速さを (5.52) を用いて求めなさい．ただし，斜面との動摩擦係数を μ，重力加速度の大きさを g [m/s²] とする．

コラム　ダークエネルギー

1915 年，アインシュタインが一般相対性理論を完成させ，宇宙の発展を記述するアインシュタイン方程式を書き下したとき，宇宙項を挿入した．アインシュタインは，方程式を見て，宇宙は万有引力のためつぶれてしまうと思ったからである．宇宙項は「真空のエネルギー」といえる項で，斥力を及ぼし，物質の万有引力とつり合わせることができる．そして，アインシュタインはこの宇宙項によって静的な（膨張も収縮もしない）宇宙モデルを得た．

しかし，1929 年にハッブルとヒューメイソンによって，宇宙が膨張しているとするハッブルの法則が発見された．このとき，アインシュタインはこの宇宙項の導入を生涯で最大の過ちとして後悔したといわれている．

ところが，その後さらに，1998 年にパールムッター，シュミット，リースによって宇宙が加速膨張していることが発見された．万有引力を考えれば加速度は負（収縮）となるはずであるが，観測結果は正（膨張）であった．これは，宇宙では引力ではなく，斥力が支配的であることを意味する．そして，この加速膨張を説明するために，宇宙項のような項が必要なことがわかった．この項は現在，ダークエネルギーとよばれている．

ダークエネルギーを考えると，観測結果をうまく説明することができる．しかし，現在は未知のエネルギーをダークエネルギーといっているだけに過ぎず，その正体はいまだわかっていない．

章末問題

5.1 だるま落としの原理を，運動量と力積の関係を用いて説明しなさい． ⇨5.1節

5.2 小惑星探査機「はやぶさ」や「はやぶさ 2」には，イオンエンジン μ10 が採用されている．このエンジンは，キセノンガスを後方に高速で放出することによって推進力を得ている．質量（燃料も含めた質量）600 kg の探査機が，キセノンガスを探査機に対して速さ 30 km/s で後方に放出するとき，質量 10 kg だけ燃料を放出した後の，探査機の速度の変化を求めなさい． ⇨5.2節

5.3 次のそれぞれの力は，仕事をするかについて答え，その理由を説明しなさい． ⇨5.3節

(1) 荷物を持って水平に運ぶときの荷物を持つ力

(2) 人が床面をジャンプして飛ぶときの，床

面が人に加える垂直抗力

(3) 人が昇りのエスカレータに乗っているときの，エスカレータの床面が人に加える垂直抗力

5.4 カーリングは，氷上でストーン（質量 m [kg]）を滑らせてハウス（目的の円）内のストーンの数を競う競技である．リンクを擦ることによって，ストーンとリンクとの間の動摩擦係数は変えられるが，ここでは動摩擦係数（μ）は一様として次の問いに答えなさい．ただし，衝突は弾性衝突とし，(1)〜(3) ではストーンの大きさは無視できるものとする．また，重力加速度の大きさを g [m/s^2] とする．
⇨ 5.3〜5.6 節

(1) 手を放した地点からストーンが L [m] だけ滑って，ハウスの中央に停止するようにしたい．手を放した直後のストーンの速さを求めなさい．

(2) ストーンを停止させる代わりに，ハウスの中央に止まっている相手のストーンと正面衝突させて，相手のストーンを L' [m] だけ滑らせてハウスの外へ弾き出したい．衝突直後の自分たちのストーンの速さを求めなさい．

(3) (2) のとき，最初に与えるべきストーンへの速さを求めなさい．

(4) ストーンが，静止している別のストーンに斜めに衝突したとき，衝突後のストーンは互いに 90° をなすことを示しなさい．

5.5 静止していたある粒子が，爆発によって質量 m_A [kg] と m_B [kg] の 2 つの粒子 A, B に分裂した．爆発によって生じたエネルギー E がすべて，粒子の運動エネルギーに変換したとして，粒子 A の速さを求めなさい．また，3 つの粒子 A, B, C に分裂したときは，粒子 A の速さについてどのようなことがいえるか説明しなさい．
⇨ 5.2, 5.4 節

5.6 小球 A と B が互いに接するように，天井から同じ長さの伸び縮みしない軽い糸で吊されている．今，小球 A を，糸を張ったまま最下点から左に H [m] の高さまで持ち上げて放したところ，A は B と弾性衝突し，A は左側，B は右側に，それぞれ同じ高さ h [m] まで上がった．戻って来た A と B は再衝突して，B は停止し，A は高さ H [m] まで上がった．以後，A と B はこの運動を繰り返した．次の問いに答えなさい． ⇨ 5.1〜5.6 節

(1) A と B の質量比を求めなさい．

(2) H/h を求めなさい．

5.7 棒高跳びは，走ってきた競技者の運動エネルギーを棒の弾性力に変換して高さを競う競技で，現在の世界記録は 6.14 m である．エネルギーが最大限変換されたと仮定したとき，踏み切ったときの競技者の速さを求めなさい．ただし，競技者の重心の高さを 1.00 m とし，競技者を質点と見なせるものとする．また，重力加速度の大きさを 9.8 m/s^2 とする．
⇨ 5.3〜5.6 節

5.8 地表から鉛直上方に打ち出した質量 m [kg] の物体が落ちて来ないためには，初速の最小値をいくらにすればよいか．この初速の最小値を第 2 宇宙速度という．ただし，無限遠に対する地表の物体のポテンシャルエネルギーは $-mgR_E$ [J] で与えられる．ここで R_E, g は地球の半径，地表での重力加速度の大きさであり，それぞれ 6.4×10^3 km，9.8 m/s^2 とする．
⇨ 5.3〜5.6 節

第 6 章

単振動と円運動

この章では,まず,等速円運動と単振動について学ぼう.次に,角運動量と力のモーメントを導入して,回転の方程式を導出しよう.そして,中心力のみがはたらく場合に,角運動量が保存されることを見よう.最後に,ケプラーの法則を用いて,太陽の周りの惑星や地球の周りの衛星の運動を理解しよう.

学習目標
- 等速円運動をする物体の速度,角速度,加速度,向心力の計算ができるようになる.
- 単振動の運動方程式を立て,解を導出できるようになる.
- 角運動量,力のモーメント,回転の方程式の説明ができるようになる.
- 角運動量保存則を中心力のみがはたらく現象に利用できるようになる.
- ケプラーの 3 法則を説明できるようになる.

キーワード
等速円運動,角速度(角振動数)ω [rad/s],位相,初期位相,単振動,振幅,周期 T [s],振動数 f [Hz],遠心力,単振り子,角運動量 L [kg・m²/s],力のモーメント N [N・m],回転の方程式,ケプラーの 3 法則,静止衛星,コリオリ力

6.1 等速円運動

図 6.1 のように,xy 平面内で原点 O を中心とした半径 r [m] の円周上を**等速円運動**をする物体について考えよう.時刻 t [s] での物体の位置を P とし,OP が x 軸となす角度を θ [rad] とする.

P は一定の速さで円周上を回っているから,ω [rad/s],θ_0 [rad] を定数として,$\theta = \omega t + \theta_0$ と書ける.ここで,$\omega = d\theta/dt$ を**角速度**,または**角振動数**という.

等速円運動する物体の位置ベクトル $\boldsymbol{r}(t)$ [m] は,次式で表される.

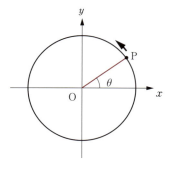

図 6.1 等速円運動

$$\boldsymbol{r}(t) = (r\cos(\omega t + \theta_0), r\sin(\omega t + \theta_0), 0) \,[\text{m}] \tag{6.1}$$

ここで，回転角 $\omega t + \theta_0$ を**位相**という．また，θ_0 は $t = 0$ での位相であり，**初期位相**という．

物体が 1 周するのに要する時間を**周期**という．位相が 2π rad だけ進むと物体は 1 周するので，周期 T [s] と角速度 ω の間には $2\pi = \omega T$ [rad] の関係がある．

物体の速度 $\boldsymbol{v}$ [m/s] は，(6.1) を t で微分して，次のようになる．

$$\boldsymbol{v}(t) = (-r\omega \sin(\omega t + \theta_0), r\omega \cos(\omega t + \theta_0), 0) \text{ [m/s]} \tag{6.2}$$

これより，物体の速さ v [m/s] は

$$v = |\boldsymbol{v}| = \sqrt{v_x^2 + v_y^2 + v_z^2} = r\omega \text{ [m/s]} \tag{6.3}$$

となる．物体の加速度 $\boldsymbol{a}$ [m/s²] は，(6.2) をさらに t で微分して，次のようになる．

$$\boldsymbol{a}(t) = (-\omega^2 r \cos(\omega t + \theta_0), -\omega^2 r \sin(\omega t + \theta_0), 0) = -\omega^2 \boldsymbol{r} \text{ [m/s}^2\text{]} \tag{6.4}$$

物体の質量を m [kg] とすると，物体にはたらく力は $m\boldsymbol{a}$ [N] であるから，向きは中心方向で大きさは $mr\omega^2$ [N] となる．これは向心力である．

問題 6.1 等速円運動をする物体にはたらく力は常に円の中心を向くことを，運動エネルギーと仕事の関係を用いて説明しなさい．

6.2 単振動

図 6.2 (a) のように，滑らかな水平面上にばねの一端を固定し，他端におもりをつける．ばねを自然長から x_0 [m] だけ引き伸ばした位置からおもりを静かに放すと，おもりは $-x_0$ から x_0 の間を振動する（図 6.2 (b)）．この装置を**水平ばね振り子**という．

ばねが自然長のときのおもりの位置を原点，ばねの伸びの向きを x 軸とし，おもりの位置 x [m] が時間 t とともに変化する様子をグラフに描くと，図 6.2 (c) のように，次のような正弦関数になる．

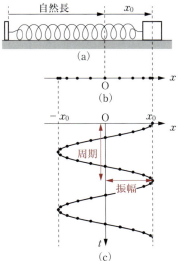

図 6.2 単振動

$$x = x_0 \cos(2\pi f t) \text{ [m]} \tag{6.5}$$

このように，正弦関数または余弦関数で表される，直線に沿った運動のことを**単振動**とい

う．

　ここで，振動の中心 O からの変位が最大になる位置までの距離 x_0 [m] を **振幅** という．また，f は単位時間当りの振動の回数であり，これを **振動数** という．振動数の単位は 1/s であるが，これに Hz を用いる．周期 T [s] と振動数 f [Hz] の間には $T = 1/f$ の関係がある．

6.2.1　単振動と等速円運動

　図 6.3 のように，原点を中心とする半径 x_0 [m] の円周上で等速円運動をする物体を考えよう．このとき，この物体の x 座標は，次のように余弦関数で書ける．

$$x = x_0 \cos(\omega t + \theta_0) \text{ [m]} \tag{6.6}$$

　これは，単振動の式（6.5）と同じ形をしている．このことから，単振動は原点を中心とする等速円運動を x 軸に射影したものと考えることもできる．

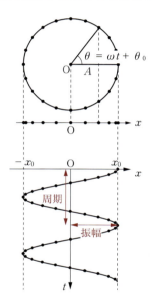

図 6.3　等速円運動と単振動

　位相が 2π rad だけ進むと円運動は 1 周し，1 回の単振動が行われる．したがって，単振動の周期 T，角振動数 ω [rad/s]，振動数 f の間には，次の関係が成り立つ．

$$T = \frac{2\pi}{\omega} = \frac{1}{f} \text{ [s]} \tag{6.7}$$

問題 6.2　振動数 0.50 Hz の水平ばね振り子が，滑らかな水平面上に置かれている．この振り子のばねを自然長から 3.0×10^{-2} m だけ伸ばしておもりを静かに放した．放してから 1.0 s 後のおもりの位置を求めなさい．

6.2.2　単振動の運動方程式と解

　単振動について運動方程式を用いて考えよう．単振動の例として，ばね定数 k [N/m] のばねに質量 m [kg] のおもりをつけた，水平ばね振り子を考える．おもりを自然長から x_0 [m] だけ引き伸ばして静かに放す．ばねが自然長のときのおもりの位置を原点とし，ばねの伸びる

方向を x 軸とすれば，おもりが x [m] の位置にあるときのおもりにはたらく力は，フックの法則より $F = -kx$ [N] である．これを運動方程式 $ma_x = F$ [N] に代入すれば，$ma_x = md^2x/dt^2 = -kx$ となる．両辺を m で割れば

$$\frac{d^2x}{dt^2} = -\omega^2 x \text{ [m/s}^2\text{]} \tag{6.8}$$

となる．ここで，$\omega = \sqrt{k/m}$ とおいた．

(6.8) の微分方程式を解くためには，次のように考える．単振動は (6.5) と表されるのだから，この微分方程式の解は，A, θ_0 を定数として，

$$x = A \cos(\omega t + \theta_0) \text{ [m]} \tag{6.9}$$

と書けると予想できる．これが微分方程式 (6.8) の解になっているということは，(6.9) を実際に t で 2 回微分すれば，

$$v_x = \frac{dx}{dt} = -\omega A \sin(\omega t + \theta_0) \text{ [m/s]}, \quad a_x = \frac{d^2x}{dt^2} = -\omega^2 A \cos(\omega t + \theta_0) = -\omega^2 x \text{ [m/s}^2\text{]} \tag{6.10}$$

となることから確かめることができる．

(6.9) の A, θ_0 を初期条件から決めよう．$t = 0$ のとき，$x(0) = x_0$, $v_x(0) = 0$ とすれば，(6.9), (6.10) に代入して，

$$x_0 = A \cos \theta_0 \text{ [m]}, \quad 0 = -A \sin \theta_0 \tag{6.11}$$

となる．これを解けば，$A = x_0$, $\theta_0 = 0$ と求まる．したがって，位置 $x(t)$ [m] および速度 $v_x(t)$ [m/s] は次のように求まる．

$$x(t) = x_0 \cos(\omega t) \text{ [m]}, \quad v(t) = -\omega x_0 \sin(\omega t) \text{ [m/s]} \tag{6.12}$$

また，このばね振り子の周期 T は，$\omega T = 2\pi$ より，次式のようになる．

$$T = \frac{2\pi}{\omega} = 2\pi \sqrt{\frac{m}{k}} \text{ [s]} \tag{6.13}$$

問題 6.3 軽いばねの一端を天井に取りつけ，他端に質量 1.0×10^{-2} kg のおもりをつけて鉛直に吊り下げると，4.9×10^{-3} m だけ伸びて静止した．この状態から，鉛直下向きにおもりを引いて静かに放し，単振動をさせた．振動の周期を求めなさい．ただし，重力加速度の大きさを 9.8 m/s とする．

6.2.3 単振り子

次ページの図 6.4 のように伸び縮みしない軽い糸の一端を天井に固定し，他端におもりをつけて吊るし，おもりをわずかに引いて放すと，おもりは鉛直面内で振動を繰り返す．このように軽い糸におもりを吊して，鉛直面内で振動させたものを**単振り子**という．

単振り子の腕の長さ（糸の長さ）を l [m]，重力加速度の大きさを g [m/s^2] とすると，振れ角が小さいときには，周期 T は例題 6.1 で示すように，次のようになる[1]．

$$T = 2\pi \sqrt{\frac{l}{g}} \text{ [s]} \quad \text{（単振り子の周期）} \tag{6.14}$$

---

[1] 単振り子の周期の関数形は，次元解析によって求めた例題 1.1 と一致し，その比例係数も運動方程式を解くことによって求まることがわかる．

すなわち，単振り子の周期は，腕の長さ l と重力加速度の大きさ g だけで決まり，おもりの質量や振幅には依存しない．このことを，振り子の等時性という[2]．

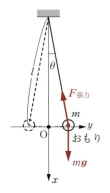

図 6.4　単振り子

例題 6.1

(6.14) を，運動方程式を用いて示しなさい．

解　最下点を原点とし，鉛直下向きを x 軸，水平方向で図 6.4 の右向きを y 軸とする．小球にはたらく力は，重力と糸の張力 $F_{張力}$ [N] である．小球の質量を m [kg]，重力加速度の大きさを g [m/s^2] とすれば，小球の加速度を $\boldsymbol{a} = (a_x, a_y)$ [m/s^2] として運動方程式は次のように書ける．

$$ma_x = -F_{張力}\cos\theta + mg \text{ [N]}, \qquad ma_y = -F_{張力}\sin\theta \text{ [N]} \tag{6.15}$$

ここで，$x = -l(1-\cos\theta)$ [m]，$y = l\sin\theta$ [m] である．$\theta \ll 1$ より，$\cos\theta = 1$ とおくと $x = 0$ であるから，(6.15) において $a_x = 0$ として，$F_{張力} = mg$ となる．よって，(6.15) の y 成分は，$\sin\theta = y/l$ を代入して

$$\frac{d^2 y}{dt^2} = -\frac{g}{l} y \text{ [m/s}^2\text{]} \tag{6.16}$$

となる．$\omega = \sqrt{g/l}$ [rad/s] とおくと，(6.16) は単振動の式となり，(6.7) より (6.14) を得る．

問題 6.4
振動数が 0.50 Hz である単振り子の周期および糸の長さを求めなさい．ただし，重力加速度の大きさを 9.8 m/s^2 とし，振り子の振れ角は十分に小さいものとする．

問題 6.5
月面での重力加速度の大きさは地上のおよそ 1/6 である．地上において周期 2.0 s の単振り子の，月面における周期を求めなさい．

6.3　力のモーメントベクトルと角運動量

この節では，角運動量と力のモーメントを定義し，その間の関係を明らかにしよう．

6.3.1　力のモーメント

図 6.5 のように，軽い棒の一端につけられた小球 P を考え，棒の他端を固定して原点 O の周りで回転できるようにしておく．棒に垂直な力 $\boldsymbol{F}$ [N] を P に加えて，水平な xy 面内，z 軸

---

[2] 1583 年，ガリレオ・ガリレイがピサの大聖堂のランプのゆれから発見したといわれている．

周りにPを回転させよう．このとき，OP間の距離 r [m] が長いほど棒を回転させる能力は大きくなる（OP間の距離 r を**腕の長さ**という）．そこで，

$$N_z = （腕に垂直な力の成分）×（腕の長さ）[\text{N·m}] \tag{6.17}$$

を定義し，これを z 軸周りの**力のモーメント**という．添え字 z は z 軸周りに回転させる能力を表している．

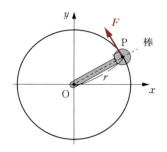

図 6.5　小球の回転

一般に，図 6.6 のように，腕（線分 OP）と角度 θ [rad] をなす力がPにはたらくときを考えよう．力 $\boldsymbol{F}$ を OP に垂直な成分と平行な成分の2つに分けると，垂直な成分は $F \times \sin\theta$ [N] であるので，力のモーメントは次のようになる．

$$N_z = Fr\sin\theta \; [\text{N·m}] \tag{6.18}$$

OP が x 軸となす角度を ϕ とすると

$$x = r\cos\phi \; [\text{m}], \quad y = r\sin\phi \; [\text{m}] \tag{6.19}$$

$$F_x = F\cos(\theta + \phi) \; [\text{N}], \quad F_y = F\sin(\theta + \phi) \; [\text{N}] \tag{6.20}$$

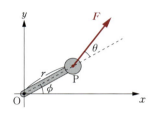

図 6.6　力のモーメント

であるから，次式を得る．

$$\begin{aligned}xF_y - yF_x &= Fr\{\cos\phi\sin(\theta+\phi) - \sin\phi\cos(\theta+\phi)\} \\ &= Fr\sin(\theta+\phi-\phi) \; [\text{N·m}] \\ &= Fr\sin\theta \end{aligned} \tag{6.21}$$

したがって，力のモーメントは $N_z = xF_y - yF_x$ [N·m] と書ける．これまでは z 軸周りの回転のみを考えていたが，より一般的に x 軸，y 軸周りの回転も考えて，

$$N_x = yF_z - zF_y \; [\text{N·m}], \quad N_y = zF_x - xF_z \; [\text{N·m}], \quad N_z = xF_y - yF_x \; [\text{N·m}] \tag{6.22}$$

を定義し，$\boldsymbol{N} = (N_x, N_y, N_z)$ を力のモーメントベクトルという．力のモーメントベクトルは**外積**を用いれば，次のように書くこともできる．

$$\boldsymbol{N} = \boldsymbol{r} \times \boldsymbol{F} \; [\text{N·m}] \quad （力のモーメント） \tag{6.23}$$

ベクトルの外積

ベクトル量同士の積の定義には，内積の他に以下に示す**外積**がある．

2つのベクトル $\boldsymbol{A}, \boldsymbol{B}$ の直交座標成分をそれぞれ (A_x, A_y, A_z)，(B_x, B_y, B_z)，それらがなす角度を θ ($0 \leq \theta \leq \pi$)，大きさを A, B とするとき，$\boldsymbol{A}, \boldsymbol{B}$ の外積を次のように定義する（次ページの図6.7）[3]．ここで，$\boldsymbol{e}$ は，$\boldsymbol{A}$ と $\boldsymbol{B}$ の両方に垂直な単位ベクトル（大きさが1のベクトル）である[4]．

$$\boldsymbol{A} \times \boldsymbol{B} \equiv AB\sin\theta\, \boldsymbol{e} = (A_yB_z - A_zB_y, A_zB_x - A_xB_z, A_xB_y - A_yB_x) \quad （外積） \tag{6.24}$$

---

[3]　$\boldsymbol{A} \times \boldsymbol{B}$ の向きは，$\boldsymbol{A}$ から $\boldsymbol{B}$ の方向に右ねじを回したときに右ねじが進む向きに取る．
[4]　2つのベクトル量同士の積の結果がベクトル量になるので，外積を**ベクトル積**ともいう．

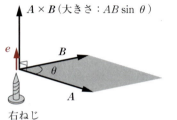

図 6.7 外積

例題 6.2

(6.24) の関係式が成り立つことを示しなさい．

解 図 6.7 において，A の向きが x 軸と一致するように，また，A と B を含む平面が xy 平面になり，$B_y \geq 0$ になるように座標軸を決める．2 つのベクトル A, B の大きさを A, B とし，それらがなす角度を θ [rad] とするとき，

$$A = (A, 0, 0), \qquad B = (B\cos\theta, B\sin\theta, 0) \tag{6.25}$$

と書ける．これを，(6.24) の最右辺に代入すれば，(6.24) の関係が確かめられる．

6.3.2 角運動量と回転の方程式

(6.23) で定義した力のモーメントの z 成分 $N_z = xF_y - yF_x$ に，運動方程式 $dp_x/dt = F_x$，$dp_y/dt = F_y$ を代入すると，

$$x\frac{dp_y}{dt} - y\frac{dp_x}{dt} = m\left(x\frac{dv_y}{dt} - y\frac{dv_x}{dt}\right) = N_z \,[\text{N·m}] \tag{6.26}$$

となる．ここで，

$$\begin{aligned}\frac{d}{dt}(xv_y - yv_x) &= \frac{dx}{dt}v_y + x\frac{dv_y}{dt} - \frac{dy}{dt}v_x - y\frac{dv_x}{dt} \\ &= v_x v_y + x\frac{dv_y}{dt} - v_y v_x - y\frac{dv_x}{dt} = x\frac{dv_y}{dt} - y\frac{dv_x}{dt} \,[\text{m}^2/\text{s}^2]\end{aligned} \tag{6.27}$$

であることに注意すれば，(6.26) は次のようになる．

$$\frac{d}{dt}(xp_y - yp_x) = N_z \,[\text{N·m}] \tag{6.28}$$

力のモーメントの x 成分，y 成分も同様に計算すれば，次式を得る．

$$\frac{d}{dt}(yp_z - zp_y) = N_x \,[\text{N·m}], \qquad \frac{d}{dt}(zp_x - xp_z) = N_y \,[\text{N·m}] \tag{6.29}$$

ここで，**角運動量 L** を

$$L = r \times p \,[\text{kg·m}^2/\text{s}] \quad (\text{角運動量の定義式}) \tag{6.30}$$

と定義すると，(6.29) は，

$$\frac{dL}{dt} = N \,[\text{N·m}] \quad (\text{回転の方程式}) \tag{6.31}$$

と書ける．これを**回転の方程式**という．

6.3.3 角運動量保存則

回転の方程式は $N_z = 0$ の場合,

$$\frac{dL_z}{dt} = 0 \tag{6.32}$$

となる.これは,$N_z = 0$ のときに,z 軸周りの角運動量 L_z が保存されることを表している.

力のモーメントは,力 $\bm{F}$ と位置ベクトル $\bm{r}$ [m] のなす角度を θ,$\bm{F}$ と $\bm{r}$ の両方に垂直な単位ベクトルを $\bm{e}$ とすれば,$\bm{N} = \bm{r} \times \bm{F} = Fr\sin\theta\,\bm{e}$ と書ける.$F = 0$,または $r = 0$ の場合,角運動量が保存されるのは明らかである.それでは,$\sin\theta = 0$ の場合を考えよう.$\sin\theta = 0$ ということは,$\theta = 0$(力が中心から遠ざかる方向を向いている)か,$\theta = \pi$(力が中心の方向を向いている)かである.このような力を**中心力**という.物体に中心力のみがはたらいている場合,物体の角運動量が保存される.これを**角運動量保存則**という.

6.3.4 ケプラーの法則

惑星の運動に関する**ケプラーの法則**は次の 3 つである [5].

> **第 1 法則**:惑星の運動は,太陽の位置を 1 つの焦点とする楕円軌道を描く.
> **第 2 法則**:1 つの惑星と太陽を結ぶ線分(動径)が,一定時間に覆う面積は一定である.
> **第 3 法則**:各惑星が太陽の周りを一周する時間(公転周期)の 2 乗は,楕円軌道の長半径の 3 乗に比例する.

これらの法則は,万有引力とニュートンの運動方程式から導かれる.

例題 6.3

ケプラーの第 2 法則を導きなさい.

解 図 6.8 のような惑星(質量 m [kg])の楕円運動を考えよう.O を楕円の焦点とする.点 A にあった惑星が,速さ v [m/s] で時間 Δt [s] に点 B に進んだとする.AB 間が微小な場合は,扇形 OAB の面積(網かけ部分)は △OAB′ に近似できる.∠B′AP を θ [rad] とすると,△OAB′ は底辺 r [m],高さ $(v \times \sin\theta)\,\Delta t$ [m] の三角形である.よって,その面積 ΔS [m²] は,$\Delta S = (rv\sin\theta)\,\Delta t/2$ と表せる.

ここで,動径が単位時間に描く面積 $\Delta S/\Delta t$ [m²/s] を面積速度という.ところで,

$$|\bm{r} \times \bm{v}| = rv\sin\theta = xv_y - yv_x = \frac{L_z}{m}\ [\text{m}^2/\text{s}] \tag{6.33}$$

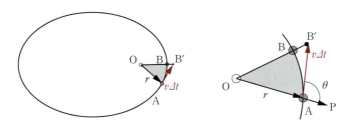

図 6.8 惑星の公転軌道

---

[5] 地球の周りの衛星(月や人工衛星)の運動は,太陽を地球に,惑星を衛星に読みかえる.

となり，万有引力は中心力であるから，$L_z = $ 一定 $(dL_z/dt = 0)$，すなわち，面積速度は一定である．これはケプラーの第2法則である．

例題 6.4

惑星の公転軌道が円軌道の場合に，ケプラーの第3法則を導きなさい．

解 惑星と太陽の質量をそれぞれ m [kg]，M [kg] とし，距離を r [m]，公転周期を T [s] とすると，万有引力が向心力となるので，$GMm/r^2 = mr(2\pi/T)^2$ を得る．これより，

$$T^2 = \frac{4\pi^2}{GM}r^3 \ [\text{s}^2] \tag{6.34}$$

となる．これはケプラーの第3法則である．

問題 6.6 地球表面すれすれの円軌道を周回する人工衛星の速さ（**第1宇宙速度**）は，約 7.9 km/s となることを示しなさい．ただし，空気抵抗は無視できるものとし，必要な数値は見返しの表を用いなさい．

問題 6.7 赤道上空の軌道上を周期1日（恒星日[6] = 23 時間 56 分 4.091 秒）で周回する人工衛星を**静止衛星**という[7]．静止衛星の高度（地表からの距離）を求めなさい．

問題 6.8 太陽に最も近い近日点では北半球は冬である．なぜだろうか．そもそも，なぜ日本には季節があるのだろうか．

6.4 遠心力とコリオリ力

回転している座標系において現れる見かけの力に，**遠心力**と**コリオリ力**がある．

6.4.1 遠心力

回転する座標系に固定された物体の運動を見てみよう．この座標系から見た場合，物体には向心力とつり合うために，同じ大きさで逆向きの見かけの力がはたらいていると考えられる．これが遠心力である．遠心力は，向心力と逆向きで，その大きさは向心力と同じであるから，(6.4) およびその前後の説明より，遠心力の大きさは次式で与えられる．

$$（遠心力の大きさ）= mr\omega^2 = \frac{mv^2}{r} \ [\text{N}] \tag{6.35}$$

問題 6.9 無重力状態の宇宙ステーションで「重力」を人工的に作り出すために，宇宙ステーションをドーナツ型にして中心軸の周りに回転させ，重力加速度の大きさ $g = 9.8 \, \text{m/s}^2$ を実現させたい．ドーナツの半径が 500 m のとき，回転の周期を求めなさい．

静止軌道は地球の自転に対するつり合いの位置であるが，惑星の公転に対するつり合いの位

---

[6] 地球の真の自転周期．遠方の恒星が子午線を通過してから次に通過するまでの時間．地球は自転の向きに公転しているため，太陽を基準にすると 24 時間になる．

[7] 静止衛星と地上をケーブルで結ぶと，宇宙エレベータができる．（本章コラム「宇宙エレベータ」参照．）

置を**ラグランジュ点**といい，図 6.9 のように，L1 から L5 まである．

これらの点は，太陽，惑星の万有引力と公転の遠心力がつり合う位置である．地球の場合，これらの点のうち，L1 は太陽観測，L2 は宇宙観測に最適である．L4, L5 は地球・太陽との角度がちょうど 60° の位置で，安定な点である．木星の L4, L5 には小惑星群が捕らえられ，トロヤ群として知られる．

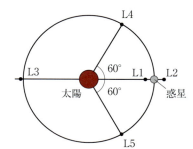

図 6.9　ラグランジュ点

6.4.2　コリオリ力

遠心力は物体が回転系において静止していてもはたらく見かけの力なのに対し，コリオリ力は物体が回転系において運動しているときにはたらく見かけの力である．次の例題で，コリオリ力について直観的に理解しよう．

例題 6.5

反時計回りに回転する台の中心に O さん，台の縁に B さん，回転台のすぐ外に A さんがいる．O さんから見てちょうど A さんと B さんが重なったときに，2 人にめがけて O さんがボールを投げる．ボールは A さんから見て直進して，A さんが受け取る．しかし，O さん，B さんから見るとボールは左へ左へと曲がったように見えることを図で示しなさい．

解　A さんがボールを受け取ったとき，B さんは A さんから見て B′ の位置にいるとしよう．ボールが A さんに届く時間の 1/4, 1/2, 3/4, 4/4 の時刻の，O さん，B さんから見たボールの位置を作図しよう．投げられた瞬間には，ボールは O さんのところにあり，B さんには自分に向けて投げられたように見える．ボールが A さんに届く時間の 1/4, 1/2, 3/4, 4/4 の時刻のボールの位置は，O さん，B さんから見て図 6.10 のようになる．すなわち，O さん，B さんから見ると，ボールには進行方向右側にコリオリ力がはたらいている．

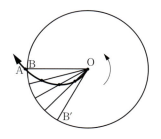

図 6.10　コリオリ力の直観的理解

72 　6. 単振動と円運動

　地上の風や潮の流れには，コリオリ力は大きな効果を発揮する．自転は反時計回りであり，北半球ではコリオリ力は進行方向に対し右側にはたらく．

問題 6.10　例題 6.5 で，A さんから O さんに向けてボールを投げたとき，図 6.10 と同様な図を作製しなさい．

問題 6.11　北半球の台風は反時計回りに渦巻くことを説明しなさい．

問題 6.12　地上の摩擦が無視できる上空の風（地衡風）は，北半球では低気圧側を左に見る方向に等圧線に沿って吹くことを示しなさい．[8]【ヒント】風は他に力がはたらかなければ，空気は等圧線に対して垂直に高圧側から低圧側に向かう力（気圧傾度力）を受ける．北半球では，さらにコリオリ力が進行方向右側にはたらく．風は力がつり合う向きに等速で吹く．

コラム　宇宙エレベータ

　高価なロケットを使わずに宇宙へ人や物資を運ぶ方法として，1959 年，アルツターノフは，高度 36000 km 上空の静止衛星からケーブルを垂らし，昇降機（クライマー）を用いる「宇宙エレベータ」を考えた．

　しかし，つい最近まで，これは単なる夢物語と思われていた．なぜなら，ケーブルに必要な引張り強度を計算すると，同じ重さに換算して鋼鉄の 180 倍の強度が必要であるが，これまでそんな材料はなかったためである．

　ところが，1991 年にカーボンナノチューブ（第 8 章コラム「ナノカーボン」参照）が発見され，宇宙エレベータの実現は，がぜん現実味を帯びてきた．カーボンナノチューブは，軽くて強く，宇宙エレベータ用ケーブルの材料として有力な候補となる可能性がある．

　ところで，宇宙エレベータにおいて，ケーブルに質量がなければ静止衛星と地上ステーション（赤道近くの海上基地）を結ぶだけでよい．しかし，実際にはケーブルに質量があるため，宇宙エレベータの重心が静止軌道よりも低くなってしまって，ケーブルのついた人工衛星はもはや静止衛星にならない．そこで，静止軌道の位置に重心が来るように，静止軌道のさらに先までケーブルを延ばして，カウンターウェイトを設置する必要がある．

　静止軌道のさらに先にケーブルを延ばすことには，実は大きなメリットがある．静止軌道を越えて十分な高度まで昇降機で上げたのち，単にケーブルから放すだけで，容易に月や火星へ向けて出発させることができるためである．静止軌道では重力と遠心力がつり合っているが，それより遠くでは遠心力が勝り，地球の重力から脱出しやすくなるのである．

　だが，仮に，昇降機の速さが航空機並みの 1000 km/h であっても，静止軌道ステーションまでは 1 日半もかかる．また，宇宙デブリ（高速で飛び交う宇宙ごみ），落雷，ジェット気流などへの安全対策など，克服すべき課題は枚挙にいとまがない．

　しかしながら，現在の見積もりによると，総工費も中規模の鉄道の建設費くらいで済み，着工後 25 年で完成するという．日本でも宇宙エレベータ協会や学会が結成され，世界と協力しながら開発を進めている．宇宙へ気軽に行ける日も遠くはないかもしれない．

---

[8]　地上での風は，摩擦力のため，等圧線に 30°〜45° の角度をなして，北半球では低圧側を左に見るように吹く．

章 末 問 題

6.1 ばね定数 k [N/m] のばねに，質量 m [kg] のおもりをつけて鉛直に吊して静止させた．おもりをつり合いの位置からさらに d [m] だけ鉛直下向きに引き $t = 0$ で静かに放したところ，おもりは単振動をした．おもりについて運動方程式を立て，それを解いて，任意の時刻 t [s] でのおもりの位置および速度を求めなさい． ⇒ 6.2 節

6.2 宇宙での長期滞在には，健康管理に気を使う．しかし，地上の体重計は役に立たない．宇宙で使える体重計を考案し，原理を説明しなさい． ⇒ 6.2 節

6.3 電気力学的テザー衛星は，図 6.11 のように親衛星から導電性のテザー（ひも）を伸ばし，テザーに生じる地球磁場による誘導起電力によって発電する

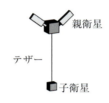

図 6.11 テザー衛星

人工衛星であり，実用化のための研究がされている．親衛星，子衛星の軌道をそれぞれ，軌道半径 r [m], r' [m] $(r > r')$ の円軌道とし，質量をそれぞれ m [kg], m' [kg] とする．また，テザーが伸び縮みせず，十分に軽いとしたとき，テザーの張力およびテザー衛星の周期を求めなさい．ただし，テザーは常に地球の中心方向を向いているとし，万有引力定数を G [N·m²/kg²] とする． ⇒ 6.4 節

6.4 月周回衛星「かぐや」は月の周り高度 1.00×10^5 m を 2.0 時間で 1 周していた．月を半径 1.74×10^6 m の一様な球とし，また，万有引力定数を 6.67×10^{-11} N·m²/kg² として，月の質量を求めなさい． ⇒ 6.4 節

6.5 月は地球の周りをおよそ 27 日 7 時間 43 分で 1 周している．これより，月 - 地球間の距離，および月の半径，月の密度を求めなさい．ただし，月の軌道を円軌道とし，地球の半径を 6.4×10^6 m, 地球の質量を 6.0×10^{24} kg, 月の質量を 7.36×10^{22} kg, 月の視半径（地球か ら見た月の半径を見込む角度）を 15 分 32 秒，万有引力定数を 6.7×10^{-11} N·m²/kg² とする． ⇒ 6.4 節

6.6 地球から見れば，太陽は地球の周りを円運動していると見ることもできる．そう考えれば，前問と同じようにして，太陽 - 地球間の距離を求められそうなものであるが，そのように計算を行うことはできない．その理由を述べなさい． ⇒ 6.4 節

6.7 地球にはたらく万有引力と向心力とが等しいことを用いて，太陽の質量を求めなさい．ただし，地球 - 太陽間の距離を 1.5×10^8 km, 万有引力定数を 6.7×10^{-11} N·m²/kg² とする． ⇒ 6.1, 6.4 節

6.8 地球の中心を通って裏側までまっすぐなトンネルを掘る．トンネル内を真空にし，質量 m [kg] の乗り物を地上から自由落下させる．トンネルに沿って x 軸を取り，中心を原点として，次の問いに答えなさい．ただし，必要な数値は見返しの表から求めなさい． ⇒ 6.2 節

(1) 地表での重力と万有引力との関係から，地球の質量が $R_E^2 g/G$ [kg] となることを示し，その質量を求めなさい．ただし，R_E [m] は地球の半径，g [m/s²] は重力加速度の大きさ，G [N·m²/kg²] は万有引力定数である．

(2) 地球の中心からの位置 x [m] において，乗り物にはたらく万有引力は $-mgx/R_E$ [N] と書けることを示しなさい．ただし，地球の中心から半径 $|x|$ [m] の球内に含まれる物質の質量は，地球の中心に集中すると考えてよい．

(3) 乗り物の運動方程式を書きなさい．

(4) 地球の中心を通過するときの乗り物の速さを求めなさい．

(5) 地球の裏側に達するまでの時間を求めなさい．

6.9 地球と太陽を通る直線上のラグランジュ点 L1, L2, L3 の地球からの距離を求めなさい．ただし，必要な数値は見返しの表から求めなさい． ⇒ 6.4 節

第 7 章

剛体のつり合いと運動

これまで，大きさの無視できる物体（質点）を考えてきた．この章では，大きさが無視できないが，変形しない物体（剛体）を考えよう．変形しない物体の運動は，並進運動と回転運動だけを考えればよい．並進運動は質点の運動と同じであるから，ここでは，回転運動に注目しよう．

学習目標
- 剛体の 2 つのつり合いの条件から，剛体にはたらく力を見つけられるようになる．
- 剛体の重心，慣性モーメントを計算できるようになる．
- 物理振り子のような，固定軸周りの剛体の運動を解析できるようになる．
- 並進運動の運動方程式と回転の方程式を用いて，剛体の平面運動を解析できるようになる．

キーワード
剛体，偶力，重心，慣性モーメント I [kg·m^2]，物理振り子，剛体の平面運動

7.1 物体の静止条件

力を加えても変形しない物体を**剛体**という．ここでは，物体を剛体と考え，剛体が静止しているためには，力のつり合いだけでは十分ではないことを見よう．

図 7.1 のように，物体に同じ大きさで逆向きの力 F [N]，F' [N] がはたらく場合を考えよう．このような力の対を**偶力**という．この場合，力は質点のつり合いの条件 $F + F' = 0$ を満たしている．よって，物体は同じ位置に留まっている．しかし，物体はその場で回転する．物体が回転もしないためには，どういう条件が必要なのだろうか．

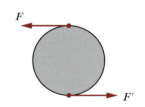

図 7.1 偶力

図 7.2 のような，軽い棒 AB からなる天びんを考えよう．点 O は天びんの支点であり，OA と OB の長さは l_A [m]，l_B [m] である．点 A と点 B にそれぞれ，重量 W_A [kg] と W_B [kg] のおもりを吊したとき，この棒が回転せずに静止しているならば，

$$W_A l_A - W_B l_B = 0 \tag{7.1}$$

が成り立っている．(7.1) の左辺は，棒にはたらく力のモーメント (6.23) の総和である．

結局，物体が回転もせずに静止しているためには，はたらいている力の総和が 0 という条件の他に，(任意の点の周りでの)「力のモーメントの総和が 0 になる」という条件がさらに必要であることがわかる．

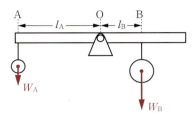

図 7.2 天びんのつり合い

問題 7.1 図 7.2 のつり合いを考える際，支点周りの力のモーメントのつり合いを考えた．それでは，点 A 周りの力のモーメントを考えるとどうなるだろうか．

7.2 物体の重心

今まで重心をきちんと定義せずに使ってきたので，ここで定義しておこう．物体を N 個の微小部分に分けて考えよう．このとき，物体の重心 $\boldsymbol{r}_G$ [m] は，i 番目 ($i = 1, 2, \cdots, N$) の部分の質量を Δm_i [kg]，位置を $\boldsymbol{r}_i$ [m] として，次のように定義される．

$$\boldsymbol{r}_G = \frac{\sum_{i=1}^{N} \Delta m_i g \boldsymbol{r}_i}{\sum_{i=1}^{N} \Delta m_i g} \ [\text{m}] \quad \text{(重心の定義式)} \tag{7.2}$$

すなわち，重心周りの重力のモーメントの総和は 0 となる．

ここで，(7.2) の右辺の g は重力加速度の大きさであり，定数と見なせるときには g は約分できる．(7.2) の右辺を g で約分した量を**質量中心**という．

物体に重力のみがはたらいている場合に，物体の重心を支えると物体は回転しない[1]．

問題 7.2 ある物体の重心を見つけるにはどのようにすればよいかを説明しなさい．

例題 7.1

物体の重心周りの重力のモーメントの和は，0 であることを示しなさい．

解 物体を N 個の微小部分に区分けする．i 番目の微小部分の質量を Δm_i [kg]，位置を $\boldsymbol{r}_i$ [m] とする．ここで，任意の点 P の位置を $\boldsymbol{r}_0$ [m] とすると，点 P 周りの重力のモーメント $\boldsymbol{N}$ [N·m] は，重力を $\hat{\boldsymbol{z}} = (0, 0, 1)$ 方向として次のようになる（次ページの図 7.3）．

$$\begin{aligned}\boldsymbol{N} &= \sum_{i=1}^{N} (\boldsymbol{r}_i - \boldsymbol{r}_0) \times (\Delta m_i g \hat{\boldsymbol{z}}) = \left(\sum_{i=1}^{N} \Delta m_i g \boldsymbol{r}_i\right) \times \hat{\boldsymbol{z}} - \left(\sum_{i=1}^{N} \Delta m_i g \boldsymbol{r}_0\right) \times \hat{\boldsymbol{z}} \\ &= \left\{\sum_{i=1}^{N} \Delta m_i g (\boldsymbol{r}_G - \boldsymbol{r}_0)\right\} \times \hat{\boldsymbol{z}}\end{aligned} \tag{7.3}$$

ここで (7.2) を用いた．確かに，$\boldsymbol{r}_0 = \boldsymbol{r}_G$ のとき $\boldsymbol{N} = 0$ である．

---

[1] 重量物を吊り上げるクレーンなどでは，重心を通る鉛直線上にフックをもって来るようにワイヤーロープをかけないと，重量物が振れて大変危険である．

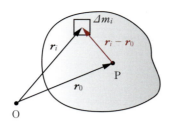

図 7.3　重心周りの重力モーメント

例題 7.2

2つの小球を曲がった棒でつないで「やじろべえ」（図 7.4）を作ったとき，その重心の位置を求めなさい．ただし，小球以外の部分の質量は十分に軽く無視できるものとする．

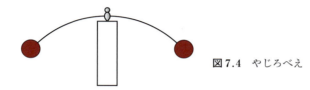

図 7.4　やじろべえ

解　2つの質点を結んだ直線の中点にあることは明らかである．

例題 7.2 のように，重心は常に物体の内側にあるとは限らない．図 7.4 の場合，支点は重心の上にあって，やじろべえは安定である．すなわち，やじろべえがどちらかに少し傾くと，重心にはたらく重力のモーメントはやじろべえを元に戻す向きにはたらく（復元力）．

実際には，物体は連続であるから，微小部分の質量を $\Delta m_i = \rho_i \Delta V_i$ [kg] とおき，微小体積 $\Delta V_i \to 0$ の極限を取って積分におきかえ，次式を得る．

$$\boldsymbol{r}_G = \lim_{\Delta V_i \to 0} \frac{\sum_i \Delta m_i g \boldsymbol{r}_i}{\sum_i \Delta m_i} = \frac{\int \rho g \boldsymbol{r}\, dV}{\int \rho g\, dV} \ [\mathrm{m}] \quad \text{（重心の定義式）} \tag{7.4}$$

ここで ρ_i [kg/m^3] は，物体の微小部分 i の密度（第 8 章参照）である．物体の密度は，一様な物質では物体全体で同じ値であるが，一般的には位置の関数になる．

問題 7.3　月の質量，万有引力定数，月 − 地球間の距離，地球の半径を，それぞれ，M [kg]，G [N·m^2/kg^2]，R [m]，R_E [m] として，月と地球についての次の問いに答えなさい．

(1) 地球と月は，地球と月からなる系の質量中心の周りを公転している．地球（や月）と一緒に回転する系において，地球上に置かれた質量 m [kg] の物体にはたらく遠心力の大きさを，m, M, G, R を用いて表しなさい．【ヒント】その回転系では，遠心力と万有引力はつり合っている．また，遠心力は地球のどの部分にも同じ大きさと向きではたらく．

(2) 月に面した側の地表における潮汐力の大きさ $F_{潮汐力}$ [N] は，

$$F_{潮汐力} \simeq \frac{2GmMR_E}{R^3} \ [\mathrm{N}] \tag{7.5}$$

となることを示しなさい．ただし，潮汐力は万有引力と遠心力の差である．【ヒント】$R_E \ll R$ を用いる．

地球 – 太陽間の万有引力の大きさは，地球 – 月間の約 180 倍である（問題 3.6）．それにもかかわらず，太陽による潮汐力の大きさは，月による潮汐力（問題 7.3）の約 0.46 倍になる．これは，(7.5) より，潮汐力の大きさが天体間の距離の 3 乗に反比例するからである．また，満月や新月では，太陽と月の潮汐力が重なって大潮となり，上弦，下弦の月❷では小潮となる．

7.3 剛体の運動

剛体の運動は，並進運動と回転運動とに分けられる．これらを記述する運動方程式はすでに学んだ．並進の運動方程式は (4.1)，回転の方程式は (6.31) で与えられる．

7.3.1 慣性モーメント

固定された軸（**固定軸**）の周りの回転を考えよう．このとき，慣性モーメントが定義でき，回転運動を記述する際に重要な役割をする．回転軸を z 軸とすると，回転の方程式は (6.31) の定義から次式で与えられる．

$$\frac{dL_z}{dt} = N_z \,[\mathrm{J}] \quad (z\text{ 軸周りの回転の方程式}) \tag{7.6}$$

それでは，剛体の z 軸周りの角運動量 $L_z\,[\mathrm{kg \cdot m^2/s}]$ を求めよう．まず，z 軸周りの回転角速度を $\omega\,[\mathrm{rad/s}]$，微小時間 $\Delta t\,[\mathrm{s}]$ での回転角を $\Delta\varphi\,[\mathrm{rad}]$ とすると，$\Delta\varphi = \omega\Delta t$，すなわち，$\omega = d\varphi/dt$ が成り立つ．

剛体を細かく区分けして i 番目の微小部分の質量を Δm_i [kg]，その速さを $v_i\,[\mathrm{m/s}]$ とする．回転軸を原点としたときの，i 番目の微小部分の（xy 平面内での）位置ベクトルを $\boldsymbol{r}_i\,[\mathrm{m}]$ とすると，$v_i = r_i\omega$ であり，位置ベクトル $\boldsymbol{r}_i$ と速度ベクトル $\boldsymbol{v}_i\,[\mathrm{m}]$ は直交するので，軸周りの角運動量は，(6.30) の定義より $\Delta m_i r_i v_i = \Delta m_i r_i^2 \omega\,[\mathrm{kg \cdot m^2/s}]$ で与えられる（図 7.5）．剛体全体について和を取って角運動量 L_z を計算すると，すべての微小部分は同じ角速度 ω で回転しているので，

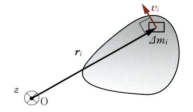

図 7.5 微小部分の z 軸周りの角運動量

$$L_z = \sum_i \Delta m_i r_i^2 \omega \equiv I\omega \,[\mathrm{kg \cdot m^2/s}] \tag{7.7}$$

となる．ここで $I\,[\mathrm{kg \cdot m^2}]$ を次式で定義し，z 軸周りの**慣性モーメント**とよぶ．

$$I = \sum_i \Delta m_i r_i^2 \,[\mathrm{kg \cdot m^2}] \quad (\text{慣性モーメントの定義式}) \tag{7.8}$$

I は剛体と固定軸が与えられれば決まる定数であり，回転の方程式 (7.6) と (7.7) より，

$$\frac{dL_z}{dt} = I\frac{d\omega}{dt} = I\frac{d^2\varphi}{dt^2} = N_z \,[\mathrm{N \cdot m}] \quad (z\text{ 軸周りの回転の方程式}) \tag{7.9}$$

---

❷ 「弦」は，半月を弓に見立てて，その弦を指している．また，陰暦の 1 ヶ月の上旬（7 日頃）のものを上弦，下旬（21 日頃）のものを下弦とよんでいる．

と書ける．ここで，$\omega = d\varphi/dt$ を用いた．式の形は，(4.1) の $md^2x/dt^2 = F_x$ [N]（質点の 1 次元の運動方程式）と同じ形をしている．すなわち，次の対応を考えることができる．

$$I \leftrightarrow m, \quad \varphi \leftrightarrow x, \quad \omega \leftrightarrow v_x, \quad N_z \leftrightarrow F_x \tag{7.10}$$

(4.1) で，m を慣性質量とよんだ．m が大きいほど物体は加速されにくい，つまり慣性が大きい．同様に，I が大きいほど物体は回転しにくく，いったん回転すると止めにくい．すなわち，慣性が大きい．これより，I を慣性モーメントとよぶ理由は明らかであろう．

例題 7.3

フィギュアスケートのスピンでは，腕を身体に近づけるほど高速で回転する．なぜだろうか．

解 回転軸から腕までの距離が短いと慣性モーメントが小さくなり，角運動量保存則（$L_z = I\omega =$（一定））により回転が速くなる．

7.3.2 回転運動の運動エネルギー

ある固定軸周りの回転運動のエネルギーを考察しよう．軸周りの回転の角速度を ω とする．剛体を微小部分に分けて i 番目に注目する．その部分の質量を Δm_i，速さを v_i とすると，その部分の運動エネルギーは $\Delta m_i v_i^2 /2$ [J] である．i 番目の微小部分の軸からの距離を r_i とすると，$v_i = r_i \omega$ であり，したがって，運動エネルギーは $\Delta m_i r_i^2 \omega^2 /2$ となる．剛体全体の和を取ると，回転による運動エネルギー K_r [J] は

$$K_r = \sum_i \frac{1}{2} \Delta m_i r_i^2 \omega^2 = \frac{1}{2} I \omega^2 \text{ [J]} \quad \text{（回転の運動エネルギー）} \tag{7.11}$$

と書ける．I は (7.8) で定義した慣性モーメントである[3]．

7.3.3 慣性モーメントの計算

剛体は連続体なので，(7.8) の和は積分になる．細い棒，板，3 次元の物体の慣性モーメントを考えよう．i 番目の微小部分の質量を Δm_i [kg]，長さ，面積，体積をそれぞれ Δx_i [m]，ΔS_i [m^2]，ΔV_i [m^3]，回転軸からの距離を x_i [m]，r_i [m]，r_i [m] とすると，慣性モーメントは次のように書ける．

$$I = \begin{cases} \lim_{N \to \infty} \sum_{i=1}^{N} \frac{\Delta m_i}{\Delta x_i} x_i^2 \Delta x_i = \int \rho_1 x^2 \, dx \text{ [kg}\cdot\text{m}^2\text{]} & \text{（細い棒）} \\ \lim_{N \to \infty} \sum_{i=1}^{N} \frac{\Delta m_i}{\Delta S_i} r_i^2 \Delta S_i = \int \rho_2 r^2 \, dS \text{ [kg}\cdot\text{m}^2\text{]} & \text{（一様な厚さの板）} \\ \lim_{N \to \infty} \sum_{i=1}^{N} \frac{\Delta m_i}{\Delta V_i} r_i^2 \Delta V_i = \int \rho r^2 \, dV \text{ [kg}\cdot\text{m}^2\text{]} & \text{（3 次元物体）} \end{cases} \tag{7.12}$$

ここで ρ_1 [kg/m]，ρ_2 [kg/m^2]，ρ [kg/m^3] はそれぞれ，物体の線密度，面密度，体積密度（一般には位置の関数）である[4]．

---

[3] ここでも，「慣性モーメント $I \leftrightarrow$ 質量 m」と「角速度 $\omega \leftrightarrow$ 速さ v」の対応関係から，「回転による運動エネルギー $I\omega^2/2 \leftrightarrow$ 運動エネルギー $mv^2/2$」の対応関係を考えることができる．

[4] 密度として人口密度，電荷密度などが挙げられるが，単に密度というと通常は質量密度を表す．

例題 7.4

長さ l [m]，質量 m [kg] の細い一様な棒がある（図 7.6）．棒の中心を通り，棒に垂直な軸周りの慣性モーメントを求めなさい．

図 7.6 棒の慣性モーメント

解 棒は一様であるから，線密度は $\rho_1 = m/l$ [kg/m] である．ここで，任意の微小部分と軸との距離を x [m] とすると，(7.12) より，次のように求まる．

$$I = \int_{-\frac{l}{2}}^{\frac{l}{2}} \rho_1 x^2 \, dx = \frac{m}{l} \left[\frac{x^3}{3} \right]_{-\frac{l}{2}}^{\frac{l}{2}} = \frac{ml^2}{12} \ [\text{kg} \cdot \text{m}^2] \tag{7.13}$$

例題 7.5

辺の長さが a [m] と b [m] の，薄い一様な長方形の板がある．図 7.7 のように，長方形の板の中心を原点として座標軸を定めるとき，x 軸，y 軸，z 軸の周りの慣性モーメント I_x [kg·m²]，I_y [kg·m²]，I_z [kg·m²] を求めなさい．

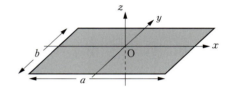

図 7.7 長方形の板の慣性モーメント

解 長方形は一様であるから，面密度は $\rho_2 = m/(ab)$ である．したがって (7.12) より，

$$I_x = \rho_2 \int_{-\frac{a}{2}}^{\frac{a}{2}} dx \int_{-\frac{b}{2}}^{\frac{b}{2}} y^2 \, dy = \frac{mb^2}{12} \ [\text{kg} \cdot \text{m}^2] \tag{7.14}$$

となり，同様に $I_y = ma^2/12$ となる．また，位置 (x, y) にある微小部分 (dx, dy) の z 軸からの距離は $\sqrt{x^2 + y^2}$ であるから，I_z は，x, y について積分して次式を得る．

$$I_z = \rho_2 \int_{-\frac{a}{2}}^{\frac{a}{2}} dx \int_{-\frac{b}{2}}^{\frac{b}{2}} dy \, (x^2 + y^2) = \frac{m(a^2 + b^2)}{12} = I_y + I_x \ [\text{kg} \cdot \text{m}^2] \tag{7.15}$$

この $I_z = I_x + I_y$（**直交軸の定理**）は，任意の形の一様な平面板について成り立つ．

$$I_z = I_x + I_y \ [\text{kg} \cdot \text{m}^2] \quad \text{（一様な平面板に対する直交軸の定理）} \tag{7.16}$$

例題 7.6

半径 a [m]，質量 m [kg] の薄い一様な円板の中心を通り，板に平行な軸，および板に垂直な軸周りの慣性モーメントを求めなさい．ただし，2 次元極座標を用いる場合の面積要素は $r \, dr \, d\theta$ である．

解 まず，板に垂直な軸（z 軸とする）周りの慣性モーメントを求めよう．面密度は $\rho_2 = m/(\pi a^2)$ である．円板の中心を原点とする 2 次元極座標を用いて，

$$I_z = \frac{m}{\pi a^2} \int_0^{2\pi} \left(\int_0^a r^2 \cdot r \, dr \right) d\theta = \frac{ma^2}{2} \ [\text{kg} \cdot \text{m}^2] \tag{7.17}$$

を得る．直交軸の定理より $I_z = I_x + I_y$ であり，円板の対称性から $I_x = I_y$ であるので，$I_x = I_y = ma^2/4$ [kg·m²] となる．

問題 7.4 半径 a [m]，高さ h [m]，質量 m [kg] の一様な円柱の，中心軸周りの慣性モーメントを求めなさい．

問題 7.5 半径 a [m]，質量 m [kg] の球の中心軸周りの慣性モーメントが，$2ma^2/5$ [kg·m²] となることを示しなさい．ただし，球座標を用いる場合，任意の点 (r, θ, φ) での体積要素は $r^2 dr \sin\theta \, d\theta \, d\varphi$ である．

質量 m [kg] の物体について，重心を通る軸周りの慣性モーメント I_G [kg·m²] が与えられたとき，その軸に平行で距離 r_0 [m] だけ離れた軸周りの慣性モーメントは次式で与えられる（例題 7.7 の図 7.8 参照）．

$$I = I_G + mr_0^2 \text{ [kg·m}^2\text{]} \quad (\text{平行軸の定理}) \tag{7.18}$$

これまで，重心を通る軸周りの慣性モーメントを求めたが，**平行軸の定理** (7.18) を用いれば，任意の軸周りの慣性モーメントも簡単に求まる．

例題 7.7

平行軸の定理 (7.18) を示しなさい．

解 重心を通る回転軸を z' 軸，それに平行な回転軸を z 軸としよう（図 7.8）．重心を通る x' 軸，y' 軸を定め，それと平行に x, y 軸を定める．剛体を細分化すると次式を得る．

$$I = \sum_i \Delta m_i (x_i^2 + y_i^2) \text{ [kg·m}^2\text{]}, \qquad I_G = \sum_i \Delta m_i (x_i'^2 + y_i'^2) \text{ [kg·m}^2\text{]} \tag{7.19}$$

重心の座標を (x_G, y_G, z_G) [m] とすると，i 番目の点の x, y 座標 (x_i, y_i) [m] は

$$x_i = x_G + x_i' \text{ [m]}, \qquad y_i = y_G + y_i' \text{ [m]} \tag{7.20}$$

と書ける．まず x 座標を考えると，

$$\sum_i \Delta m_i x_i^2 = \sum_i \Delta m_i x_G^2 + 2x_G \sum_i \Delta m_i x_i' + \sum_i \Delta m_i x_i'^2 \text{ [kg·m}^2\text{]} \tag{7.21}$$

となる．(x', y', z') 系での重心の位置を (x_G', y_G', z_G') [m] とすると，重心の定義 $x_G' = \sum_i \Delta m_i x_i' / \sum_i \Delta m_i$ により，(7.21) の右辺第 2 項は，$2x_G x_G' \sum_i \Delta m_i$ となる．重心を原点に選んだのだから $x_G' = y_G' = z_G' = 0$ であり，よって (7.21) の右辺第 2 項は 0 である．$\sum_i \Delta m_i = m$ であることと，y の寄与も加えて (7.19) の定義より

$$I = I_G + m(x_G^2 + y_G^2) = I_G + mr_0^2 \text{ [kg·m}^2\text{]} \tag{7.22}$$

を得る．よって，平行軸の定理 (7.18) を示せた．

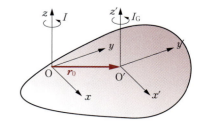

図 7.8 平行軸の定理

問題 7.6 長さ l [m]，質量 m [kg] の細い一様な棒がある．棒の端を通り，棒に垂直な軸周りの慣性モーメントを，例題 7.1 の結果と平行軸の定理を用いて求めなさい．

7.3.4 物理振り子

固定軸の向きが水平方向であり，剛体にはたらく力が重力の場合を考えよう．剛体をつり合いの位置からわずかに傾けて放すと振り子運動をするので，そのような剛体を，**物理振り子**，または**剛体振り子**という．

例題 7.8

質量 m [kg]，固定軸周りの慣性モーメントが I [kg·m²] である物理振り子について，図 7.9 のように，鉛直下方からの反時計回りの角度を φ [rad] として，固定軸周りの回転の方程式を書きなさい．ただし，固定軸と重心との距離を l [m]，重力加速度の大きさを g [m/s²] とする．

解 固定軸周りの力のモーメントは，$-mgl\sin\varphi$ [N] である（負符号は，図 7.9 で力のモーメントの向きが φ の減る方向を表している）．したがって，次式が成り立つ．

$$I\frac{d^2\varphi}{dt^2} = -mgl\sin\varphi \ [\text{N·m}] \tag{7.23}$$

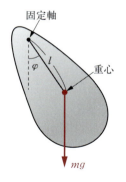

図 7.9 物理振り子

この式は，糸の長さが $l_0 = I/(ml)$ [m] である単振り子の式 (6.16) と同じである．$|\varphi| \ll 1$ のときは単振動の式となり，周期は $2\pi\sqrt{I/(mgl)}$ [s] であり，これは長さ $I/(ml)$ [m] の糸の単振り子に相当する．

問題 7.7
半径 R [m]，質量 m [kg] の一様な球に長さ l [m] の軽い棒をつけた振り子を，棒の一端を軸として微小振動させる（図 7.10）．次の問いに答えなさい．
(1) 振り子の回転軸周りの慣性モーメントを求めなさい．
(2) 振り子の微小振動の周期を求めなさい．
(3) $R \ll l$ のとき，(2) の周期を長さ l の軽い糸を用いたときの周期と比較しなさい．

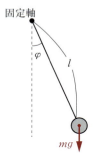

図 7.10 軽い棒の先に球を取りつけた振り子

問題 7.8
人が力をなるべく使わずに歩くとき，足を振り子のように使っている．そこで足を，端を固定した一様な剛体棒の物理振り子と考え，足の長さが 80 cm の人が，80 cm の歩幅で歩くときの速さを求めなさい．

7.3.5 剛体の平面運動

これまでは，剛体の固定軸周りの運動を考えた．ここでは，回転と並進が組み合わさった運動を考えよう．

xy 平面内で運動する剛体の位置と向きは，剛体の重心の座標 (x, y) [m] と重心周りの回転角度 φ で決まる．平面運動の運動方程式は

$$m\frac{d^2x}{dt^2} = F_x \ [\text{N}], \quad m\frac{d^2y}{dt^2} = F_y \ [\text{N}], \quad I\frac{d^2\varphi}{dt^2} = N_z \ [\text{N·m}] \tag{7.24}$$

と書ける．I は重心周りの慣性モーメント，N_z は重心周りの外力のモーメントである．

問題 7.9 図 7.11 のように，大きめのコイン（例えば 10 円玉）2 枚の間に小さめのコイン（例えば 100 円玉）を挟み，親指，人差し指，中指で水平に持つ．上の 1 枚を残して下の 2 枚を落とす．これを 30 cm だけ下に置いた手のひらで受け取る．そうすると，必ずといってよいほど 10 円玉が

図 7.11 コインの回転

上に 100 円玉が下になって（すなわち，半回転して）いるだろう．なぜだろうか．また，1 回転させるには何 cm だけ下で受け取ればよいだろうか．

例題 7.9

半径 R [m] の円柱，円筒，球，球殻などが，水平面上を滑らずに距離 x [m] だけ進み，その間の回転角を φ とすれば，速度 v [m/s]，角速度 ω として

$$x = R\varphi \text{ [m]}, \quad v = R\omega \text{ [m/s]} \quad \text{（滑らずに転がる条件）} \tag{7.25}$$

の関係が成り立つことを示しなさい．

解 Δt [s] の間に進む距離は $x = v\Delta t$，その間の回転角は $\varphi = \omega \Delta t$ であり，滑らないで転がったので距離は $x = R\varphi$ に等しい（図 7.12）．これを時間で微分すれば $v = R\omega$ を得る．

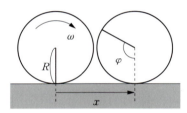

図 7.12 平面上を滑らずに転がる剛体

例題 7.10

図 7.13 のように，質量 m_1 [kg] と m_2 [kg]（$m_1 > m_2$）のおもり 1，2 を伸び縮みしない軽いひもにより滑らかに回転する滑車に吊り下げて，静かに手を放したときの運動を考えよう（この装置を**アトウッドの器械**という）．ただし，ひもは滑車に対し滑らないものとする．滑車の半径を R [m]，慣性モーメントを I [kg·m^2]，重力加速度の大きさを g [m/s^2] として，次の問いに答えなさい．

(1) おもりと滑車の運動方程式を書きなさい．
(2) おもりの加速度を求めなさい．

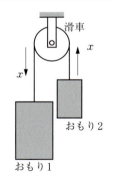

図 7.13 アトウッドの器械

解 図 7.13 のように，ひもに沿った方向を x 軸とする．ひもの張力をそれぞれ S_1 [N]，S_2 [N]（張力は一般に，滑車の両側で異なることに注意），滑車の回転角を φ [rad] とする．

(1) それぞれの運動方程式は，

$$\begin{cases} \text{おもり 1}: m_1 \dfrac{d^2 x}{dt^2} = m_1 g - S_1 \text{ [N]} \\ \text{おもり 2}: m_2 \dfrac{d^2 x}{dt^2} = S_2 - m_2 g \text{ [N]} \\ \text{滑 車}: I \dfrac{d^2 \varphi}{dt^2} = (S_1 - S_2) R \text{ [J]} \end{cases} \tag{7.26}$$

(2) ひもは滑らないので，$R\varphi = x$ が成り立つ（例題 7.9）．これを (7.26) の第 3 式に代入して R^2 で割り，(7.26) の辺々を足し合わせて，$(m_1 + m_2 + I/R^2)d^2x/dt^2 = (m_1 - m_2)g$ から次式を得る．

$$\frac{d^2x}{dt^2} = \frac{m_1 - m_2}{m_1 + m_2 + \dfrac{I}{R^2}} g \quad [\text{m/s}^2] \tag{7.27}$$

問題 7.10 半径 R [m]，慣性モーメント I [kg·m^2] の円板の周りに伸び縮みしない軽い糸を巻きつけ，糸の一端を天井に固定して，円板を落下させる．鉛直下向きを x 軸とし，糸が鉛直のまま円板は落下する．重力加速度の大きさ g [m/s^2] として，以下の問いに答えなさい．
(1) 円板の運動方程式を書きなさい．
(2) 円板の加速度を求めなさい．

例題 7.11

水平となす角度 θ [rad] の粗い斜面を，滑らずに転がる円柱がある（図 7.14）．円柱の半径を R [m]，質量を m [kg]，慣性モーメントを I [kg·m^2] として，円柱の加速度を求めなさい．ただし，重力加速度の大きさを g [m/s^2] とする．

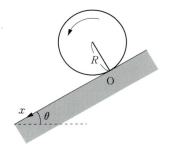

図 7.14 斜面を転がる円柱

解 円柱は滑らずに転がるので，斜面と円柱の接点には斜面に沿って上向きに摩擦力 F [N] がはたらいている．斜面に沿って下方を x 軸とすると，重心の運動方程式と重心周りの回転の方程式は，それぞれ次式となる．

$$m\frac{d^2x}{dt^2} = mg\sin\theta - F \text{ [N]}, \quad I\frac{d^2\varphi}{dt^2} = FR \text{ [N·s]} \tag{7.28}$$

ここで，$\varphi = x/R$ を用いると $F = (I/R^2)\cdot(d^2x/dt^2)$ となる．(7.28) に代入すると $(m + I/R^2)d^2x/dt^2 = mg\sin\theta$ となり，次式を得る．

$$\frac{d^2x}{dt^2} = \frac{g\sin\theta}{1 + \dfrac{I}{mR^2}} \quad [\text{m/s}^2] \tag{7.29}$$

このように，円柱は一定の加速度で斜面を転がることがわかる．また，その加速度は，滑らかな斜面を滑る質点の加速度の $1/\{1 + I/(mR^2)\}$ 倍である．すなわち，質点に比べて小さい加速度で転がり，慣性モーメントが大きい程，ゆっくりと転がる．

問題 7.11 同じ質量，同じ半径の円柱状の物体が多数ある．これらが斜面を滑らずに転がるとき，1 番速い物体，1 番遅い物体はそれぞれどのような構造（半径の関数としての質量分布）をしているだろうか．

章 末 問 題

7.1 次の問いに対し，まず，物体にはたらく力を図示し，その上で問いに答えなさい．ただし，重力加速度の大きさを g [m/s²] とする．
⇨ 7.1節

(1) 水平となす角度 θ [rad] の粗い斜面上に，底面の半径が a [m]，高さが h [m] の円柱状の物体を置いた．物体が倒れない条件を求めなさい．

(2) 傾斜角 θ [rad] の上り坂で，(1) の円柱（重量 W [N]）を同じ背格好の2人でかついだ．2人が円柱の前端と後端をかつぐとき，それぞれの肩にかかる力を求めなさい．

7.2 水平な床と鉛直な壁に一様な棒を立てかける．棒が床となす角度を小さくしていくと，棒は滑り始める．(1)床面が粗くて壁が滑らかな場合，(2)逆に床面が滑らかで壁が粗い場合の2つの場合について，滑り始めるときの棒と床とのなす角度に対する条件式を求めなさい．ただし，粗い床や壁の静止摩擦係数を μ とする．
⇨ 7.1節

7.3 次の問いに答えなさい． ⇨ 7.2節

(1) 起き上がり小法師（傾けてもひとりでに起き上がる人形）の原理を説明しなさい．

(2) 大型のタンクローリーは，他の車に比べて横転しやすい理由を説明しなさい．

(3) 月がいつも地球に同じ側を向けているのはなぜか説明しなさい．

7.4 次に挙げる一様な物体の重心の位置を求めなさい． ⇨ 7.2節

(1) 2つの辺の長さが a [m], b [m] でその間の角度が直角の三角形の板．ただし，直角三角形の頂点が，xy 平面上の $(x,y) = (0,0)$, $(a,0)$, $(0,b)$ となるように置くこと．

(2) (1)の板を2枚，x 軸に沿った a の辺で貼り合わせた平行四辺形の板．

(3) (1)の重心を通り y 軸に平行な線で右半分を切り離した台形の板．

(4) 半径 c [m] の穴が空いた半径 a [m] ($a > 2c$) の板．ただし，穴と半径 a の円周との最短距離は c である．

(5) 半径が a [m] の球と半径 r [m] で高さ h [m] の円柱を軸を合わせて接着した物体．

7.5 4本足の椅子ががたつく理由を説明しなさい． ⇨ 7.1節

7.6 (1)～(3) の慣性モーメントを求めなさい．
⇨ 7.3節

(1) 質量が M [kg] の2つの小球を長さ l [m] の軽い棒の両端につけたとき，棒の中心を通り，棒に垂直な軸の周り．

(2) (1)で小球の1つを通り棒に垂直な軸の周り．

(3) 辺の長さが a [m] と b [m] で質量が M [kg] の一様な長方形の板の，辺 a の周り．

7.7 2足歩行のロボットは，足にあるアクチュエーター（駆動装置）で体勢を制御することにより，転倒しないようにしている．このような場合に，ロボットの重心はできるだけ高いところにあった方がよいという．その理由を説明しなさい． ⇨ 7.3節

7.8 ある軸周りの慣性モーメントが I [kg·m²] の物体がある．軸からの距離 r [m] の位置に，その距離の方向と回転軸とに垂直に大きさ F [N] の力を加え続けると，物体は回転を始めた．力を加え始めた時刻を $t = 0$，回転角を φ [rad] として，次の問いに答えなさい．
⇨ 7.3節

(1) この物体の回転の方程式を書きなさい．

(2) 時刻 t での物体の角速度を求めなさい．

(3) 時刻 t での物体の回転角度 φ を I, r, F, t を用いて表しなさい．

(4) 同じ形状と大きさで密度が4倍の物体に同じ力のモーメントを与えたら，回転はどうなるか説明しなさい．

7.9 水平な床と傾斜角 θ [rad] の粗い斜面が滑らかにつながっている．床上を，質量 M [kg]，慣性モーメント I [kg·m²]，断面の半径 R [m] の円筒状の物体が滑らずに速さ v_0 [m/s] で転がってきて，斜面を滑らずに転がってある高さ

まで達した．物体の斜面の下端から最高点に達するまでにかかった時間を，M, I, R, θ, g, v_0 を用いて表しなさい．ただし，$g\,[\mathrm{m/s^2}]$ は重力加速度の大きさである． ⇨ 7.3 節

7.10 滑降部にローラーを並べたローラー滑り台では，体重の重い大人は，体重の軽い子どもより速い速度で滑り降りる．その理由を説明しなさい． ⇨ 7.3 節

第 8 章

固体・液体・気体

私たちの身の回りには，**固体**，**液体**，**気体**の3つの物質の状態（相）がある．この章では，これらの状態に特徴的な物理量や物理法則を学ぼう．

学習目標
- 固体の弾性的な性質を表す物理量である，ヤング率，ポアソン比，剛性率の意味と互いの関係を説明できるようになる．
- 静止流体中で物体にはたらく浮力や圧力を求められるようになる．
- 運動流体において成り立つ，ベルヌーイの定理を用いて，関連する身の回りの現象を説明できるようになる．
- 粘性抵抗力，慣性抵抗力がはたらく場合の物体の運動について解析できるようになる．

キーワード
原子，分子，物質の三態，相図，潜熱（融解熱，凝固熱，蒸発熱（気化熱），凝縮熱，昇華熱），応力 f [Pa]，圧力 P [Pa]，ヤング率 E [Pa]，ポアソン比 σ，剛性率 G [Pa]，密度 ρ [kg/m^3]，浮力，ベルヌーイの定理，粘性抵抗力，慣性抵抗力，レイノルズ数

8.1 原子・分子

物質を細かく見ていくと，それは**原子**とよばれる非常に小さな粒からできている．自然界には，おおよそ90種類の安定な原子がある．

物質は原子がいろいろな組み合わせで結びついてできている．例えば，水は酸素原子1個と水素原子2個が結びついて**分子**となり，それが集まってできている．

物質を構成する原子・分子の種類によって物質の性質が決まっているが，それだけでなく，原子・分子の結びつき方によってもその物質の性質が決まる．

8.2 物質の三態

1気圧（= 1013.25 hPa）のもとで，水は0℃で氷になり，100℃で水蒸気になる．これら

を構成するのは，すべて水分子であることには変わりはない．しかし，同じ分子からなる物質でも，温度や圧力の違いによって分子同士の結びつき方が変わり，異なる状態になる．

私たちの身の回りには，**固体**，**液体**，**気体**の 3 つの物質の状態がある．この 3 つの状態（**相**）を併せて**物質の三態**という．温度や圧力の変化などによって，物質の状態が固体，液体，気体の間で移り変わることを**状態変化**（**相変化**）という．

8.2.1 相 図

図 8.1 は，水の三態について縦軸を圧力，横軸を温度として示したものである（**相図**）．

ここで，固体，液体，気体が共存できる点を **3 重点**とよぶ．**昇華曲線**は固体と気体を，**融解曲線**は固体と液体を分けている．**蒸気圧曲線**は液体と気体を分けているが，**臨界点**で液体と気体の区別がなくなる．

固体が融解して液体になるときには**融解熱**，液体が気化して気体になるときは**蒸発熱**（**気化熱**）という**潜熱**を必要とする．逆の場合はそれぞれ**凝固熱**，**凝縮熱**とよばれる潜熱を放出する．固体から気体，およびその逆の相変化を**昇華**といい，3 重点より下の圧力で起こる．その際，**昇華熱**を吸収，放出する．

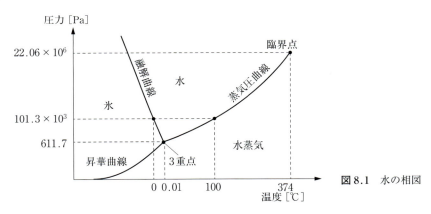

図 8.1 水の相図

問題 8.1 100 ℃の水で火傷をするのと，100 ℃の水蒸気で火傷をするのでは，水蒸気の方が危険である．その理由を説明しなさい．

問題 8.2 常温で水を沸騰させるにはどうすればよいか．

問題 8.3 ドライアイスは二酸化炭素の固体で，簡便な冷却材である．ドライアイスは固体からいきなり気体になる．なぜだろうか．また，ドライアイスから出ている白い「煙」は何だろうか．

8.2.2 物質の密度

物質の性質を表す物理量に**密度**（**質量密度**）がある．これまでにも何度か用いられてきたが，ここで改めて取り上げよう．密度とは，単位体積当りの物質の質量である．質量 M [kg]，体積 V [m³] の一様な物質の密度 ρ [kg/m³] は，次式で求められる．

$$\rho = \frac{M}{V} \,[\text{kg/m}^3] \tag{8.1}$$

密度の単位は kg/m³ である．次ページの表 8.1 に代表的な物質の密度を示す．

表 8.1 標準気圧（101325 Pa）での密度（国立天文台 編：「理科年表」（丸善出版，2018 年）より許可を得て転載）

物質	密度 [kg/m³]	温度 [℃]
酸素	1.429	0
窒素	1.251	0
水	0.99820×10^3	20
水銀	13.54585×10^3	20
銅	8.96×10^3	20
鉄	7.874×10^3	20
金	19.30×10^3	20
銀	10.49×10^3	20
アルミニウム	2.70×10^3	20

8.2.3 圧力

図 8.2 のように直方体のおもりを，向きを変えてスポンジの上に置いてみよう．スポンジの押されている面が大きければスポンジは広い範囲が浅くへこみ，小さければスポンジは狭い範囲が深くへこむ．このように，同じ大きさの力で押しても，押されている面の面積の大小により，へこみ具合が異なる．そこで，単位面積当り（1 m² 当り）の力の大きさを表す量として **圧力**（あつりょく）を定義する．すなわち，面積が S [m²] の面に大きさ F [N] の力が面に垂直にはたらくとき，圧力 P [Pa] を，次のように定義する．

$$P = \frac{F}{S} \,[\text{Pa}] \quad （圧力の定義） \tag{8.2}$$

圧力の単位は N/m² であるが，これを Pa（パスカル）と表す．圧力の単位としては，Pa の他に atm（読み：気圧（きあつ））を用いることもある．パスカルと気圧の間の関係は 1 atm = 1.01325×10^5 Pa = 1013.25 hPa（ヘクトパスカル）となる．hPa は昔の単位（ミリバール（mbar））での数値との整合性から，日常でよく用いられる．

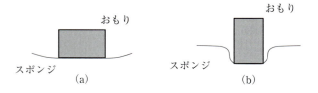

図 8.2 圧力

8.3 固体

固体状態では，分子の運動エネルギーに比べて分子間にはたらく力のポテンシャルエネルギーの方が勝っている．そのため，分子は安定な位置に束縛されており，その位置を中心に微小振動をしている．

固体に力を加えると，力を加えている間は固体には変形が起こる．この場合の，単位面積当りに加えた力を **応力**（おうりょく）といい❶，単位長さ当りの変形量を **ひずみ** という．

8.3 固体

弾性限度までの応力では，力を加えるのを止めると固体はもとに戻る．これはひずみが生じたときに，もとの状態に戻そうという力がはたらくためである．応力を大きくして，さらにひずみが大きくなると，応力を除いても固体には変形が残る（**塑性変形**）．さらに大きい応力を加えると，固体は破壊される．

比例限度までの応力では，ひずみと応力はフックの法則に従う．この場合の，ばね定数に対応する量として，物体に加える力とそれによる変形の仕方によって，次に示す，ヤング率，ポアソン比，剛性率が定義されている．

8.3.1 ヤング率

断面積 S [m²]，長さ L [m] の一様な棒に対して平行に，大きさ F [N] の力を加えたときに，棒が長さ ΔL [m] だけ変形したとする．このとき，フックの法則を，次のように書く．

$$\frac{F}{S} = E\frac{\Delta L}{L} \text{ [Pa]} \quad (\text{ヤング率の定義式}) \tag{8.3}$$

ここで，比例係数 E は，物質の種類のみによって決まる定数であり，**ヤング率**という．ヤング率の単位は Pa である．

問題 8.4 断面積 2.0×10^{-7} m²，長さ 1.0 m の針金の両端に，大きさ 30 N の力を加えたところ，針金は 1.0×10^{-3} m だけ伸びた．この針金のヤング率を求めなさい．

8.3.2 ポアソン比

固体をある方向に引き伸ばせば，固体はそれと垂直な方向に縮む．逆に，縮めればそれと垂直な方向に伸びる．引き伸ばしたり縮めたりして，一辺の長さ L [m] の立方体がその方向に長さ ΔL [m] だけ，それと垂直な方向に長さ $\Delta L'$ [m] だけ変形したとする．このとき，ひずみをそれぞれ $\varepsilon = \Delta L/L$，$\varepsilon' = \Delta L'/L$ として**ポアソン比**を次のように定義する．

$$\sigma = -\frac{\varepsilon'}{\varepsilon} \quad (\text{ポアソン比}) \tag{8.4}$$

8.3.3 剛性率

図 8.3 のように，1 辺の長さ L [m] の立方体の形をした固体の 1 つの面を固定し，これと平行な他の面に対して平行に大きさ f [Pa] の応力を加える．このとき，固定した面に垂直だった面が角度 θ [rad] だけ傾く．θ が小さい場合は，f と $\theta = \Delta L/L$ の関係は，

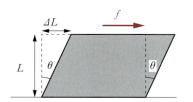

図 8.3　剛性率

---

❶ 応力のうち，力が面に垂直な成分を圧力，面に平行な成分をせん断応力という．

$$f = G\theta = G\frac{\Delta L}{L} \,[\text{Pa}] \quad (剛性率の定義式) \tag{8.5}$$

となる．ここで，比例係数 G を**剛性率**という．剛性率の単位も Pa である．

代表的な物質のヤング率，ポアソン比，剛性率を表 8.2 に示す．剛性率 G とヤング率 E，ポアソン比 σ の間には次の関係が成り立つ．

$$G = \frac{E}{2(1+\sigma)} \,[\text{Pa}] \tag{8.6}$$

通常，$\sigma > 0$ であるので，$G < E$ であることがわかる．

表 8.2 代表的な物質のヤング率，ポアソン比，剛性率．これらの値はその過去の取り扱い方によってかなり異なる（国立天文台 編：「理科年表」（丸善出版，2018 年）より許可を得て転載）．

物質名	ヤング率 [10^{10} Pa]	ポアソン比	剛性率 [10^{10} Pa]
アルミニウム	7.03	0.345	2.61
銅	12.98	0.343	4.83
金	7.80	0.44	2.70
銀	8.27	0.367	3.03
鉄（軟）	21.24	0.293	8.16
鉄（鋳）	15.23	0.27	6.00

8.4 気体と液体

固体では，原子・分子の位置はほぼ固定されているが，気体や液体では，構成する原子・分子は自由に移動でき，流れやすいので，両者を併せて**流体**という．流体のうち，液体は構成する分子間の距離が固体状態とほとんど変わらず，密度は一様だと考えてよい．一方で，気体は，分子間の平均的な距離が液体の場合よりもはるかに遠く離れている[❷]．

ここでは流れがない流体（**静止流体**）を考えよう．

8.4.1 浮 力

流体内に物体を入れると，流体を構成する分子が物体に衝突し，物体に力を及ぼす．1 つずつの分子からの力は非常に小さい．しかし，膨大な数の分子が衝突するため，それは全体として巨視的な大きさの上向きの力になる．それが**浮力**である．浮力の大きさを $F_{浮力}$ [N]，流体の密度を ρ [kg/m³]，物体が押しのけた流体の体積を V [m³]，重力加速度の大きさを g [m/s²] とすれば，それらの間には，次の**アルキメデスの原理**とよばれる関係が成り立つ．

$$F_{浮力} = \rho V g \,[\text{N}] \quad (アルキメデスの原理) \tag{8.7}$$

問題 8.5 王様が細工師に金塊を渡して王冠を作らせたが，細工師が銀を混ぜて仕上げたという疑惑が生じた．王様はアルキメデスに，王冠を壊さずに真偽を確かめるように命じた．その結果，ア

---

❷ 液体か気体かは粒子間の距離だけで決まるので，これら 2 つの状態は明確に区別できるものではない．

ルキメデスの原理が発見された．具体的には，アルキメデスはどのようにして不正をあばいたのだろうか．【ヒント】金の密度は銀の約 1.8 倍である．

問題 8.6 海面上に出ている氷山の体積は全体の何 % か（氷山の一角）．ただし，海水と氷山の密度をそれぞれ $1.03 \times 10^3 \,\mathrm{kg/m^3}$, $0.92 \times 10^3 \,\mathrm{kg/m^3}$ とする．

問題 8.7 円筒形の物体の底面を水槽の底にぴったりとくっつくようにして水に沈めた場合，この物体には，アルキメデスの原理に従う浮力がはたらくといえるか．

8.4.2 流体中の圧力

流体中の物体にはたらく圧力はどう表されるだろうか．まず，気体中の物体にはたらく圧力を考えよう．気体中の分子は，高速で無秩序に動き回っている．そのため，物体の面が気体から受ける圧力は，同じ高さであれば，あらゆる方向から同じ大きさではたらく．また，容器に気体を封入した場合，気体分子にはたらく重力を無視すれば，気体が容器に及ぼす圧力は容器内のあらゆる面で同じ値となる．

大気から受ける圧力を大気圧という．大気圧は絶えず変化している．そこで，その平均的な値から，$1\,\mathrm{atm} = 1.01325 \times 10^5\,\mathrm{Pa}$ が**標準気圧**と定められている．

次に，液体中の物体にはたらく圧力を考えよう．液体中の分子も無秩序に動き回っている．そのため，ある面が液体から受ける圧力は，液面からの深さが同じであれば，あらゆる方向から同じ大きさではたらく．

図 8.4 のように，面状の物体を液面からの深さ $h\,[\mathrm{m}]$ の位置に沈める．このとき，面が受ける圧力 $P(h)\,[\mathrm{Pa}]$ は，その上にある液体部分が面を押す単位面積当りの力と，大気圧の和となる．液体の密度を $\rho\,[\mathrm{kg/m^3}]$，大気圧を $P_{\text{大気圧}}\,[\mathrm{Pa}]$，重力加速度の大きさを $g\,[\mathrm{m/s^2}]$ とすれば，$P(h)$ は次のように書ける❸．

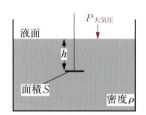

図 8.4 液体中の物体にはたらく圧力

$$P(h) = \rho g h + P_{\text{大気圧}}\,[\mathrm{Pa}] \tag{8.8}$$

よって，液体中の面にはたらく圧力は，その面の液面からの深さが大きいほど大きくなる．

例題 8.1

(8.8) を導きなさい．

解 図 8.5 のように，液体中に底面積 $S\,[\mathrm{m^2}]$，深さ $h\,[\mathrm{m}]$ の液体の円柱を考えよう．円柱部分にはたらく力はつり合っている．円柱部分の液体にはたらく浮力の大きさは (8.7) より $\rho g h S\,[\mathrm{N}]$，底面を上に押す力の大きさは $P(h)S\,[\mathrm{N}]$，上面を下に押す力の大きさは $P(0)S = P_{\text{大気圧}}S\,[\mathrm{N}]$ であるから，$P(h)S - P(0)S = \rho S g h$ となり，(8.8) を得る．

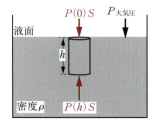

図 8.5 液体中の物体にはたらく圧力の深さ依存性

---

❸ 気体の場合は，密度が高さに依存するので，このように書くことはできない．これについては，次章で検討する．

問題 8.8 図 8.6 のように，同じ高さまで水が入った 2 つの容器 A, B がある．容器 A には水が質量 2.0 kg だけ，B には水が質量 1.0 kg だけ入っている．2 つの容器の底面にはたらく水の圧力の大小関係を，理由とともに述べなさい．

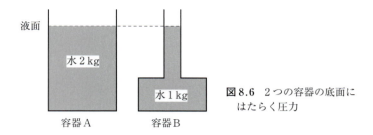

図 8.6 2 つの容器の底面にはたらく圧力

問題 8.9 図 8.7 のように，水銀を満たしたガラス管を，開いた口を押さえて水銀槽の中に鉛直に立てると，水銀は重力によって下がり，重力と大気圧がつり合った位置で止まる（水銀柱気圧計）．このときの水銀柱の高さを h [m] とすると，大気圧が $P_{大気圧} = \rho g h$ [Pa] と求まることを示しなさい．ただし，ρ [kg/m³] は水銀の密度，g [m/s²] は重力加速度の大きさである．

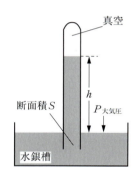

図 8.7 水銀柱気圧計

問題 8.10 1 atm（= 101325 Pa）は，何メートルの水深に相当するか．

問題 8.11 数百 m から数千 m に生息する深海魚が水圧に耐えられるのはなぜか．

8.5 運動流体

この節では，運動している流体について考えよう．運動している流体では，流体の速度 v [m/s] は位置 r [m] と時間 t [s] の関数として，$v = v(r, t)$ と書ける．このように，位置 r の関数として，ある領域内の各点にベクトルが定義されるとき，その空間を**ベクトル場**という．

ベクトル場を可視化するために，図 8.8 のようなベクトルの方向にたどった向きつきの曲線（**流線**）を考えると便利である．流線は本数密度（流線に垂直な面を貫く単位面積当りの流線の本数）が，ベクトルの大きさに比例するように描く．

流線の様子が時間変化しない流体を**定常流体**といい，時間変化する流体を**非定常流体**という．流線の束

図 8.8 流線

を考えると，それは管を作る．これを流管という．

密度が一様な流体を非圧縮性流体，そうでない流体を圧縮性流体という．たいていの場合，液体は非圧縮性流体であると考えられる．ここでは主に，非圧縮性の定常流体を考えよう．

8.5.1 連続の方程式

定常流体において，流管を考える．この流管の任意の位置で，断面積を $S\,[\mathrm{m^2}]$，その位置での流体の速さ $v\,[\mathrm{m/s}]$，流体の密度を $\rho\,[\mathrm{kg/m^3}]$ とすれば，次の連続の方程式が成り立つ．

$$\rho v S = (\text{一定})\,[\mathrm{kg/s}] \quad (\text{連続の方程式}) \tag{8.9}$$

非圧縮性流体の場合は，密度 ρ は一様であるから，$vS = (\text{一定})$ となる．

例題 8.2

定常流体において，連続の方程式 (8.9) を導きなさい．

解 図 8.9 のように，流管において 2 つの断面 P, Q を考え，その位置での密度，断面積，流速をそれぞれ $\rho_\mathrm{P}\,[\mathrm{kg/m^3}]$, $S_\mathrm{P}\,[\mathrm{m^2}]$, $v_\mathrm{P}\,[\mathrm{m/s}]$ および ρ_Q, S_Q, v_Q とする．短い時間 $\Delta t\,[\mathrm{s}]$ の間に P から流入する流体の流量は，$\rho_\mathrm{P} S_\mathrm{P} v_\mathrm{P} \Delta t\,[\mathrm{kg}]$, Q から流出する流体の流量は $\rho_\mathrm{Q} S_\mathrm{Q} v_\mathrm{Q} \Delta t\,[\mathrm{kg}]$ である．

定常流体では流入量と流出量が等しくなければならないので，

$$\rho_\mathrm{P} S_\mathrm{P} v_\mathrm{P} \Delta t = \rho_\mathrm{Q} S_\mathrm{Q} v_\mathrm{Q} \Delta t\,[\mathrm{kg}] \tag{8.10}$$

となる．P, Q は流管上のどこでもよいので，(8.9) が成り立つ．

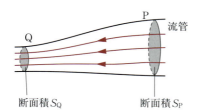

図 8.9 連続の方程式

問題 8.12 ホースを蛇口につないで，庭に水をまくとき，遠くまで水をまくにはどうすればよいか．

8.5.2 ベルヌーイの定理

非圧縮性の定常流体において，1 つの流線上の任意の位置の，基準点からの高さを $h\,[\mathrm{m}]$，その位置の流体の圧力を $P\,[\mathrm{Pa}]$，密度を $\rho\,[\mathrm{kg/m^3}]$，流速を $v\,[\mathrm{m/s}]$ とすれば，次のベルヌーイの定理[4]が成り立つ．

$$P + \frac{1}{2}\rho v^2 + \rho g h = (\text{一定})\,[\mathrm{Pa}] \quad (\text{ベルヌーイの定理}) \tag{8.11}$$

例題 8.3

ベルヌーイの定理 (8.11) を導きなさい．

---

[4] 数学において公理から仮定や近似なしに導かれるものを定理というが，ベルヌーイの定理や，問題 8.14 で扱うトリチェリの定理は，そういう意味では「定理」ではなく「法則」であるともいえる．

解 図 8.10 のように，十分に細い流管の 2 つの断面 P, Q を考える．基準面から P, Q までの高さをそれぞれ，h_P, h_Q とする．P および Q での流体の圧力，断面積，流速をそれぞれ，P_P, S_P, v_P および P_Q, S_Q, v_Q とし，流体の密度を ρ とする．短い時間 Δt の間に，液体が P → P′, Q → Q′ と移動したとすれば，力学的エネルギーの変化 ΔE は，

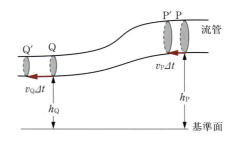

図 8.10 ベルヌーイの定理

$$\Delta E = \frac{1}{2}(\rho S_P v_P \Delta t){v_P}^2 + (\rho S_P v_P \Delta t)gh - \frac{1}{2}(\rho S_Q v_Q \Delta t){v_Q}^2 - (\rho S_Q v_Q \Delta t)gh \ [\mathrm{J}] \tag{8.12}$$

である．一方で，P → P′，Q → Q′ の際に外部から加えられた仕事 W は，

$$W = P_Q S_Q v_Q \Delta t - P_P S_P v_P \Delta t \ [\mathrm{J}] \tag{8.13}$$

である．

エネルギー保存則 $\Delta E = W$ を用いて整理すると，

$$P_P + \frac{1}{2}\rho {v_P}^2 + \rho g h_P = P_Q + \frac{1}{2}\rho {v_Q}^2 + \rho g h_Q \ [\mathrm{Pa}] \tag{8.14}$$

となる．P, Q は流管上のどこでもよいので，(8.11) が成り立つ．

問題 8.13 ベルヌーイの定理を用いて，次の現象を説明しなさい．
(1) 2 隻の船が並走するとき，お互いに吸い寄せられる現象．
(2) 飛行機の翼に揚力がはたらく現象．
(3) シイタケなどのきのこが傘の形をしている理由（胞子が雨に濡れるのを防ぐためだけではない）．
(4) 新幹線でのトンネル通過時に耳痛が起こる現象．
(5) 回転するボールが曲がる現象（**マグヌス効果**）．
(6) 声帯が振動する現象．

ベルヌーイの定理 (8.11) より，液体の流速が大きいほど，圧力が低下することがわかる．この場合に，流体の圧力が，飽和蒸気圧まで低下すると液体は気化し，液体の中に気泡が発生する．このような現象を**キャビテーション**という．キャビテーションは振動や騒音，流体機器の故障などの工学的問題の原因となるので注意が必要である．

問題 8.14 図 8.11 のように，大きな容器に液体を入れ，液面から高さ h [m] のところに小さい穴を空けると，そこから液体が吹き出す．この穴から吹き出る流体の流速は $\sqrt{2gh}$ [m/s] であることを示しなさい．これを**トリチェリの定理**という．

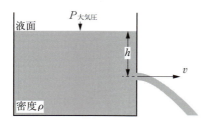

図 8.11 トリチェリの定理

8.5.3 流体中の物体にはたらく抵抗力

流体中を運動する物体には，**粘性抵抗力**や**慣性抵抗力**がはたらく．この節では，これらの力，およびその2つの力の比，レイノルズ数を理解しよう．

相対性原理（第18章）によれば，物体が速さ v [m/s] の流体中で静止している場合と，静止流体中を物体が速さ v で運動している場合とでは同様に考えることができる．

粘性抵抗力

流体が管を流れる場合，管の中心と管の壁の近くでは，流れの速さが異なり，図8.12のように，管の中心から管の壁に近づくにつれて流速が小さくなる．これは，流体同士に摩擦力がはたらくからである．流体のこの性質を**粘性**という．

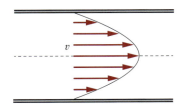

図8.12 粘性

流速 v [m/s] の流体中に物体が静止しているとしよう．流線に沿った物体の面の長さが L [m] のとき，物体にはたらく粘性抵抗力は流速 v と L とに比例し，次のように表される．

$$F_{粘性抵抗} = \eta v L \text{ [N]} \tag{8.15}$$

ここで η は流体の性質によって決まる定数で，**粘性率**または**粘性係数**という．粘性係数の単位は，Pa·s（パスカル秒）である．代表的な物質の粘性係数の値を表8.3に示す．

表8.3 粘性率（単位：10^{-3} Pa·s）（国立天文台編：「理科年表」（丸善出版，2018年）より許可を得て転載）

物質	0℃	50℃	100℃
水	1.7906	0.5469	0.2821
空気	17.1×10^{-3}	19.3×10^{-3}	21.6×10^{-3}
水銀	1.71	1.41	1.25
アセトン	0.402	0.247	0.165
ひまし油	—	125	16.9

例題 8.4

数十 t もの質量をもつ雲が浮いている理由を考えよう．粘性率 η [Pa·s] の空気中を，密度 ρ [kg/m^3]，半径 r [m] の雲粒（小さな水滴や氷晶）が，鉛直下向きに落下している．このとき，雲粒には，大きさ

$$F_{粘性抵抗} = 6\pi \eta v r \text{ [N]} \quad (ストークスの法則) \tag{8.16}$$

の粘性抵抗力が鉛直上向きにはたらいている．雲粒は重力によって加速するが，やがて抵抗力とつり合って一定の速度（終端速度）で落下する．この雲粒の終端速度 v [m/s] を求めなさい．ただし，空気による浮力は無視できるとし，重力加速度の大きさを g [m/s^2] とする．

解 雲粒の質量は $4\pi r^3 \rho / 3$ [kg] である．鉛直下向きに x 軸を取れば，雲粒の運動方程式は，加速度を a_x [m/s^2] として，

$$\frac{4}{3}\pi r^3 \rho a_x = \frac{4}{3}\pi r^3 \rho g - 6\pi \eta v r \text{ [N]} \tag{8.17}$$

である．雲粒が一定の速さのときには，$a_x = 0$ なので，(8.17) の右辺を 0 として，それを v について解けば，

$$v = \frac{2r^2\rho g}{9\eta} \,[\text{m/s}] \tag{8.18}$$

と求まる．すなわち，雲粒が落下する速さは半径の 2 乗に比例するので，小さい雲粒ほどゆっくり落下する．この効果と上昇気流により，雲は浮かんでいる．

慣性抵抗力

流速 $v\,[\text{m/s}]$ が大きくなると，物体にはたらく抵抗力は，v^2 に比例する慣性抵抗力が主になる．慣性抵抗力が v^2 に比例する理由は，運動流体が物体に当たって停止すると，v^2 に比例した運動エネルギーを失うからである．慣性抵抗力の大きさは物体の断面積 $S\,[\text{m}^2]$ にも比例するので，次のように書ける．

$$F_{\text{慣性抵抗}} = \frac{1}{2} C\rho S v^2 \,[\text{N}] \tag{8.19}$$

ここで $\rho\,[\text{kg/m}^3]$ は流体の密度であり，無次元量である C を **慣性抵抗係数** という．

レイノルズ数

流れの様子を表す量が **レイノルズ数** で，慣性抵抗力 (8.19) と粘性抵抗力 (8.15) の大きさの比で与えられる．$S = L^2$ として

$$（レイノルズ数） = \frac{（慣性抵抗力の大きさ）}{（粘性抵抗力の大きさ）} = \frac{C\rho v L}{2\eta} \tag{8.20}$$

と定義される．レイノルズ数がある値（臨界レイノルズ数）を超えると，流れは規則正しい流れである **層流（そうりゅう）** から不規則な **乱流（らんりゅう）** になる．

問題 8.15 サッカーでの無回転シュート，バレーボールでの無回転サーブ，野球のナックルでは，ボールは手元で不意に変化する．なぜだろうか．

コラム　ナノカーボン

21 世紀は，ナノカーボンの時代といわれる．まさに機が熟したように，ナノカーボンの花が開いた感がある．ナノカーボンとは，ナノメートル（nm）サイズの大きさをもつフラーレン，カーボンナノチューブ，グラフェンを指し，近年相次いで発見された．科学的発見には，どれにも，予想もしなかった偶然の発見過程，するどい洞察力，といった逸話がつきものであるが，ナノカーボンはまさにその宝庫といえる．

ナノカーボン研究の発端は，1985 年のフラーレンの発見だった．化学者であるクロトーは，宇宙からの未知の電波の正体を突き止めたかった．そして，その正体が炭素の化合物によるものではないかと考え，合成できないかとスモーリーの研究室を訪問した．そこでは，レーザー光を元素に当てていろいろな物質を生成し，その質量分析を行っていた．

さっそく，炭素にレーザーを当てて質量分析をすると，炭素の数が 60（と 70）のところに鋭いピークが出た．カールも交えた 3 人は，C_{60} の構造がサッカーボールのような球形であると考え，（五角形，六角形を多用したドームを多数設計・建築した建築家フラーにちなんで）フラーレンと命名して発表した．3 人は 1996 年のノーベル化学賞を受賞した．

大変残念なのは，1970 年に大沢映二が C_{60}

の構造を予想して和文誌に掲載しながら，欧文誌には発表しなかったことである．周囲の誰もその重要性に気づかなかったためである．また，飯島澄男も，1980年に電子顕微鏡で玉ねぎ状球形物質を見つけていたが，フラーレンの発見には至らなかった．

　1991年，飯島澄男は，C_{60}発見を逃した悔しさを胸に，廃棄されたアーク放電用負電極を電子顕微鏡観察していて多層の円筒状物質を発見し，カーボンナノチューブ（CNT）と命名した．その後，CNTは，六角格子のグラフェン（単層のカーボンシート）の巻き方次第で金属的にも半導体的にもなることが解明され，また，その引張り強度などから一躍注目を浴びるようになった．

　グラフェンの発見も劇的である．それまで単層のグラファイト，すなわち，グラフェンは不安定だと思われていた．しかし，2004年，ガイムとノボセロフが，セロハンテープで剥がして，グラフェンを単離することに成功した．2人は，2010年のノーベル物理学賞を受賞した．

　こうして，ナノテクノロジーの立役者が三者揃い踏みし，今では，その基礎から医学，化学，生物への応用まで，活発な研究が続けられている．

章 末 問 題

8.1 気体に圧力をかけると液化する．ところが，ヘリウムガスの液化には20世紀初頭まで誰も成功しなかった．カマリン・オンネスが液化に成功した秘訣は何だったろうか． ⇨ 8.2節

8.2 1辺の長さがL [m]の正方形の底面をもち，高さがH_1 [m]，H_2 [m]の2つの直方体がある．この2つの直方体の底面を接着して1本の直方体とし，その底面を床に固定した．それぞれのヤング率，剛性率がE_1 [Pa]，E_2 [Pa]，G_1 [Pa]，G_2 [Pa]であるとき，次の問いに答えなさい． ⇨ 8.3節

（1）その上端を大きさF [N]の力で鉛直上方に引っ張ったとき，全体の伸びを求めなさい．

（2）上面に平行に大きさFの力を与えたとき，その方向への変位を求めなさい．

8.3 油圧ジャッキは，図8.13のようにてこと2つのシリンダーを組み合わせることで，小さな力でも大きなものを持ち上げることができる装置である．OA間の長さをl [m]，OB間の長さを$3l$ [m]，シリンダー1の断面積をS [m^2]，シリンダー2の断面積を$10S$ [m^2]とするとき，質量100 kgのおもりを支えるのに要する力の大きさF [N]を求めなさい．ただし，てこやピストンは十分に軽いものとし，重力加速度の大きさを9.8 m/s^{2}とする． ⇨ 8.4節

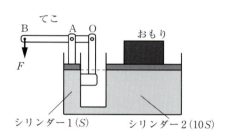

図8.13　油圧ジャッキ

8.4 プレイリードッグは地中に巣穴を掘って生活しているが，巣穴の周りには巣穴を掘った際の土が積み上げられた山（マウンド）がある．よく見てみると，巣穴はたいてい2つついており，1つの巣穴のマウンドは，もう1つのものよりも高くなっている．これは，巣穴に新鮮な空気が流れ込むようにするためである．なぜ，マウンドの高さが異なると巣穴に新鮮な空気が流れ込むのか，ベルヌーイの定理を用いて説明しなさい． ⇨ 8.5節

8.5 容器に深さh [m]まで水を入れ，水平な床の上に置いた．容器の横に小さな穴を空けたとき，容器から一番遠くまで水が届くのはどこに穴を空けたときか．ただし，容器の底面は十分

に薄いとする. ⇨8.5節

8.6 密度 $\rho_l\,[\mathrm{kg/m^3}]$ の液体に，半径 $r\,[\mathrm{m}]$，密度 $\rho_m\,[\mathrm{kg\cdot m^3}]$ の金属球を入れ，静かに手を放した．重力加速度の大きさを $g\,[\mathrm{m/s^2}]$，速さ $v\,[\mathrm{m/s}]$ の金属球にはたらく慣性抵抗は $Cv^2r^2/2\,[\mathrm{N}]$ であるとして，次の問いに答えなさい．⇨8.5節

(1) 金属球が液中にあるときにはたらく浮力の大きさを求めなさい．

(2) 鉛直下方を x 軸として，金属球の運動方程式を書きなさい．

(3) 金属球の終端速度の大きさを求めなさい．

8.7 自動車などの速さは車輪の回転から測れるが，航空機の速さは，ピトー管（図8.14のような水銀の入った管）を用いて測定している．

飛行中には，空気が A から管の中に流れ込み，高速なほど水銀が強く押されて下がる．AB の水銀面の高さの差 $\Delta h\,[\mathrm{m}]$ から，速さ $v\,[\mathrm{m/s}]$ が次のように測定できることを示しなさい．

$$v = \sqrt{\frac{2(\rho_{水銀} - \rho_{空気})}{\rho_{空気}}g\Delta h} \quad (8.21)$$

ただし，空気の密度を $\rho_{空気}\,[\mathrm{kg/m^3}]$，水銀の密度を $\rho_{水銀}\,[\mathrm{kg/m^3}]$，重力加速度の大きさを $g\,[\mathrm{m/s^2}]$ とする．⇨8.5節

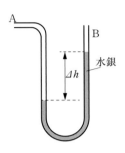

図8.14 ピトー管

第 9 章

熱 学

　この章では，まず，熱力学を展開するうえで，重要な物理量である内部エネルギーおよび温度を導入しよう．次に，熱機関で活躍する理想気体の性質を学ぼう．そして，エネルギーの移動の形態としての熱を導入しよう．そのうえで，比熱や熱の移動の仕方を学ぼう．

学習目標
- 内部エネルギー，温度，熱を理解し，それらの違いを説明できるようになる．
- 理想気体の状態方程式を理解，簡単な問題に適用できるようになる．
- 比熱の測定方法を理解し，測定データから比熱を求められるようになる．
- 熱膨張に関連する身の回りの現象を説明できるようになる．
- いろいろな熱の移動の仕方について，その違いを説明できるようになる．

キーワード
内部エネルギー，絶対温度 T [K]，理想気体，熱平衡状態，熱，熱容量，比熱，モル比熱

9.1 内部エネルギーと温度

9.1.1 内部エネルギー

　巨視的に見ると静止している物体でも，微視的に見ればその物質を構成する原子・分子が無秩序に運動している．この無秩序な運動を**熱運動**という．静止している物体も，熱運動による運動エネルギーをもっている．しかしながら，運動エネルギーを考える際に莫大な数の粒子1つひとつについて考えることは現実的ではない．したがって，熱運動のエネルギーを物体全体でまとめて考える．これを**内部エネルギー**という．

9.1.2 温 度

　熱運動の激しさを表す物理量が，**温度**である．私たちは日常，セルシウス温度（セ氏温度）を用いている．セルシウス温度は，1気圧（= 1013.25 hPa）のもとでの純水の融点を 0 ℃，沸点を 100 ℃ とし，その間を 100 等分して，その間隔を 1 ℃ とする温度である[1]．

---

[1] 他に，1724 年にファーレンハイト（中国表記：華倫海）によって定義された温度目盛り力氏（華氏）t_F もあり，アメリカなどで今も使われている．当時の最低温度であった海水の凍る温度を 0 °F，体温を 100 °F としたもので，セ氏 t_C とは $t_F = 9t_C/5 + 32$ の関係がある．

物体の温度を下げていくと，物体を構成している原子・分子の熱運動が弱まっていく．そして，理論的には -273.15 ℃で熱運動が停止する．そこで新たに，-273.15 ℃を基準点とし，セルシウス温度と等しい温度目盛りで温度を定義する．この温度を **絶対温度** という．絶対温度の単位は K（ケルビン）を用いる．今後，特に断らない限りは，温度として絶対温度を用いる．セルシウス温度 t ℃と絶対温度 T K の関係は $T = t + 273.15$ である．

9.1.3 示強的変数と示量的変数

2つのコップに，同じ温度の水が入っている．一方の水を他方のコップに入れて合わせると，合わせた水の温度も同じである．すなわち，温度は物体の分量によらない．このように物体の分量を2倍，3倍しても，その値が変わらない物理量を **示強的** な物理量という．

それでは，内部エネルギーはどうだろうか．内部エネルギーは物体を構成する粒子の熱運動のエネルギーであるから，物体の量が増えれば，その分だけ増える．このように，物体の分量を2倍，3倍すると，それに比例して値が増える物理量を **示量的** な物理量という．

問題 9.1 示強的な物理量と示量的な物理量の例をいくつか挙げなさい．

9.2　理想気体

十分に希薄な気体では，気体粒子同士がほとんど衝突をしないので，分子間の相互作用を無視できる．また，容器の体積に比べて粒子の体積を無視できる．粒子間の相互作用と粒子の体積を無視した理想的な気体を，**理想気体** という．

9.2.1 理想気体の状態方程式

同じ温度，同じ圧力の理想気体の体積は，粒子数 N に比例する．気体の圧力を P [Pa]，体積を V [m³]，温度を T [K] とすれば，圧力と体積の積 PV [J] は，粒子数 N および温度 T に比例する．これを **ボイル–シャルルの法則** という．この関係は次のように書ける．

$$PV = Nk_\mathrm{B}T = nRT \,[\mathrm{J}] \quad \text{（理想気体の状態方程式）} \tag{9.1}$$

ここで，k_B, R は，それぞれボルツマン定数，**気体定数** といい，その値は，$k_\mathrm{B} = 1.3806488 \times 10^{-23}$ J/K, $R = N_\mathrm{A} k_\mathrm{B} = 8.31446215928$ J/(K·mol) である．$N_\mathrm{A} = 6.0221413 \times 10^{23}$/mol は **アボガドロ定数**[2] であり，N_A 個の原子数や分子数を 1 mol（モル）という．また，モルを単位とした物質の分量（$n = N/N_\mathrm{A}$ [mol]）を，**物質量** という．

(9.1) のように，巨視的な状態を表す物理量（**状態量**）間の関係を与える式を **状態方程式** という．すなわち，(9.1) は **理想気体の状態方程式** である．

例題 9.1
一定温度 T [K] の大気の圧力と高さとの関係が，次のように書けることを示しなさい．

---

[2] 質量 0.012 kg の炭素 12 の中に含まれる原子数.

$$P(h) = P(0)e^{-\frac{mgh}{k_B T}} \text{ [Pa]} \tag{9.2}$$

ただし,大気は理想気体とし,$P(h)$ [Pa],$P(0)$ [Pa] は,それぞれ,高度 h [m],地上での圧力,m [kg] は気体分子の(平均)質量,g [m/s²] は重力加速度の大きさ,k_B [J/K] はボルツマン定数である.

解 図 9.1 のように,鉛直に立てられた底面積 S [m] の円柱を考えよう.まず,円柱を高さ Δh [m] の十分に薄い円柱部分に分けて,一番下の円柱部分を考えると,この部分の上底面と,下底面にはたらく力の合力が,内部の気体にはたらく重力とつり合っている.Δh が十分に小さければ,内部の密度は,高さ Δh [m] の位置での密度 $\rho(\Delta h)$ [kg/m³] と高さ 0 の位置での密度 $\rho(0)$ [kg/m³] の平均 $\{\rho(\Delta h) + \rho(0)\}/2$ と近似でき,次式が成り立つ.

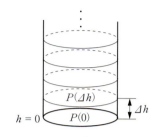

図 9.1 大気密度の高さ依存性

$$P(\Delta h)S - P(0)S = -\frac{\rho(\Delta h) + \rho(0)}{2} S \Delta h g \text{ [N]} \tag{9.3}$$

ここで,一番下の円柱部分に含まれる粒子数を N,体積を V [m³] とすれば,$\rho = mN/V$ [kg/m³] であるが,理想気体の状態方程式 $PV = Nk_B T$ を用いれば,$\rho = mP/(k_B T)$ と書ける.したがって,(9.3) は

$$P(\Delta h)S - P(0)S = -\frac{m\{P(\Delta h) + P(0)\}}{2k_B T} S \Delta h g \text{ [N]} \tag{9.4}$$

となる.これを整理すると,次式を得る.

$$P(\Delta h) = P(0)\left\{\frac{1 - mg\Delta h/(2k_B T)}{1 + mg\Delta h/(2k_B T)}\right\} \simeq P(0)\left(1 - \frac{mg\Delta h}{k_B T}\right) \text{ [Pa]} \tag{9.5}$$

右辺は,Δh が十分に小さいとして,$(mg\Delta h)/(2k_B T) \ll 1$ の近似を用いた.

これを繰り返せば,高さ $n\Delta h$ の位置での圧力 $P(h)$ は,高さ 0 での圧力 $P(0)$ を用いて

$$P(h) = P(0)\left(1 - \frac{mg\Delta h}{k_B T}\right)^n = P(0)\left\{\left(1 - \frac{mg\Delta h}{k_B T}\right)^{-\frac{k_B T}{mg\Delta h}}\right\}^{-\frac{mgh}{k_B T}} \text{ [Pa]} \tag{9.6}$$

となり,ネイピア数 e の定義 $e = \lim_{x \to 0}(1 + 1/x)^x$ より (9.2) を得る.

大気の圧力は,(9.2) のように高度とともに減少していく.それに対し,温度は図 9.2 のように,高度とともにまずは減少していくが,高度 10 km 付近で反転し増加し始める.さらに,50 km 付近で再び減少し始め,90 km 付近でまた反転して上昇に転じる.そして,最終的にはかなりの高温になる.高度とともに気温がどう変化するかで,対流圏,成層圏,中間圏,熱圏

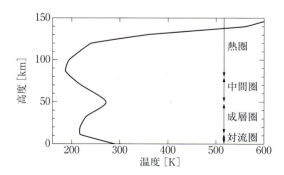

図 9.2 大気温度の高度依存性

の 4 つに分類されている．

問題 9.2 高度 50 km 付近と 90 km 以上で，高度とともに大気の温度が上がるのはなぜだろうか．

問題 9.3 富士山の山頂のような高地でカップラーメンを作る際には，待ち時間に注意しなくてはならない．その理由を説明しなさい．

問題 9.4 蒸し暑い夏の日などにできる積乱雲を見てみると，上端が押しつぶされ，横に広がった形になっていることがある．これはなぜだろうか．その理由を説明しなさい．

9.2.2 理想気体の内部エネルギー

N 個の粒子（n [mol]）からなる理想気体の内部エネルギー $E_{内部}$ [J] と温度 T [K] の関係は，次のように表される．

$$E_{内部} = \alpha N k_B T = \alpha n R T \text{ [J]} \tag{9.7}$$

ここで，α は，気体分子の種類によって異なる定数であり，単原子分子の場合は $\alpha = 3/2$，2 原子分子の場合は $\alpha = 5/2$ になる．α, k_B は定数だから，理想気体の 1 粒子当りの内部エネルギーは温度のみによる．

実在の気体の内部エネルギーは，温度の単調増加関数にはなるが，温度以外の変数にも依存する．

例題 9.2

物質量 n [mol]，温度 T [K] の単原子分子からなる理想気体の内部エネルギーが，R [J/(K·mol)] を気体定数として，$3nRT/2$ [J] となることを説明しなさい．

解 図 9.3 のように，3 つの辺が x, y, z 軸に沿って置かれた 1 辺の長さが L [m] の立方体の容器内に，単原子分子からなる n [mol] の理想気体が封入されている場合を考えよう．

ある 1 つの分子が $x = L$ [m] の壁と弾性衝突をするとき，速度の x 成分は，v_x [m/s] から $-v_x$ に変わる．壁との 1 回の衝突によって分子（質量 m [kg]）が受ける運動量変化は $m(-v_x) - (mv_x) = -2mv_x$ [kg·m/s] であり，したがって，壁が受ける力積は $2mv_x$ である．

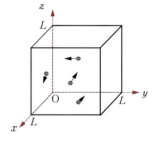

図 9.3 理想気体の内部エネルギーの導出

この分子が $x = L$ の壁に衝突した後，再びこの壁に衝突するまでの時間は $2L/v_x$ [s] であるので，この分子が時間 T [s] の間に $x = L$ の壁に衝突する回数は，$T \times (2L/v_x)^{-1} = v_x T/(2L)$ である．したがって，$x = L$ の壁がこの分子から受ける平均の力積は，$2mv_x \times v_x T/(2L) = mv_x^2 T/L$ [N·s] であり，平均の力は，$mv_x^2 T/L \div T = mv_x^2/L$ [N] となる．

N 個の分子から $x = L$ の壁が受ける平均の力 $\bar{F}$ [N] は，$\bar{F} = \sum_{i=1}^{N} mv_x^2/L = Nm\overline{v_x^2}/L$ となり，この壁が受ける平均の圧力は，$L^3 = V$ [m³]（体積）を用いて次のようになる．

$$P = \frac{\bar{F}}{L^2} = \frac{Nm\overline{v_x^2}}{L^3} = \frac{Nm\overline{v_x^2}}{V} \text{ [Pa]} \tag{9.8}$$

これを (9.1) と比較して，$Nm\overline{v_x^2} = nRT$ [J] を得る．y, z 成分も同様なので，この気体の全運動エ

ネルギーの平均値（内部エネルギー）は，次のように書ける．

$$\frac{N}{2}m\overline{v^2} = \frac{N}{2}m\overline{(v_x^2+v_y^2+v_z^2)} = \frac{3}{2}nRT \text{ [J]} \tag{9.9}$$

問題 9.5 圧力 P [Pa]，体積 V [m³] の単原子分子からなる理想気体の内部エネルギー $E_{内部}$ [J] は，次の関係が成り立つことを示しなさい．これを**ベルヌーイの関係式**という．

$$PV = \frac{2}{3}E_{内部} \tag{9.10}$$

9.3 熱平衡状態

9.3.1 熱と熱量

熱した鉄球を水の中に沈めると，鉄球の温度が下がり，水の温度が上昇する．これは，鉄球から水へエネルギーが移って，鉄球の内部エネルギーが減少し，水の内部エネルギーが増加したからである．この場合の，高温物体から低温物体へ移ったエネルギーを**熱**といい，熱を定量的に表す場合，それを**熱量**という．熱量の単位は仕事と同じ J である．

外部と熱のやり取りがないとすれば，高温物体が放出した熱量と，低温物体が吸収した熱量は等しい．これを**熱量保存則**という．

熱量の単位として，cal も日常用いられる．1 cal は，およそ 17℃，1 g の水を標準大気圧のもとで温度 1 K だけ上昇させるのに必要な熱量に相当し，1 cal は 4.184 J と定義される．換算率 4.184 J/cal を**熱の仕事当量**という．

問題 9.6 人は 1 日に約 2400 kcal の熱量を消費している．この消費する熱量は何ワットに相当するか．

問題 9.7 沸騰した湯でそばやうどんをゆでるときに，1 人前では 3 分必要だとすると，2 人前をゆでるには何分必要か．その理由も答えなさい．また，ゆでているときに吹きこぼれないためにはどうすればよいか．さらに，ゆで上がった後すぐに冷水で冷やすのはなぜか．

9.3.2 熱平衡状態

熱した鉄球を水の中に沈めると，鉄球から水へ熱が移る．外部との熱のやり取りが無視できるとき，十分に時間が経てば，鉄球と水は，それ以上は何も変化しない状態（**熱平衡状態**）になる．熱平衡状態では，温度が定義できる[3]．

9.4 熱容量と比熱

物体の温度を 1 K だけ上昇させるために要する熱量を**熱容量**という．また，単位質量当り

---

[3] 3つの物体 A，B，C について，A と B が熱平衡状態にあり，A と C が熱平衡状態にあるとき，B と C も熱平衡状態にある．これを**熱力学第 0 法則**という．

の物質の熱容量を **比熱** という．したがって，17℃の水の比熱は 1 kcal/(kg·K)（= 4.184 × 10³ J/(kg·K)）となる．質量 m [kg]，比熱 c [J/(kg·K)] の物質の温度を T_1 [K] から T_2 [K] にするのに要する熱量 Q [J] は，次式で与えられる．

$$Q = mc(T_2 - T_1) \,[\text{J}] \tag{9.11}$$

ここで，比熱 c は正の値であり，$T_1 > T_2$ の場合には，熱量 Q は負の値になる．この場合には，物体は $|Q|$ の熱量を放出する．

比熱の値は物質によって異なるが，それだけでなく，測定する際の条件によっても異なる．体積が一定のもとでの比熱（**定積比熱**）と，圧力が一定のもとでの比熱（**定圧比熱**）がよく用いられる．

物体の比熱を測定する方法を考えよう．2つの物体 A（質量 m_A [kg]，未知の比熱 c_A [J/(kg·K)]）および物体 B（質量 m_B [kg]，既知の比熱 c_B [J/(kg·K)]）があり，初めそれらの温度が T [K] および T' [K]（$T > T'$）であったとする．この2つの物体を接触させ，十分に時間が経った後で，2つの物体の温度はともに θ [K] になったとしよう．

外部との熱のやり取りがないとすれば，図9.4のように，接触後に A から B に熱が移動する．十分に時間が経った後，A, B が吸収した熱量をそれぞれ Q, Q' とすると $Q = c_A m_A(\theta - T)$，$Q' = c_B m_B(\theta - T')$ である．（$Q < 0$ なので，A は熱を放出する．）

熱量保存則より，A と B が吸収した熱量の総和は 0 であるから，$m_A c_A(\theta - T) + m_B c_B(\theta - T') = 0$ となる．これを c_A [J/(kg·K)] について解いて次式を得る．

$$c_A = \frac{m_B c_B (T' - \theta)}{m_A (\theta - T)} \,[\text{J/(kg·K)}] \tag{9.12}$$

つまり，(9.12) の右辺の物理量が既知であれば，物体 A の比熱 c_A が求まる．

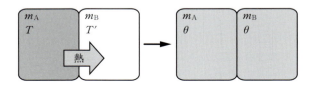

図 9.4 比熱の測定

問題 9.8 0.10 kg の金属球を 98.0℃ に熱し，0.20 kg，30.0℃ の水の中に入れたところ，水と金属球の温度がともに 35.0℃ になった．この金属の比熱を求めなさい．ただし，水の比熱を 4.2 × 10³ J/(kg·K) とし，水と金属以外との熱のやり取りはないものとする．

表 9.1 標準状態（25℃，101325 Pa）における定圧モル比熱（国立天文台 編：「理科年表」（丸善出版，2018年）より許可を得て転載）

物質	比熱 [J/(mol·K)]
水	75.3
鉄	25.0
金	25.4
銅	24.5
ダイヤモンド	6.1
ナトリウム	28.2

単位質量当りではなく，単位物質量（1 mol）当りの比熱を **モル比熱** という（表9.1参照）．ほとんどの固体のモル比熱は，室温ではほぼ $3R$ [J/(K·mol)] である（デュロン–プティの法則，章末問題9.2参照）．

9.5 熱膨張

ほとんどの物質は温度が上がると膨張する[4].

線膨張率

長さ l [m] の棒が温度差 ΔT [K] で Δl [m] だけ伸びたとき，**線膨張率** α [1/K] を次のように定義する．

$$\alpha = \frac{1}{l}\frac{\Delta l}{\Delta T} \,[1/\mathrm{K}] \quad \text{(線膨張率の定義)} \tag{9.13}$$

したがって，温度 T_0 [K] のときの長さが l_0 [m] であった棒の，温度 T [K] のときの長さ $l(T)$ [m] は次式で与えられる．

$$l(T) = l_0\{1 + \alpha(T - T_0)\} \,[\mathrm{m}] \tag{9.14}$$

体膨張率

同様に，体積 V [m^3] の物質の**体膨張率** β [1/K] を次のように定義する．

$$\beta = \frac{1}{V}\frac{\Delta V}{\Delta T} \,[1/\mathrm{K}] \quad \text{(体膨張率の定義)} \tag{9.15}$$

したがって，温度 T_0 [K] のときの体積が V_0 [m^3] であった物質の，温度 T [K] のときの体積 $V(T)$ [m] は次式で与えられる．

$$V(T) = V_0\{1 + \beta(T - T_0)\} \,[\mathrm{m}^3] \tag{9.16}$$

問題 9.9 1辺の長さが l [m] の立方体の膨張を考えることによって，次の関係式を導きなさい．

$$\beta = 3\alpha \,[1/\mathrm{K}] \tag{9.17}$$

物体を多数の立方体に分けることによって，この関係式は任意の形状の物体にも成り立つ．

問題 9.10 理想気体の体膨張率が $1/T$ となることを示しなさい．

問題 9.11 電車は走ると「ガタンゴトン」という音を発するが，これはレールの継ぎ目に隙間があり，その隙間を車輪が通るときに生じる音である．それではなぜ，レールの継ぎ目には隙間があるのだろうか．また，新幹線などではこのような音が聞こえないのはなぜか．

9.6 熱の移動の仕方

温度の異なる2つの物体を接触させたり，1つの物体においても内部に温度差があったりすると，熱の移動が起こり，やがて熱平衡状態に到達する．その際の熱の伝わり方は，**熱伝導**，**対流**，**熱放射**の3つに分類できる．

熱伝導

固体中の熱い部分に位置する粒子の熱運動が，徐々に隣の粒子の熱運動を激しくし，熱が移

---

[4] 有名な例外として，ゴムと 0〜4℃の水がある．例えば，ゴムは伸ばすと発熱する．その前後に唇に当てて体感してみよう．

動していく．これを熱伝導という．一般に金属は非金属に比べて，熱をよく伝導する．これは，金属中を自由に動き回る電子（自由電子）があり，この自由電子がエネルギーを伝えているためである．

対流

液体や気体などの流体は，通常，暖められると膨張し，密度が小さくなる．流体の一部分を暖めると，周りよりも軽くなった流体が上昇する．そして，上昇した流体があったところに，周りの冷たい流体が流入する．逆に上部で冷やされると，重くなった流体が下降する．このように，気体や液体の温度が場所によって異なる場合に，流体の移動を通して熱が移動することを，対流という．

熱放射

有限の温度（＞0K）の物体は，電磁波を放出している．電磁波の一部が他の物体に吸収されると，そのエネルギーは物体の内部エネルギーになる．このように，電磁波を通しての熱の移動を熱放射という．

問題 9.12 同じ大きさの2つの氷を，1つはウールの布に，もう1つはアルミ箔にくるんで，天井から糸で吊しておく．室温中でどちらの氷が早く融けるだろうか．

指数関数と対数関数

この章の最後に，熱の分野でもよく使われる**指数関数**と**対数関数**をまとめておこう．

指数関数

y が a （＞0）の関数として，$y = a^x$ と書けるとき，y は x の指数関数であるという．指数関数の導関数を考えよう．a がネイピア数 $e = \lim_{x \to \infty}(1 + 1/x)^x = 2.71828\cdots$ の場合，e^x の導関数と不定積分は次のようになる．

$$\frac{de^x}{dx} = e^x, \quad \int e^x\, dx = e^x + （積分定数） \tag{9.18}$$

問題 9.13 次の関数を x で微分しなさい．ただし，a は定数である．
(1) $y = e^{ax}$ (2) $y = e^{ax^2}$ (3) $y = e^{(x+a)^2}$

対数関数

$a > 0$，$a \neq 1$ とし，x （＞0）が y の関数として $x = a^y$ と書けるときに，

$$y = \log_a x \tag{9.19}$$

と書き，y は x の対数関数であるという．また，a を対数関数の底という．

特に底 a がネイピア数 e のときには，

$$y = \log_e x = \ln x \tag{9.20}$$

と書き，これを**自然対数**という．また，工学では底が10の対数をよく使う．これを**常用対数**といい，$\log_{10}$ を単に log と書く．

指数法則より，対数関数は以下の**対数法則**を満たすことがわかる．

$$\log_a(xy) = \log_a x + \log_a y, \quad \log_a\!\left(\frac{x}{y}\right) = \log_a x - \log_a y, \quad \log_a x^y = y \log_a x \tag{9.21}$$

対数関数 $y = \ln x$ ($x > 0$) の導関数と不定積分は次のようになる.

$$\frac{d}{dx}\ln x = \frac{1}{x}, \quad \int \frac{1}{x}dx = \ln x + \text{(積分定数)} \tag{9.22}$$

(9.22) の最初の式 ($\ln x$ の導関数) は, $y = \ln x$ とすれば, $x = e^y$ であるから, 次のように示すことができる.

$$\frac{dy}{dx} = \frac{1}{\frac{dx}{dy}} = \frac{1}{\frac{de^y}{dy}} = \frac{1}{e^y} = \frac{1}{x} \tag{9.23}$$

例題 9.3

a^x の導関数を求めなさい. ただし, $a > 0$ とする.

解 $y = a^x$ の両辺の自然対数を取ると $\ln y = x \ln a$ となり, もとに戻して $y = e^{(\ln a)x}$ と書ける. したがって, これを x で微分すると次式が得られる.

$$\frac{da^x}{dx} = \frac{de^{(\ln a)x}}{dx} = (\ln a)e^{(\ln a)x} = (\ln a)a^x \tag{9.24}$$

問題 9.14 $y = \ln(ax)$ の x についての導関数を求めなさい. ただし, a は定数であり, $a > 0$, $x > 0$, $a \neq 1$ であるとする.

章 末 問 題

9.1 標準状態 (1013.25 hPa, 0℃), 物質量 1 mol の理想気体の体積は 22.4 L (リットル) であることを示しなさい. ⇨ 9.2 節

9.2 気体や固体のモル比熱について, 原子・分子の立場から考えよう. エネルギー等分配則によると, 常温付近の温度 T [K] では, 各原子・分子当りの平均エネルギーは 1 自由度当り $k_B T/2$ [J] であるという. 例えば, 単原子 1 個が x, y, z の 3 方向に自由に飛び交っている場合の自由度は 3 である. モル比熱が, 気体定数 $R = N_A k_B$ [J/(K·mol)] を用いて次のように求まることを示しなさい. ⇨ 9.1 ~ 9.4 節

(1) 単原子分子理想気体のモル比熱：$3R/2$

(2) 2 原子分子理想気体のモル比熱：$5R/2$

気体分子は, (1) の単原子分子の運動に加えて, 2 原子を結ぶ直線に垂直な 2 つの軸の周りに回転している.

(3) 固体のモル比熱：$3R$

原子は, それぞれの位置で x, y, z の 3 方向に振動している. それぞれの方向に, 運動エネルギーとポテンシャルエネルギーの自由度がある.

9.3 熱気球では, 下部の穴からバーナーで熱した空気を送り込んで, 気球を膨らませている. このとき下部の穴付近では, 気球内部と外部の圧力は等しいとしてよい. (9.2) を用いて熱気球が浮く理由を説明しなさい. ⇨ 9.2 節

9.4 内部に薄いしきりのある内容積 V [m³] の容器がある. 一方の部屋 (体積 V_1 [m³]) に温度 T_1 [K], 圧力 P [Pa] の理想気体を詰めた. 気体定数を R [J/(K·mol)] として次の問いに答えなさい. ⇨ 9.2 節

(1) この気体の物質量 (モル数) を求めなさい.

(2) もう一方の部屋に圧力 P, 温度は T_2 [K] の理想気体を詰め, しきりを取り去ったところ, 圧力は変わらず P のままだった. 全体の温度を求めなさい.

(3) (2)の代わりに，もう一方の部屋を真空にしてしきりに小さな穴を空けたところ，気体は容器いっぱいに広がった．全体の圧力は P_1 [Pa] になり，気体の温度は変わらなかった．P_1 を求めなさい．

9.5 伸縮自在な膜の中に 1.0 kmol の理想気体が入れられているバルーンが，地上で熱平衡状態にある．気体定数を 8.31 J/(K·mol) として，次の問いに答えなさい． ⇨ 9.2節

(1) 地上の圧力が 1.0×10^5 Pa, 温度が 300 K のとき，球形のバルーンの半径を求めなさい．

(2) バルーンが放球されて，周りの圧力が地上の 0.0010 倍，温度が 100 K となったときの球形のバルーンの半径を求めなさい．

9.6 6畳の部屋（体積 20 m³）が 22 ℃ に保たれている．気体定数を $R = 8.31$ J/(K·mol) として，以下の問いに答えなさい．
⇨ 9.2, 9.4節

(1) この部屋の空気の圧力が 1.0×10^5 Pa であるとき，この部屋の空気の物質量（モル数）を求めなさい．

(2) この部屋の空気の温度を 5℃ だけ上昇させるのに必要なエネルギーはいくらか．1 J = 0.24×10^{-3} kcal として，kcal 単位で求めなさい．ただし，空気の定積モル比熱を $5R/2$ とする．

9.7 冬の寒い日の早朝，自転車置き場に置かれていた自転車のハンドルの金属部分とグリップのゴムの部分を触ると，金属部分の方が冷たく感じる．その理由を説明しなさい． ⇨ 9.6節

9.8 海岸付近では，朝や夕方に風が止んで，波が静まることがある．これは凪とよばれる現象である．なぜ凪が起こるのかを説明しなさい．
⇨ 9.6節

9.9 コンクリート構造物は経年劣化が進行すると，やがて，落下などの災害につながることがある．それを防止するためには，コンクリートの内部で剥離や空洞などができていないかを定期的に検査して，適切な維持管理をしていく必要がある．コンクリートを破壊せずに，このような検査を行う方法を考えなさい． ⇨ 9.6節

第 10 章

熱力学第 1 法則

この章では,まず,熱をも含めたエネルギー保存則である,熱力学第 1 法則を学ぼう.次に,代表的な熱力学的過程における性質を調べよう.そして,サイクルと熱機関を導入し,熱機関の熱効率を学ぼう.

学習目標
- 熱力学の第 1 法則を,エネルギー保存則として説明できるようになる.
- いろいろな過程において熱力学第 1 法則がどう表されるかを学び,それぞれの過程で仕事,熱量の計算ができるようになる.
- 熱機関の熱効率を計算できるようになる.
- 代表的なサイクルについて P–V グラフが描けるようになる.

キーワード
熱力学第 1 法則,準静的,定積過程,定積モル比熱 c_V [J/(K·mol)],定圧過程,定圧モル比熱 c_P [J/(K·mol)],断熱過程,等温過程,マイヤーの関係式,ポアソンの式,比熱比 $\gamma = c_P/c_V$,サイクルと熱機関,熱機関の熱効率,第 1 種永久機関

10.1 熱力学第 1 法則

系に仕事 W [J] と熱 Q [J] が加えられたとき,内部エネルギーの変化 $\Delta E_{内部}$ [J] はエネルギー保存則より次のように書ける[1].これを**熱力学第 1 法則**という.

$$\Delta E_{内部} = Q + W \quad (熱力学第 1 法則) \tag{10.1}$$

系が外部にする仕事を w [J] とすれば,$W = -w$ であるから,熱力学第 1 法則は,w を用いて次のように書ける.

$$\Delta E_{内部} = Q - w \ [\text{J}] \tag{10.2}$$

---

[1] ここでは,系は静止しているとする.

10.2 仕　事

図 10.1 (a) のように，系として，滑らかに動く断面積 S [m²] のピストンのついたシリンダーに封入されている気体を考える．このとき，封入する物質を**作業物質**という．

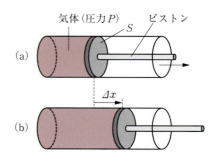

図 10.1　気体のする仕事

問題 10.1　なぜ作業物質として気体を用いるのだろうか．

図 10.1 (b) のように，気体の圧力を一定の値 P [Pa] に保ったまま，ピストンを十分にゆっくりと気体の体積が増える方向に Δx [m] だけ動かす❷．

このとき，気体がピストンに及ぼす力の大きさは PS [N] である．したがって，気体が外部にする仕事 w [J] は PS に変位 Δx を掛けて，

$$w = PS\Delta x = P\Delta V \text{ [J]} \tag{10.3}$$

となる．ここで，$\Delta V (= S\Delta x)$ [m³] は気体の体積の変化である．

気体の圧力 P が変化する場合を考えると，気体の体積を V_I [m³] から V_F [m³] まで十分にゆっくりと変化させたときの，気体が外部にする仕事 w は，

$$w = \int_{V_\mathrm{I}}^{V_\mathrm{F}} P \, dV \text{ [J]} \tag{10.4}$$

と書ける．これは，図 10.2 のような P-V グラフを描いたときに，P-V 曲線と，$V = V_\mathrm{I}$，$V = V_\mathrm{F}$，$P = 0$ の直線に囲まれる部分（網かけ部分）の面積に対応している．

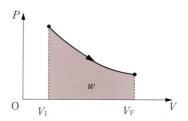

図 10.2　圧力が変化する場合の気体が外部にする仕事 w

問題 10.2　滑らかに動く軽いピストンのついたシリンダーが大気中に置かれており，シリンダー内には単原子分子からなる理想気体が封入されている．この気体を加熱したところ，体積が 2.0×10^{-5} m³ から，3.0×10^{-5} m³ に膨張した．このとき，気体が外部にした仕事および気体が吸収した熱量を求めなさい．ただし，大気圧を 1.0×10^5 Pa とする．

---

❷　熱力学では，このように熱平衡状態を保ちつつ，系を十分にゆっくりと変化させることが多い．このような変化を**準静的変化**という．

10.3 過程

熱平衡状態にあった系が，別の熱平衡状態に変化した場合，この変化を**過程**という．ここでは，代表的な過程として，**定積過程**，**定圧過程**，**断熱過程**，**等温過程**の4つの過程を説明しよう．

10.3.1 定積過程

体積を一定に保ったまま行う過程を**定積過程**という．

定積過程では $\Delta V = 0$ であるので，系は外部から仕事を受けない（$W = 0$）．したがって，熱力学第1法則（10.2）は，次のようになる．

$$\Delta E_{内部} = Q \,[\mathrm{J}] \quad （定積過程） \tag{10.5}$$

すなわち，定積過程では与えた熱量の分だけ内部エネルギーが増加する．例えば，ピストンが固定されたシリンダー内の気体に熱を与えると，気体の温度と圧力は上昇する．

定積モル比熱 $c_V\,[\mathrm{J/(K \cdot mol)}]$ は，物質量 $n\,[\mathrm{mol}]$ の気体の場合，

$$c_V = \frac{1}{n}\left(\frac{Q}{\Delta T}\right)_{定積} = \frac{1}{n}\frac{\Delta E_{内部}}{\Delta T}\,[\mathrm{J/(K \cdot mol)}] \tag{10.6}$$

と書けることがわかる．

問題 10.3 物質量 $n\,[\mathrm{mol}]$ の理想気体を温度 $T_\mathrm{A}\,[\mathrm{K}]$ の状態 A から温度 $T_\mathrm{B}\,[\mathrm{K}]$ の状態 B へ変化させたとき，エネルギー変化 $\Delta E_{内部} = E_\mathrm{B} - E_\mathrm{A}$ は，その過程によらず

$$\Delta E = nc_V(T_\mathrm{B} - T_\mathrm{A})\,[\mathrm{J}] \tag{10.7}$$

と書けることを示しなさい．ここで，$c_V\,[\mathrm{J/(K \cdot mol)}]$ はこの気体の定積モル比熱である．

10.3.2 定圧過程

圧力を一定に保ったまま行う過程を**定圧過程**という．

定圧過程では，系が外部からされた仕事 $W\,[\mathrm{J}]$ は，系の圧力を $P\,[\mathrm{Pa}]$，体積の変化を $\Delta V\,[\mathrm{m}^3]$ とすれば，$W\,(=-w) = -P\Delta V\,[\mathrm{J}]$ と書ける．（10.2）より，内部エネルギーの変化 ΔE は

$$\Delta E_{内部} = Q - P\Delta V\,[\mathrm{J}] \quad （定圧過程） \tag{10.8}$$

と表されるから，同じだけ熱量を与えたときの系の内部エネルギーの増加量は，定積過程よりも定圧過程の方が $P\Delta V$ だけ小さい．また，それゆえ**定圧モル比熱**に比べて定積モル比熱の方が小さくなる．

例題 10.1

理想気体の定圧モル比熱 $c_P\,[\mathrm{J/(K \cdot mol)}]$ と定積モル比熱 $c_V\,[\mathrm{J/(K \cdot mol)}]$ の間には，次の**マイヤーの関係式**が成り立つことを示しなさい．

$$c_P - c_V = R\,[\mathrm{J/(K \cdot mol)}] \quad （マイヤーの関係式） \tag{10.9}$$

解 理想気体の定圧過程では，熱力学第1法則（10.2）は $\Delta E_{内部} = Q - P\Delta V\,[\mathrm{J}]$ と書ける．

また，温度変化を ΔT [K]，体積変化を ΔV [m³] とすれば，理想気体の状態方程式より，$P\Delta V = nR\Delta T$ [J] が成り立つ．したがって，この場合の熱力学第 1 法則は，$\Delta E_{内部} = Q - nR\Delta T$ と書ける．これより，定圧モル比熱は，

$$c_P = \frac{1}{n}\left(\frac{Q}{\Delta T}\right)_{定圧} = \frac{1}{n}\frac{\Delta E_{内部}}{\Delta T} + R \quad [\text{J/(K·mol)}] \tag{10.10}$$

となる．よって，(10.6) を用いると，(10.9) が得られる．

10.3.3 断熱過程

外部と熱のやり取りをしないで，系を膨張させたり，圧縮させたりする過程を**断熱過程**という．

断熱過程では $Q = 0$ であるから，熱力学第 1 法則 (10.2) は，次のようになる．

$$\Delta E_{内部} = -\int_{V_I}^{V_F} P\, dV \quad [\text{J}] \quad \text{（断熱過程）} \tag{10.11}$$

圧力は正の量なので，系に対して断熱膨張をさせると膨張によって外部にした仕事の分だけ系の内部エネルギーが減り，系の温度が下がる．逆に，断熱圧縮をさせると圧縮によって外部からされた仕事の分だけ内部エネルギーが増え，系の温度が上がる．

問題 10.4 宇宙から帰還する際に，地球の大気圏に突入した宇宙船が高温になる理由を説明しなさい．

問題 10.5 北緯 30°，南緯 30° 付近には大砂漠が多い理由を説明しなさい．【ヒント】ハドレー循環により，赤道付近で上昇した空気が北緯 30°，南緯 30° 付近で下降する．下降する空気は断熱圧縮される．

問題 10.6 空気中の音速 v [m/s] は，空気の体積弾性率を K [N/m]，密度を ρ [kg/m³] として，$v = \sqrt{K/\rho}$ と書ける．これより，温度 t [℃] での空気中の音速 $v(t)$ は，

$$v(t) = v(0)\left(1 + \frac{t}{2 \times 273.15}\right) [\text{m/s}] \tag{10.12}$$

と書けることを示しなさい．ただし，空気の圧力を P [Pa]，体積を V [m³] とすると，$K = -V(dP/dV)$ の関係があり，また，音の伝播は断熱過程と考えてよく，P と V には比熱比を γ として $PV^\gamma = $ 一定の関係がある（例題 10.2 参照）．

例題 10.2

理想気体の断熱過程では，次の関係が成り立つことを示しなさい．

$$PV^\gamma = 一定, \quad TV^{\gamma-1} = 一定 \quad \text{（断熱過程）} \tag{10.13}$$

ここで，γ は定圧モル比熱と定積モル比熱の比（**比熱比**）c_P/c_V であり，単原子分子の場合は $\gamma = 5/3$，2 原子分子の場合は $\gamma = 7/5$ である．(10.13) を**ポアソンの式**という．

解 状態 1 から，それと十分に近接した状態 2 までの気体の断熱変化を考える．

それぞれの状態の温度および体積を，(T, V)，$(T + \Delta T, V + \Delta V)$ とする．この場合に，気体が外部からされる仕事は $W = -P\Delta V$ [J] と書ける．また，気体の物質量を n [mol] とすれば，内部エネルギーの変化 $\Delta E_{内部}$ [J] は定積モル比熱 c_V を用いて，(10.7) と表される．

したがって，ΔT [K] と ΔV [m³] には，$nc_V \Delta T = P\Delta V$ の関係が成り立つ．これより，$nR\Delta T$ [J] は，(10.9) を用いて次のようになる．

$$nR\Delta T = \frac{R}{c_V}P\Delta V = \frac{c_P - c_V}{c_V}P\Delta V = (\gamma - 1)P\Delta V \text{ [J]} \qquad (10.14)$$

理想気体の状態方程式 $PV = nRT$ [J] を用いれば，$\Delta T/T = (\gamma - 1)\Delta V/V$ となる．両辺を積分すると，$\ln T = (\gamma - 1)\ln V + C$ となる．ここで，C は積分定数である．この式を整理して，$TV^{\gamma-1} = $ （一定）を得る．さらに，理想気体の状態方程式 $PV = nRT$ を用いれば，$PV^{\gamma} = $ （一定）を示せる．

問題 10.7 ポアソンの式（10.13）と理想気体の状態方程式（9.1）を用いて，理想気体の断熱過程での関係式，$P^{1-\gamma}T^{\gamma} = $ （一定）を示しなさい．

10.3.4 等温過程

温度を一定に保ったまま，系を膨張させたり，圧縮させたりする過程を **等温過程** という．

理想気体の等温過程を考えよう．等温過程では，(10.7) と熱力学第1法則 (10.2) より，次の関係が成り立つ．

$$\Delta E_{\text{内部}} = 0, \quad Q = w \text{ [J]} \quad \text{（理想気体の等温過程）} \qquad (10.15)$$

すなわち，理想気体の等温過程では，気体に与えた熱はすべて膨張によって仕事に使われ，圧縮によって外部からされた仕事はすべて外部に熱として放出される．

10.4 サイクルと熱機関

ある系の状態が，いくつかの過程を行ってもとの状態に戻るとき，この1回りの過程を **サイクル** という．サイクルを繰り返すことで熱を仕事に変える装置を，**熱機関**（ねつきかん）という．

系の内部エネルギーは，系の状態が決まれば1つに決まる．すなわち，1回りのサイクルを行ってもとの状態に戻ったときの系の内部エネルギーの値は，サイクルを行う前の値と等しい（$\Delta E_{\text{内部}} = 0$）．したがって，熱力学第1法則 (10.2) より，$Q = w$ が成り立つ．すなわち，吸収した正味の熱量だけ，系は外部に仕事をする．

図 10.3 (a) のように，1サイクルの間に A → B → C → D → A と系の圧力と体積が変化する場合を考えよう．このとき，膨張過程で系が外部にした仕事 w_{BC} [J]（$w_{\text{BC}} > 0$）は，図 10.3

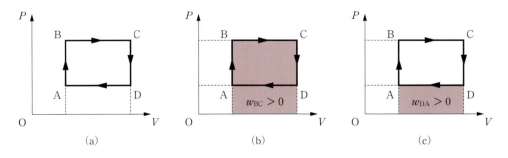

図 10.3　サイクルのする仕事

(b) の網かけ部分の面積である．圧縮過程で系が外部にした負の仕事 w_DA [J] ($w_\mathrm{DA} < 0$) は，図 10.3 (c) の網かけ部分の（負の）面積である．したがって，この 1 サイクルで系が外部にした正味の仕事 $w = w_\mathrm{BC} + w_\mathrm{DA}$ [J] は，P-V グラフにおいてサイクルで囲まれた部分の面積に対応する．

サイクルが時計回りの場合は，膨張の際の圧力が圧縮の際の圧力より大きいから，系は外に仕事をする．反時計回りの場合は，その逆で系は外から仕事をされる．

熱機関の熱効率

図 10.4 のように，高温熱源から正の熱量 Q_H [J] ($Q_\mathrm{H} > 0$) を吸収し，低温熱源から負の熱量 Q_L [J] ($Q_\mathrm{L} < 0$) を吸収して（低温熱源に熱量 $|Q_\mathrm{L}|$ を放出して），外部に仕事 w [J] ($w > 0$) をする熱機関を考えよう[3]．

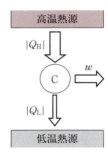

図 10.4 熱機関（C はサイクル，矢印の向きで正負の符号を表している）

このときの**熱機関の熱効率**は，1 サイクルの間に外部にした正味の仕事 w を高温熱源から吸収した熱 Q_H で割った値で定義される．系が外にした正味の仕事は，$w = Q_\mathrm{H} + Q_\mathrm{L}$ であるから，熱機関の熱効率 e は，次のように書ける．

$$e = \frac{w}{Q_\mathrm{H}} = \frac{Q_\mathrm{H} + Q_\mathrm{L}}{Q_\mathrm{H}} = 1 - \frac{|Q_\mathrm{L}|}{Q_\mathrm{H}} \quad \text{（熱効率の定義式）} \tag{10.16}$$

問題 10.8 ある自動車のエンジンの出力は，1 分間に 6000 回転（サイクル）しているとき，60 kW である．このエンジンの熱効率が 30％のとき，1 サイクル当りの高温熱源から流入した熱量および低温熱源に排出した熱量を求めなさい．

外部のエネルギー源なしに，外部へ仕事をし続ける熱機関を**第 1 種永久機関**という．第 1 種永久機関があれば，エネルギー資源の問題は存在しない．しかし，その存在は熱力学第 1 法則によって否定される．

問題 10.9 図 10.5 の装置を考えよう．円柱部分はアルミニウム製で，中心軸の周りに自由に回転できる．容器の右側には水銀が入っている．そうすると，右側では浮力が勝り，上向きの力がはたらく．左側は重力がはたらき，円柱は回転し続けるはずである．これを発電機につなげば，電力を供給し続けることができる．この装置で，第 1 種永久機関が作れたのだろうか．

---

[3] 熱源とは，系との間に熱のやり取りがあっても，それ自体の温度が変わらないものである．

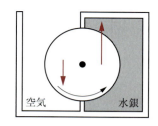

図 10.5　第 1 種永久機関？

実際の熱機関

実際の熱機関では，その過程の途中は熱平衡状態になっていない．また，内部の気体を吸入・排出する場合，作業物質も同じではない．しかし，それを，過程の途中も熱平衡状態であると仮定し，また作業物質も同じであるとして熱効率を見積もることができる．

熱機関は，熱源が内部にあるか外部にあるかで，**内燃機関**と**外燃機関**に分けられる．内燃機関の例として，ガソリンエンジン（オットーサイクル）がある．ガソリンエンジンは，ピストンが 2 往復して 1 サイクルになる（表 10.1）．

表 10.1　オットーサイクル

行程	動作	変化
0→1	吸気（低温気体を吸入）	$V_L \to V_H$
1→2	断熱圧縮	$V_H \to V_L$
2→3	点火（定積加熱）	Q_H を吸収
3→4	断熱膨張	$V_L \to V_H$
4→1	定積冷却	Q_L を放出
1→0	排気（高温気体を排出）	$V_H \to V_L$

問題 10.10　ガソリンエンジン（オットーサイクル）の P–V グラフを描きなさい．

問題 10.11　低速のディーゼルエンジンは，圧縮加熱した空気に軽油を噴射して自己着火させる．これは，ガソリンエンジンの定積加熱を定圧膨張でおきかえたサイクルと考えてよい（ディーゼルサイクル）．このエンジンの P–V グラフを描きなさい．

コラム　温暖化と過去の温暖期

現在，地球の気温は過去 1400 年で最も高くなっており，将来，気温の上昇はこれからも続くと考えられている．いわゆる**地球温暖化**である．

それでは，地球温暖化はなぜ起こっているのだろうか．温暖化の主な原因は人間活動である可能性が高いとされている．実際に，温室効果ガスである二酸化炭素濃度は，産業革命以降急激に増大し，それまでは，180 ppm と 280 ppm の間で変動していたものが，現在は 400 ppm（parts per million, 1 ppm は百万分の 1 の割合）を超えようとしている．急増の原因は，人類による化石燃料の燃焼と森林破壊である．

温暖化について過去に学ぶことはあるのだろうか．地質学などの研究から，最後の氷河時代は 11.7 万年前から始まり，13 万年前から 12 万年前までは非常に温暖な気温であったことがわかっている．さらに昔にさかのぼると，5500 万年前に超温暖化した時代（PETM (Paleocene - Eocene Thermal Maximum)：暁新世・始新世境界温暖化極大イベント）があったことがわかっている．PETM はおよそ 17 万年続いた．PETM 以降も，温暖な気候は数百万年にわたって継続した．この時期には両極地から氷床がほぼすべて消えた．

なぜ，5500 万年前にこのような超温暖化が起こったのだろうか．それは，大量の温室効果ガスの放出による温室効果が原因の 1 つといわ

れている．温室効果ガスが増加し，地球の温暖化が進むと，永久凍土が融け，さらに多くの温室効果ガスが放出された．氷床が融けるとアルベド（太陽光の反射率）が小さくなる．その結果，ますます温暖化が進んでいった．

温室効果ガスはこのまま増加し続けるのだろうか．未来を予測するのは難しいが，億年単位で見ると二酸化炭素濃度は減少の一途をたどっている．このまま減少し続けたとすると，数億年後には，光合成ができなくなって，まず植物が，そして動物が，死滅するだろう．

また，太陽の温度は1℃/(億年)で上昇するという．恐らく億年単位では，地球はどんどん熱くなり，5〜10億年後には，生物はとても棲めない世界になっているだろう．その頃人類は存在しているのだろうか．もしそうなら，とっくに他の惑星に移住しているのだろう．遠い未来ではあるが，やはり気になるものである．

章 末 問 題

10.1 熱帯低気圧が発達する仕組みに関する次の問いについて，理由を簡潔に説明しなさい． ⇨ 10.1〜10.3節

(1) 湿った空気は同じ圧力，体積，温度の乾いた空気より軽い．なぜだろうか．

(2) 海上で暖められた湿った空気は，上昇して冷やされる．これは上空の圧力が低いため空気が断熱膨張をした結果である．断熱膨張でなぜ温度が下がるのだろうか．

(3) 冷えた空気中の水蒸気は凝結する．その結果，空気は暖められてさらに上昇する．なぜ，空気は暖まるのだろうか？

このように，湿った空気が流入・上昇を繰り返し，熱帯低気圧が発達する．

10.2 シリンダー内に密封された気体を，状態Aから状態Bまで，図10.6の(a)，(b)，(c)の3つの線に沿って変化させたとき，次の量の大小関係を書きなさい． ⇨ 10.1〜10.3節

(1) 内部エネルギー変化

(2) 気体が外部にした仕事

(3) 気体が吸収した熱量

10.3 滑らかに動く質量 M [kg] のふたのついた，底面積が S [m²] のシリンダーが鉛直に立てられており，その中に単原子分子からなる物質量 n [mol] の理想気体が封入されている．大気圧を P_0 [Pa]，気体定数を R [J/(K·mol)]，重力加速度の大きさを g [m/s²] として，次の問いに答えなさい． ⇨ 10.1〜10.3節

(1) 初め，気体の温度は T_0 [K] であった．このときのふたの底からの高さ h [m] を求めなさい．

(2) 次に気体をゆっくりと暖めて膨張させ，ふたの底からの高さを $2h$ にした．このときの気体の温度を求めなさい．

(3) ふたの底からの高さが h から $2h$ になるまでに，気体が外にした仕事を求めなさい．

(4) ふたの底からの高さが h から $2h$ になるまでに，気体が吸収した熱量を求めなさい．

10.4 圧力，体積および温度がそれぞれ，P_0 [Pa]，V_0 [m³]，T_0 [K] の状態の単原子分子からなる理想気体を次の順序で変化させる．(a) まず，圧力を一定に保ちながら，温度が T_1 [K] になるまでゆっくりと加熱する．(b) 次に，体積を一定に保ちながら，温度が T_0 [K] になるまでゆっくりと冷却する．(c) 最後に，温度を一定に保ちながら，圧力が P_0 [Pa] にな

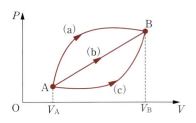

図 10.6 状態AからBまでの変化

るまでゆっくりと圧縮する．これについて次の問いに答えなさい． ⇨ 10.1〜10.4節

(1) (a)〜(c) の過程を P-V グラフに描きなさい．

(2) (a)〜(c) のそれぞれの過程で外部への仕事，吸収した熱量，内部エネルギー変化を求めなさい．

(3) (a)〜(c) を1サイクルとする熱機関を考えたとき，この熱機関の熱効率を求めなさい．

10.5 ある発電所の出力は 1.2 GW（ギガワット）（1 GW = 1×10^9 W）であり，熱効率は 35% である．冷却水の流量が 80 m³/s のとき，排出される水の温度変化を求めなさい．ただし，水の密度を 1.0×10^3 kg/m³，比熱を 4.2×10^3 J/(kg·K) とする． ⇨ 10.4節

10.6 エアコン暖房では，コンプレッサーを用いて屋外の熱を吸収し，その熱を屋内に放出することによって，部屋を暖めている．このエアコン暖房は，電気ストーブに比べて少ない消費電力で部屋を暖めることができる．その理由を説明しなさい． ⇨ 10.4節

10.7 燃料および空気を理想気体と見なせるとすると，オットーサイクルの熱効率が次式で表されることを示しなさい．ここで，$\gamma = c_P/c_V$ は比熱比である． ⇨ 10.4節

$$e = 1 - \frac{1}{(V_\mathrm{H}/V_\mathrm{L})^{\gamma-1}} \qquad (10.17)$$

第 11 章

熱力学第 2 法則

熱力学第 1 法則はエネルギーの保存を述べているが，系の状態変化の方向には触れていない．熱は高温の物体から低温の物体に自発的に移るが，低温の物体から高温の物体に自発的に移ることはない．この章では，このような「時間の流れの向き」を決める**熱力学第 2 法則**を学ぼう．

学習目標
- 可逆過程，不可逆過程の違いについて説明できるようになる．
- カルノーサイクルの熱効率を計算できるようになる．
- 熱力学第 2 法則の意味を理解し，第 2 法則のいろいろな表現の間の関係を説明できるようになる．
- エントロピーの意味を理解し，エントロピーの変化を計算できるようになる．

キーワード
可逆過程，不可逆過程，カルノーサイクル，熱力学第 2 法則（クラウジウスの原理，トムソンの原理），クラウジウスの不等式，第 2 種永久機関，エントロピー S [J/K]，エントロピー増大則

11.1 可逆過程と不可逆過程

コーヒーカップのコーヒーに 1 滴のミルクを落としたとき，十分に時間が経てば，ミルクはコーヒーの中に一様に溶けてしまう．しかし，このような状態から，ミルクがコーヒーの中でひとかたまりになる状態への変化は，自発的には起こらない．

過程（状態 A）→（状態 B）があって，（状態 B）→（状態 A）という逆向きの過程が自然界で起こり得ない場合，（状態 A）→（状態 B）を**不可逆過程**という．物体間の熱の自発的な移動は不可逆過程である．外部に何も変化を残さない熱の移動は，高温から低温の物体への移動であり，低温から高温の物体への移動はあり得ないからである．逆向きの過程も起こり得る場合には，この過程を**可逆過程**という．準静的過程は可逆過程である．

11.2 カルノーサイクル

物質量 n [mol] の理想気体を，滑らかに動く軽いピストンのついたシリンダーに封入し，図

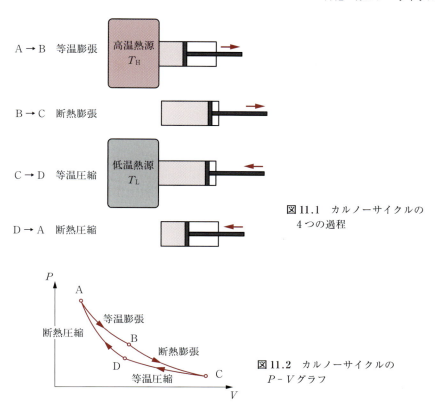

図11.1 カルノーサイクルの4つの過程

図11.2 カルノーサイクルのP-Vグラフ

11.1の等温膨張（A→B），断熱膨張（B→C），等温圧縮（C→D），断熱圧縮（D→A）のサイクル（A→B→C→D→A）を行おう．このサイクルを**カルノーサイクル**という．図11.2は，この過程のP-Vグラフである．

11.2.1 カルノーサイクルの各過程

カルノーサイクルにおける各過程での仕事と熱を求めよう．

等温膨張

シリンダーを温度T_H[K]の高温熱源に接触させながら，十分にゆっくりと気体を等温膨張させる．気体は熱源から熱Q_H[J]を吸収し，状態A(P_A, V_A, T_H)から状態B(P_B, V_B, T_H)へと変化する．理想気体の内部エネルギーは温度のみの関数であるから，等温膨張では，内部エネルギーの変化は$\Delta E_{内部} = 0$である．したがって，気体が外部からされた仕事W_1[J]とQ_H[J]との関係は，$Q_H = -W_1$である．状態A, B, C, Dの体積，圧力をそれぞれ，(V_A, P_A)，(V_B, P_B)，(V_C, P_C)，(V_D, P_D)とすれば，W_1は次のように求まる．

$$W_1 = -Q_H = -\int_{V_A}^{V_B} P\, dV = -\int_{V_A}^{V_B} \frac{nRT_H}{V} dV = -nRT_H(\ln V_B - \ln V_A)$$
$$= nRT_H \ln \frac{V_A}{V_B} \quad [\text{J}] \tag{11.1}$$

断熱膨張

次に，シリンダーを高温熱源から離して，温度がT_L[K]になるまで十分にゆっくりと気体

を断熱膨張させ，状態 B(P_B, V_B, T_H) から状態 C(P_C, V_C, T_L) へと変化させる．このとき，気体が外部からされた仕事 W_2 [J] は，内部エネルギーの変化に等しい．物質量 n の理想気体の内部エネルギー変化は（10.7）で与えられるので，W_2 は次のように求まる．

$$W_2 = nc_V(T_L - T_H) \,[\text{J}] \tag{11.2}$$

等温圧縮

今度は，シリンダーを温度 T_L [K] の低温熱源に接触させながら，十分にゆっくりと気体を等温圧縮させる．気体は熱源から熱 Q_L (< 0) [J] を吸収し，状態 C(P_C, V_C, T_L) から D(P_D, V_D, T_L) へと変化する．気体が外部からされた仕事 W_3 [J] と Q_L は，等温膨張と同様に次のようになる．

$$W_3 = -Q_L = -\int_{V_C}^{V_D} P\,dV = -\int_{V_C}^{V_D} \frac{nRT_L}{V}\,dV = nRT_L \ln\frac{V_C}{V_D} \,[\text{J}] \tag{11.3}$$

断熱圧縮

最後に，シリンダーを低温熱源から離して，温度が T_H になるまで十分にゆっくりと気体を断熱圧縮させ，状態 D(P_D, V_D, T_L) から A(P_A, V_A, T_H) へと変化させる．このとき，断熱膨張と同様に，気体が外部からされた仕事 W_4 [J] は次のようになる．

$$W_4 = nc_V(T_H - T_L) \,[\text{J}] \tag{11.4}$$

11.2.2 カルノーサイクルの熱効率

前項より，1 回のサイクルで気体が外部に対して行う仕事 w [J] は次のようになる．

$$w = -W_1 - W_2 - W_3 - W_4 = nRT_H \ln\frac{V_B}{V_A} + nRT_L \ln\frac{V_D}{V_C} \,[\text{J}] \tag{11.5}$$

ここで，理想気体の断熱過程では，比熱比を γ とすれば，ポアソンの式（10.13）より $TV^{\gamma-1} =$ 一定であるから，$T_H V_B^{\gamma-1} = T_L V_C^{\gamma-1}$，$T_H V_A^{\gamma-1} = T_L V_D^{\gamma-1}$ である．これらより，

$$\frac{T_H}{T_L} = \left(\frac{V_C}{V_B}\right)^{\gamma-1} = \left(\frac{V_D}{V_A}\right)^{\gamma-1} \tag{11.6}$$

となり，したがって，次式を得る．

$$\frac{V_B}{V_A} = \frac{V_C}{V_D} \tag{11.7}$$

この関係式を用いれば，カルノーサイクルの熱効率 e は，

$$\begin{aligned}
e = \frac{w}{Q_H} &= \frac{nRT_H \ln(V_B/V_A) + nRT_L \ln(V_D/V_C)}{nRT_H \ln(V_B/V_A)} \\
&= \frac{nRT_H \ln(V_B/V_A) - nRT_L \ln(V_B/V_A)}{nRT_H \ln(V_B/V_A)} = \frac{T_H - T_L}{T_H} = 1 - \frac{T_L}{T_H} \leq 1
\end{aligned} \tag{11.8}$$

と求まる．このように，e は高温熱源と低温熱源の温度だけで決まる．また，本書では説明を省くが，**熱力学第 3 法則** によると，絶対零度は実現不可能（$T_L > 0\,\text{K}$）なので，熱効率は必ず 1 より小さいことがわかる．

また，Q_H/Q_L を計算すると，

$$\frac{Q_H}{Q_L} = \frac{nRT_H \ln(V_B/V_A)}{nRT_L \ln(V_D/V_C)} = -\frac{nRT_H \ln(V_B/V_A)}{nRT_L \ln(V_B/V_A)} = -\frac{T_H}{T_L} \tag{11.9}$$

となる．したがって，次式を得る．

$$\frac{Q_H}{T_H} + \frac{Q_L}{T_L} = 0 \tag{11.10}$$

カルノーサイクルは可逆であるから，低温熱源から $|Q_L|$ [J] の熱を吸収し，外部から正の仕事 $W = |Q_H| - |Q_L|$ [J] をされて，高温熱源に $|Q_H|$ [J] の熱を放出するという逆サイクルも可能である．この逆サイクルを**逆カルノーサイクル**という．

問題 11.1 断熱過程では熱の出入りがなく，また，カルノーサイクルにおける2つの断熱過程において系が外部にした仕事の和は0になる．そう考えると，カルノーサイクルにおいて断熱過程は必要ないように思える．なぜ，断熱過程が必要なのか説明しなさい．

11.3 熱力学第 2 法則

熱力学第 2 法則は，熱現象の変化の方向を規定する法則である．それを表現するには，いくつかの方法がある．ここでは，**クラウジウスの原理**と**トムソンの原理**を述べよう．

クラウジウスの原理による表現

1つの系がサイクルを行って，正の熱を低温熱源から高温熱源に移動する以外に何の変化も伴わないようにすることはできない．

すなわち，クラウジウスの原理は時間の流れの向きを決める原理である．クラウジウスの原理に反する熱機関を図で表すと，図 11.3 のようになる．

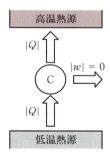

図 11.3 クラウジウスの原理に反する熱機関

トムソンの原理による表現

1つの熱源から正の熱を吸収し，外部に対して正の仕事をするサイクルを行う熱機関を作ることはできない．

トムソンの原理に反する熱機関を図で表すと，図 11.4 のようになる．

クラウジウスの原理とトムソンの原理の等価性

クラウジウスの原理とトムソンの原理は，異なっていることを述べているように見えるが，次の例題で見るように，この2つは等価である．そこで，これらの原理を**熱力学第 2 法則**という．

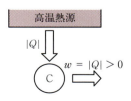

図 11.4 トムソンの原理に反する熱機関

例題 11.1

クラウジウスの原理とトムソンの原理が，等価であることを示しなさい．

解 まず，クラウジウスの原理に反するとき，トムソンの原理にも反することを示そう．

カルノーサイクル C' を用いて，図 11.5 (a) のような熱機関を考えよう．すなわち，カルノーサイクル C' によって高温熱源から $|Q_1|$ [J] の熱量を吸収し，低温熱源に $|Q_2|$ [J] の熱量を放出して，外部に $|w|$ [J] の仕事を行ったとする．ここで，クラウジウスの原理に反するならば，外部から仕事をされることなく，正の熱量を低温熱源から高温熱源に移動できるはずである．そこで，$|Q_2|$ の熱量を低温熱源から高温熱源に移動する．そうすると，低温熱源での熱のやり取りは打ち消し合うので，この熱機関は全体として高温熱源から $|Q_1| - |Q_2| (> 0)$ の熱量を受け取り，それがすべて $|w|$ の仕事に変わったことになる．これは，トムソンの原理に反する．

次に，トムソンの原理に反するときには，クラウジウスの原理にも反することを示そう．トムソンの原理に反するならば，高温熱源から $|Q|$ [J] の熱量を受け取り，それをすべて $|w|$ の仕事に変えることができる．このサイクル C と，低温熱源から $|Q_2|$ の熱量を吸収し，高温熱源に $|Q_1|$ の熱量を放出する逆カルノーサイクル C' を用いて図 11.5 (b) のような熱機関を考えよう．すると，この熱機関全体としては，外部から仕事をされずに低温熱源から高温熱源に正の熱量を移動させたことになる．したがって，クラウジウスの原理に反する．

これらから，クラウジウスの原理とトムソンの原理が等価であることが示せた．

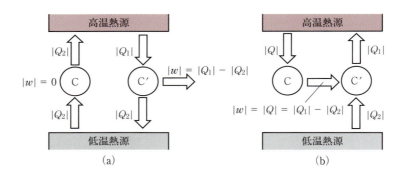

図 11.5　クラウジウスの原理とトムソンの原理の等価性

熱機関への制限

熱力学第 2 法則に反する熱機関を**第 2 種永久機関**という．すなわち，第 2 種永久機関は存在しない（**オストヴァルトの原理**）．また，トムソンの原理から，熱機関には少なくとも 2 つの熱源が必要であり，低温熱源に正の熱を捨てないと，外に正の仕事をするサイクルを作れないことがわかる．

11.4　エントロピー

熱力学での重要な状態量，エントロピーを定義しよう．そのために，まずクラウジウスの不等式を導こう．

11.4.1 クラウジウスの不等式

温度 T_1 [K] の高温熱源から正の熱量 Q_1 [J] を，温度 T_2 [K] の低温熱源から負の熱量 Q_2 [J]（$Q_2 < 0$）を吸収するサイクルを考えよう．このとき，吸収した熱量と温度との間には，次の関係がある．

$$\frac{Q_1}{T_1} + \frac{Q_2}{T_2} \leq 0 \, [\text{J/K}] \tag{11.11}$$

これを**クラウジウスの不等式**という．等号は可逆サイクルを表している．

クラウジウスの不等式を示すために，サイクル C と逆カルノーサイクル C′ を組み合わせて，図 11.6 のように 1 つのサイクルを作ろう．ここで，サイクル C はカルノーサイクルである必要はない．

サイクル C は温度 T_H [K] の高温熱源から Q_H [J] の熱量を吸収し，温度 T_L [K] の低温熱源から Q_L [J] の熱量を吸収して，外部に $Q_H + Q_L$ の仕事を行う．逆カルノーサイクル C′ は，高温熱源から Q_H' [J] の熱量を吸収し，低温熱源から Q_L' [J] の熱量を吸収して，外部に $Q_H' + Q_L'$ の仕事を行う．したがって，熱機関全体としては，外部に $Q_H + Q_L + Q_H' + Q_L'$ の仕事をしている．

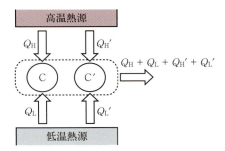

図 11.6 サイクル C と逆カルノーサイクル C′ を組み合わせた熱機関

ここで，1 回のサイクルが終わったときに，低温熱源に変化がないようにする．すなわち，$Q_L + Q_L' = 0$ とすると，熱機関全体としては，高温熱源から，熱量 $Q_H + Q_H'$ を吸収し，それと等しい仕事 $Q_H + Q_H'$ を外部にしたことになる．もし $Q_H + Q_H'$ が正だとすると，1 つの熱源から正の熱量を吸収し，外部に対して正の仕事をしたことになる．これはトムソンの原理に反する．したがって，$Q_H + Q_H' \leq 0$ でなくてはならない．一方で，C′ は逆カルノーサイクルであるから，$Q_H'/T_H + Q_L'/T_L = 0$ が成り立つ．

したがって，これらから $Q_H/T_H + Q_L/T_L \leq 0$ となり，クラウジウスの不等式が導かれる．

11.4.2 クラウジウスの不等式の一般化

これまで，高温熱源と低温熱源の 2 つの熱源しかない場合の可逆サイクルとして，カルノーサイクルを考えてきた．これを任意のサイクルに拡張しよう．

温度 T_1 [K]，T_2 [K]，…，T_n [K] の n 個の熱源に順番に接しながら，等温変化を行い，熱 Q_1 [J]，Q_2 [J]，…，Q_n [J] の熱を吸収する場合を考える．また，ある等温変化と次の等温変化の間は，断熱変化によって移り変わるとする．このようにして，断熱変化と等温変化を繰り返しながら，もとに戻るサイクルを考えよう．このサイクルは，2 つの熱源からなる多数のサイクルの組み合わせで実現することができる．この場合にも，不等式

$$\frac{Q_1}{T_1} + \frac{Q_2}{T_2} + \cdots + \frac{Q_n}{T_n} = \sum_{\substack{i=1 \\ (\text{サイクル})}}^{n} \frac{Q_i}{T_i} \leq 0 \, [\text{J/K}] \tag{11.12}$$

が成り立つ．ここで，和はサイクル1周で行う．

（11.12）はクラウジウスの不等式（11.11）の一般化である．任意の可逆サイクルの場合，サイクルをカルノーサイクルに分割することができる．したがって，可逆サイクルであれば，クラウジウスの不等式（11.12）の等号が成り立つ．

11.4.3 エントロピーの定義

図11.7のようなP-Vグラフで表される，可逆過程からなるサイクルを考えよう．この場合，クラウジウスの不等式（11.12）での等号が成り立つ．

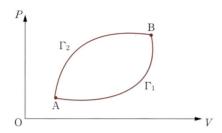

図11.7 可逆変化からなるサイクルとエントロピー

今，サイクル上の2点（状態A，状態B）に対して経路をΓ_1とΓ_2に分けて考えると，

$$\sum_{\substack{i=1 \\ (\text{サイクル})}}^{n} \frac{Q_i}{T_i} = \sum_{\substack{i \\ \Gamma_1(A \to B)}} \frac{Q_i}{T_i} + \sum_{\substack{i \\ \Gamma_2(B \to A)}} \frac{Q_i}{T_i} = \sum_{\substack{i \\ \Gamma_1(A \to B)}} \frac{Q_i}{T_i} - \sum_{\substack{i \\ \Gamma_2(A \to B)}} \frac{Q_i}{T_i} = 0$$

となり，次のようになる．

$$\sum_{\substack{i \\ \Gamma_1(A \to B)}} \frac{Q_i}{T_i} = \sum_{\substack{i \\ \Gamma_2(A \to B)}} \frac{Q_i}{T_i} \ [\text{J/K}] \tag{11.13}$$

すなわち，可逆過程を考えた場合に，和$\sum_i Q_i/T_i$はその道筋に関係なく，その状態によって定まる．したがって，新たな状態量として次のように**エントロピー** S を定義する[1]．

$$S(\text{状態B}) - S(\text{状態A}) = \sum_{\text{状態A} \to \text{状態B}} \frac{Q_i}{T_i} \ [\text{J/K}] \tag{11.14}$$

問題 11.2 同じ低温熱源と高温熱源の間で，いろいろなサイクルを考えると，カルノーサイクルの熱効率が最大になることを説明しなさい．また，カルノーサイクルの熱効率が最大ならば，なぜ，自動車のエンジンなどでカルノーサイクルを利用しないのか，その理由を説明しなさい．

11.4.4 エントロピーと熱力学第1法則

熱平衡状態Aから，それと十分に近接した熱平衡状態Bまでの可逆過程を考える．それぞれの状態のエントロピーをS[J/K]，$S+\Delta S$[J/K]とすると，熱Q[J]は，$Q = T\Delta S$と書ける．したがって，この場合の熱力学第1法則は次のように書くことができる．

$$\Delta E_{\text{内部}} = T\Delta S - P\Delta V \ [\text{J}] \tag{11.15}$$

問題 11.3 n[mol]の理想気体を，体積V_1[m³]からV_2[m³]まで十分にゆっくりと等温変化を

---

[1] エントロピーの概念は，物理学だけでなく，化学，生物学，情報科学など幅広い分野で使われている．

させた．このときのエントロピーの変化が，

$$\Delta S = nR \ln \frac{V_2}{V_1} \ [\text{J/K}] \tag{11.16}$$

となることを示しなさい．ただし，気体定数を $R\ [\text{J/(K·mol)}]$ とする．

11.4.5 エントロピー増大則

系が温度 $T\ [\text{K}]$ の熱源から熱量 Q を吸収して，状態 A から状態 B まで変化した場合を考えよう．このとき，エントロピー S と熱量 Q との関係は，

$$\frac{Q}{T} \leq S(\text{状態 B}) - S(\text{状態 A}) \ [\text{J/K}] \tag{11.17}$$

と書ける．ここで，等号は可逆過程の場合である．

外部から熱のやり取りがない断熱系（$Q=0$）の場合を考えると，

$$S(\text{状態 B}) \geq S(\text{状態 A}) \ [\text{J/K}] \tag{11.18}$$

となる．したがって，熱力学第 2 法則は次のようにいうこともできる．

> 断熱系の不可逆変化では，系のエントロピーは増大する．これを**エントロピー増大則**という．可逆過程では，その過程の前後でエントロピーは変わらない．

章 末 問 題

11.1 単振り子をある振れ角の位置から放したところ，最下点でのおもりの速さが最大になった．この運動は可逆か，不可逆かを説明しなさい．⇨ 11.1 節

11.2 海洋温度差発電は，およそ 25℃ の海洋表層の温水と，およそ 5℃ の深層の冷水の間でサイクルを回し，そこから仕事を取り出す発電方式である．このサイクルの効率の最大値を求めなさい．また，熱力学の観点から，この発電方式の問題点を指摘しなさい．⇨ 11.2 節

11.3 物質量，モル比熱，温度がそれぞれ，$n_\text{H}\ [\text{mol}]$，$c_\text{H}\ [\text{J/(mol·K)}]$，$T_\text{H}\ [\text{K}]$，$n_\text{L}\ [\text{mol}]$，$c_\text{L}\ [\text{J/(mol·K)}]$，$T_\text{L}\ [\text{K}]$ の物質をカルノーサイクルの高温熱源および低温熱源として用いたとき，最終的な状態の熱源の温度 T_F は，

$$T_\text{F} = T_\text{H}{}^{\frac{n_\text{H} c_\text{H}}{n_\text{H} c_\text{H} + n_\text{L} c_\text{L}}} T_\text{L}{}^{\frac{n_\text{L} c_\text{L}}{n_\text{H} c_\text{H} + n_\text{L} c_\text{L}}} \ [\text{K}] \tag{11.19}$$

となることを示しなさい．⇨ 11.2 節

11.4 前問で，低温熱源の温度を $T_\text{L} = 0\ \text{K}$ とすると，$T_\text{F} = 0\ \text{K}$ となり，高温熱源から供給された熱 $n_\text{H} c_\text{H} T_\text{H}\ [\text{J}]$ がすべて仕事に変わったことになる．これは熱力学第 2 法則より禁止されている．このことから，熱力学第 3 法則である「絶対零度は実現できない」ということがいえるか．すなわち，熱力学第 2 法則が熱力学第 3 法則を含んでいるといえるか．⇨ 11.2，11.3 節

11.5 第 1 種永久機関と第 2 種永久機関の違いを，熱効率の値によって説明しなさい．⇨ 11.1 〜 11.3 節

11.6 水力発電や風力発電は再生可能エネルギーとよばれ，水や風の力を利用することによって繰り返しエネルギーを取り出すことができる．これらは，地球全体を 1 つの系として見れば，永久機関ということができるか．理由も説明しなさい．⇨ 11.1 〜 11.3 節

11.7 図 11.8 のような，薄いしきりによって左右に分けられた断熱容器の中の左の部分に理想

気体が封入されており，右の部分は真空になっている．このしきりを瞬間的に取り去り，十分に時間が経った．このときのエントロピーは初めと比べて増えているか減っているか，または同じか．理由も説明しなさい．また，初めの状態から，このしきりを十分にゆっくりと図の右端まで動かしたときとの違いは何か．

⇨ **11.4節**

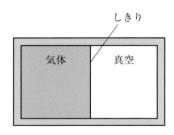

図11.8 しきりで分けられた容器

11.8 人は，1日におよそ2400 kcal（1 kcal = 4184 J）の熱を発している．ある男性の体重を70 kg重，比熱を 0.83 cal/(g·K) として，次の問いに答えなさい． ⇨ **11.4節**

(1) 発した熱がすべて体温の上昇に使われるとしたら，この男性の体温は1日に何℃上昇するか．

(2) 実際には，発した熱は外部に放出される．この男性の体温が 37℃，外部の温度が 27℃ に保たれているとすると，この熱の放出によるエントロピーの変化はいくらか．

11.9 27℃ の一定の温度に保たれた部屋に，200 g，87℃ のコーヒーを置いておいたところ，やがてコーヒーは室温と同じ 27℃ になった．この場合のエントロピーの変化を求めなさい．ただし，コーヒーの比熱を 4.2×10^3 J/(g·K) とする． ⇨ **11.4節**

11.10 カルノーサイクル，オットーサイクル，ディーゼルサイクルについて，温度 T [K] を縦軸に，エントロピー S [J/K] を横軸にした T-S グラフを描きなさい． ⇨ **11.4節**

第 12 章

波　動

　私たちの視覚や聴覚は光や音波を利用している．また，携帯電話やテレビ，GPS などでは電磁波を利用している．量子力学では，粒子も波のように振舞う（第 19 章を参照）．この章では，波についての基本的な性質を学んだ後，音や光について理解を深めよう．

学習目標
- 数式を用いて波動現象を表せるようになる．
- ホイヘンスの原理を用いて，屈折や回折現象を説明できるようになる．
- 音や光の波としての性質を理解し，身の回りの音や光の波動現象を説明できるようになる．

キーワード

波源，パルス波，連続波，縦波，横波，固定端，自由端，反射，干渉，定常波，腹，節，固有振動，基本振動，2 倍振動，3 倍振動，ホイヘンスの原理，反射・屈折の法則，音の 3 要素，ドップラー効果，光の分散，ヤングの実験，ニュートンリング

12.1　波

12.1.1　波

　図 12.1 のように，水平にぴんと張ったひもの一端を手で持ち，それを上下に振動させると，その振動がひもを伝わっていく．このように，振動が次々と伝わっていく現象を，**波動**または単に**波**という．

図 12.1　ひもを伝わる波

　注意して見ると，時間が経過するとともに，波は図の右に伝わっていくが，ひも自体が右に移動していくわけではないことに気がつく．このとき，ひもは波を伝える役割を果たしているだけである．このような，波を伝える役割をするものを**媒質**という．また，今の場合の手のように，波が発生する場所を**波源**という．

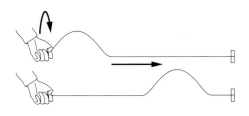

図 12.2　パルス波

ひもの振動のさせ方によって、発生する波の様子が異なる。ひもをごく短い間1回だけ振動させると、前ページの図12.2のように孤立した1つの波が生じる。このような波を**パルス波**という。一方で、ひもを絶えず振動させ続けると、連続した波が生じる。このような波を**連続波**という。この章では、主に連続波を取り扱う。

12.1.2 縦波と横波

ひもを伝わる波では、ひもの振動方向と波の進行方向が垂直になる。媒質の振動方向と波の進行方向が垂直な波を**横波**という。一方で、図12.3のように軽くて長いつる巻きば

図 12.3 縦波

ねの一端を固定し、他端を持ってばねと平行な方向に振動させてみよう。このとき、ばねの振動方向と波の進行方向が同じになる。媒質の振動方向と波の振動方向が同じ波を**縦波（疎密波）**という。

地震で最初に到達するP波は縦波、続いて来るS波は横波である。こういった地震波の伝わり方を調べることで、地球の構造が解明された。例えば、横波が気体や液体中を伝わらないことから、外核が液体であることがわかった。

縦波でも横波でもない波もある。例えば、水面を伝わる水面波では、水分子が上下前後に楕円運動をしている。

直線に沿って伝わる波を表すには、図12.4

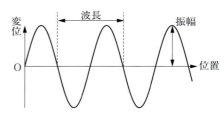

図 12.4 波のグラフ

のように横軸を媒質の位置に取り、縦軸をその位置での媒質の変位を取ってグラフを描くとわかりやすい。このようにすれば、縦波も横波と同じように表現される❶。

12.1.3 波の図と物理量

図12.4を見ると、同じ形の波が繰り返している。この場合の波1つ分の長さを、**波長**という。また、変位の大きさの最大値を波の**振幅**という。単位時間当りに媒質の振動が繰り返す回数を、波の**振動数**または**周波数**という。振動数 f [Hz] の波には、1 s 間に f [個] の波がある。したがって、この波の速さが v [m/s] の場合、波長 λ [m] は $\lambda = v/f$ となる。

12.1.4 波の重ね合わせの原理

2つの波源からの波がある位置に同時に到達したとき、その位置の変位を y [m] とし、個々の波が単独で到達したときの変位をそれぞれ y_1 [m]、y_2 [m] とする。波の振幅が十分に小さい場合、次の**重ね合わせの原理**が成り立つ。

---

❶ 縦波での変位の方向は波の進行方向と同じなので、このグラフは、変位を反時計回りに90°回転させたことになる。

$$y = y_1 + y_2 \,[\mathrm{m}] \quad (\text{重ね合わせの原理}) \tag{12.1}$$

ここでは，重ね合わせの原理が成り立つ場合についてのみ考える．

問題 12.1 図 12.5 のように，x 軸に沿って 2 つのパルス波が，互いに逆向きに同じ速さ 2.0 m/s で近づく．図 12.5 が $t = 0$ であるとき，$t = 1.5, 2.0, 2.5$ s の波形を描きなさい．

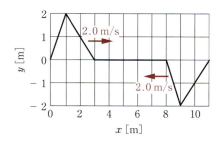

図 12.5 重ね合わせの原理

12.1.5 正弦波

波を表す関数 $y(x, t)\,[\mathrm{m}]$ が正弦関数，もしくは余弦関数で与えられる場合，この波を正弦波という．速さ v で $+x$ 方向に進む正弦波は，振幅 $y_0\,[\mathrm{m}]$，波長 λ とすると，(6.7) の関係 $\omega = 2\pi f = 2\pi/T = 2\pi v/\lambda \,[\mathrm{rad/s}]$ を用いて，

$$\begin{aligned} y(x, t) &= y_0 \sin\left\{\omega\left(t - \frac{x}{v}\right)\right\} = y_0 \sin(\omega t - kx) \\ &= y_0 \sin\left\{2\pi\left(ft - \frac{x}{\lambda}\right)\right\} = y_0 \sin\left\{2\pi\left(\frac{t}{T} - \frac{x}{\lambda}\right)\right\} [\mathrm{m}] \quad (\text{正弦波}) \end{aligned} \tag{12.2}$$

と書ける．ここで，$k = 2\pi/\lambda\,[1/\mathrm{m}]$ は波数とよばれる．また，速さ v で $-x$ 方向に進む波は x/λ の前の符号が $+$ になる．$x = $ (一定) の場合を考えると，(12.2) は

$$y(x, t) = y_0 \sin(\omega t + (\text{定数}))\,[\mathrm{m}] \tag{12.3}$$

という形になり，これは振幅 y_0，角振動数 ω の単振動の式になる．

12.2 波の干渉と反射

12.2.1 干 渉

2 つ以上の波が同時に空間内に存在する場合，重ね合わせの原理により，各点での媒質の変位は，個々の波による変位の和で表される．波の山と山，または谷と谷が重ね合わさると，変位の大きさは大きくなり，山と谷が重ね合わさると，それは小さくなる．このように，波が重なり合って，強め合ったり弱め合ったりする現象を波の**干渉**という．

12.2.2 反 射

波は，媒質の端や境界に到達すると，そこで**反射**をする．端の媒質が自由に動ける場合を**自由端**，固定されている場合を**固定端**という．端が自由端か固定端かによって，波の反射の様子

固定端での反射

固定端での反射の場合，端では媒質が振動できないので，入射波と反射波との合成波の変位は，端で常に 0 になる．そこで，図 12.6 のように，反射波は入射波を上下左右反転した仮想的な波が逆側から進んで来ると考えるとよい．この場合を，固定端で入射波と反射波の位相が π だけずれるという．

自由端での反射

自由端での反射の場合，端では媒質が自由に振動できる．そこで，図 12.7 のように，反射波は入射波を左右反転した仮想的な波が逆側から進んで来ると考えるとよい．この場合，端では入射波と反射波は，同じ大きさで同じ変位の方向に足し合わされる．このことを，自由端で入射波と反射波の位相が等しいという．

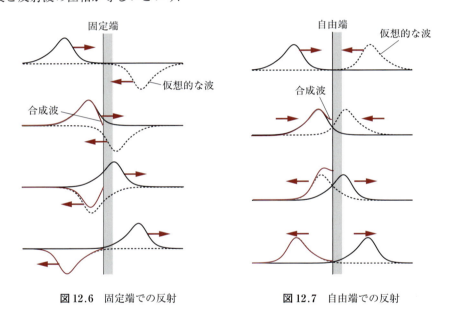

図 12.6　固定端での反射　　　　図 12.7　自由端での反射

問題 12.2　x 軸の正の向きに速さ $2.0\,\mathrm{m/s}$ でパルス波が移動している．$x = 6.0\,\mathrm{m}$ の位置に固定端があり，パルス波は固定端で反射をする．図 12.8 は $t = 0$ の波形である．$t = 2.0\,\mathrm{s}$ の反射波および合成波を描きなさい．

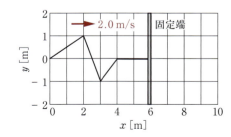

図 12.8　固定端での反射
（$t = 0$ における波形）

問題 12.3　x 軸の正の向きに速さ $2.0\,\mathrm{m/s}$ でパルス波が移動している．$x = 6.0\,\mathrm{m}$ の位置に自由端があり，パルス波は自由端で反射する．図 12.9 は $t = 0$ の波形である．$t = 2.0\,\mathrm{s}$ の反射波および合成波を描きなさい．

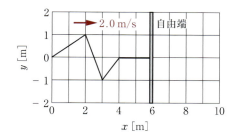

図 12.9　自由端での反射
($t=0$ における波形)

12.2.3 定 常 波

入射波と反射波が重なると，右にも左にも移動しないように見える波ができる場合がある．これを**定常波**（定在波）という．定常波では，大きく変動するところと不動の点がある．大きく変動するところを定常波の**腹**といい，不動の点を**節**という．

例題 12.1

定常波の隣り合う節と節の間隔は，波長の 1/2 であることを示しなさい．

解　波長を $\lambda = 2\pi/k$ [m] として，もとの波 y_1 [m]，y_2 [m] を，例えば $y_1 = A\sin(\omega t - kx)$，$y_2 = A\sin(\omega t + kx)$ とすれば，三角関数の和の公式により，合成波は，$y_1 + y_2 = A\sin(\omega t - kx) + A\sin(\omega t + kx) = 2A\sin\omega t\cos kx$ となる．したがって，節の位置は，$\cos kx = 0$ より，

$$x = \pm\frac{\lambda}{4},\pm\frac{3\lambda}{4},\pm\frac{5\lambda}{4},\cdots \text{[m]} \tag{12.4}$$

となり，定常波の隣り合う節と節の間隔は，波長 λ の 1/2 であるとわかる．

両端固定の定常波

バイオリンやギターなどの弦楽器の弦は，両端が固定されている．この場合，弦に生じる定常波は，弦の両端が節になる波に限られる．両端を固定した長さ L [m] の弦に生じる定常波の波長 λ_n [m] と振動数 f_n [Hz] は，弦を伝わる波の速さを v [m/s] とすれば，$f_n = v/\lambda_n$ より，次のようになる．

$$\lambda_n = \frac{2L}{n} \text{ [m]}, \qquad f_n = \frac{nv}{2L} \text{ [Hz]} \quad (n=1,2,3,\cdots) \tag{12.5}$$

弦に生じる定常波の振動を**固有振動**といい，その振動数を弦の**固有振動数**という．また，$n=1$ の固有振動を**基本振動**，その振動数を**基本振動数**といい，$n=2$，$n=3$ の振動を，それぞれ，**2倍振動**，**3倍振動**という．これらの振動を図示したものが図 12.10 である．

片端固定の定常波

片端を固定した場合に生じる定常波は，片方が節，もう一方が腹になっている．定常波の波長 λ_n，振動数 f_n は，波の速さを v とし，端の

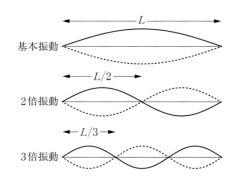

図 12.10　両端固定の基本振動，2倍振動，3倍振動

間隔を L とすれば，次のようになる．

$$\lambda_n = \frac{4L}{2n-1} \, [\text{m}], \qquad f_n = \frac{(2n-1)v}{4L} \, [\text{Hz}] \quad (n = 1, 2, 3, \cdots) \tag{12.6}$$

両端自由の定常波

両端が自由端の場合に生じる定常波は，両端が腹になる．定常波の波長 λ_n，振動数 f_n は，波の速さを v とし，端の間隔を L とすれば，次のようになる．

$$\lambda_n = \frac{2L}{n} \, [\text{m}], \qquad f_n = \frac{nv}{2L} \, [\text{Hz}] \quad (n = 1, 2, 3, \cdots) \tag{12.7}$$

問題 12.4 片端固定の場合の基本振動，2倍振動，3倍振動を図示しなさい．

問題 12.5 エレキギターやアコースティックギターの4，5，6弦は，鋼線を芯線としてその周りを金属線が巻いてある．その理由を説明しなさい．【ヒント】弦の線密度を $\rho_l \, [\text{kg/m}]$，弦の張力を $T \, [\text{N}]$ とすると，弦を伝わる音速 $v \, [\text{m/s}]$ は $v = \sqrt{T/\rho_l}$ で表される．

問題 12.6 オーケストラでは，演奏を始める前にオーボエがまずラ（440 Hz）の音を鳴らし，それに合わせて他の楽器がラの音を響かせて，音を合わせる．どうしてオーボエから始めるのだろうか．その理由を説明しなさい．

12.3 波の伝播

12.3.1 ホイヘンスの原理

今まで直線に沿って伝わる波を扱ってきたが，平面内や空間を伝わる波などもある．例えば，水面上の1点Oを振動させると，点Oを中心に円形の波が広がる．このとき，円上の波はどこも位相が等しくなっている．このような位相が等しい波を連ねた面を**波面**という．

波面が直線の波を**直線波**，円形の波を**円形波**という．また，3次元空間を伝わる波で，波面が平面の波を**平面波**，球面の波を**球面波**という．波の進行方向は波面に垂直なので，直線波や平面波は一定の向きに進む．波の速さが一様でない場合，遅い所ほど波面の間隔は狭くなる．

平面や空間を伝わる波の伝播は**ホイヘンスの原理**によって理解できる．

ホイヘンスの原理では，以下のステップを繰り返すことによって，次々と新たな波面を得ることができる（図12.11）．

(1) ある時刻 $t \, [\text{s}]$ における波面上の各点は，次の時刻の波を作る波源になる．

(2) 時刻 t における波面の各点（波源）に，半径 $v \Delta t \, [\text{m}]$ の球面波（素元波）を描く．ここで，$v \, [\text{m/s}]$ は各波源での波の速さである．

(3) $t + \Delta t \, [\text{s}]$ における波面は，波の進む前方の，素元波を重ね合わせた**包絡面**になる．

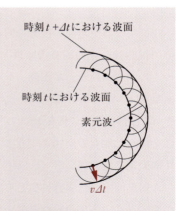

図12.11 ホイヘンスの原理

問題 12.7 海面を伝わる波の速さは水深の平方根に比例する．このことを考慮して，次の問いに

答えなさい．
(1) 波面が海岸線に平行になるよう，波が打ち寄せる理由を説明しなさい．
(2) 津波の高さが海岸に近づくと急に高くなる理由を説明しなさい．

12.3.2 屈 折

波の伝播速度は，媒質によって決まる．平面を境界とする2つの媒質1, 2を考え，媒質1から2へ波が伝播する場合を考えよう．波の振動数をf[Hz]，媒質1, 2での波の速さをv_1[m/s]，v_2[m/s]，波長をλ_1[m]，λ_2[m]とする．$\Delta t = 1/f$[s]とおくと，$v_i \Delta t = v_i/f = \lambda_i$[m]（$i=1,2$），となり，$\Delta t$[s]後には1波長の距離だけ進む．したがって，図12.12より，

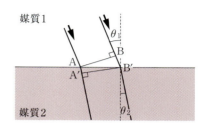

図12.12 スネルの法則

$$\lambda_2 = \overline{AA'} = \overline{AB'}\sin\theta_2 \,[\text{m}], \qquad \lambda_1 = \overline{BB'} = \overline{AB'}\sin\theta_1 \,[\text{m}] \tag{12.8}$$

の関係が得られる．これらの辺々を割って，次の**屈折の法則**（**スネルの法則**）を得る．

$$\frac{\sin\theta_2}{\sin\theta_1} = \frac{\lambda_2}{\lambda_1} = \frac{v_2}{v_1} \quad \text{（屈折の法則）} \tag{12.9}$$

12.3.3 回 折

障害物を用いてスリットを作り，スリットに波を入射させると，波は障害物の背後に回り込む．このように，媒質中を伝わる波が障害物の後ろに回り込む現象を波の**回折**という．回折は，波長が障害物やスリットに対して小さいときには目立たないが，障害物やスリットの大きさと同程度になると顕著になる．

波の回折は，図12.13のように，ホイヘンスの原理に従って順々に素元波の包絡面を描くと説明できる．

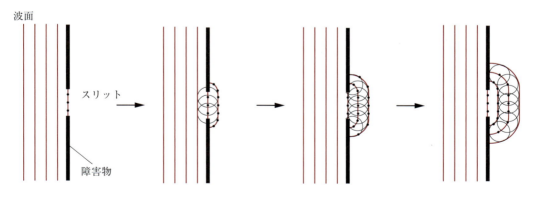

図12.13 隙間に直線波を入射した場合の波の回折

12.4 音波

今まで，波の一般的な性質を学んできた．波の中で最も身近なのは，空気中を伝わる音波である．ここでは，音波について学んでいこう．

図 12.14 のように音叉を振動させたとき，音叉の端が外側へ動くと，音叉の外側に圧力の高い部分（密部）ができ，逆に音叉の端が内側へ動くと音叉の外側に圧力の低い部分（疎部）ができる．そして，音叉が連続的に振動すると，空気の振動が疎密波になって伝わっていく．これが音波である．

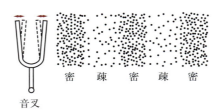

図 12.14　音叉

12.4.1 音の高さ，音色，大きさ

音を特徴づける 3 要素は，高さ（音高，またはピッチ），音色，大きさ（強さ）である．

音　高

音高は振動数によって決まる．振動数が高いほど高い音に聞こえる．人の可聴領域は 20 Hz 〜 20 kHz といわれている❷．

音　色

異なる楽器で同じ高さの音を演奏しても違って聞こえるのは，音色が異なるためである．音響学的には，音色は音の波形の違いである．音の成分（2 倍音，3 倍音などの混じり具合）やその減衰の仕方の違いなどによって波形が異なる．

音の強さ

音の強さは，単位時間，単位面積当りに観測面に垂直に流れる音のエネルギーで定義する．音の強さレベル L [dB]は，人は音の強さの可聴領域が幅広いため，最小可聴音 $I_0 = 10^{-12}$ W/m^2 を基準とし，音の強さ I [W/m^2] のとき，$L = 10 \log_{10}(I/I_0)$ と，対数関数を用いて定義する．

12.4.2 音　速

音速は，媒質となる物質の性質で決まる．1 気圧，t ℃の空気中を伝わる音速 V [m/s] は，
$$V = 331.5 + 0.6\, t \text{ m/s} \tag{12.10}$$
と近似的に書ける．温度が高い程，音速は大きくなる．

問題 12.8　昼に比べて夜のほうが，遠くの音が聞こえやすい理由を説明しなさい．ただし，生活

---

❷　440 Hz は音の標準とされている．88 個の鍵盤をもつピアノの調律では，鍵盤の中央付近にあるハ長調のラの音（A4）を，440 Hz（または 442 Hz）に合わせる．NHK ラジオの時報の最初の 3 音は 440 Hz，最後の長音は 1 オクターブ上の 880 Hz である．

音などの「雑音」はないとする.

12.4.3 ドップラー効果

初めに,静止している観測者に,音源が一定の速度で近づいてくる場合を考えよう.音源の出す音の振動数を f [Hz],音速を V,音源の速さを $v_{音源}$ [m/s] ($v<V$) とすれば,観測者が聞く音の振動数 f' [Hz] は,次のようになる.

$$f' = \frac{V}{V - v_{音源}} f \text{ [Hz]} \qquad (12.11)$$

この式は,音源が観測者から離れていく場合には,$v_{音源}<0$ として適用できる.音源が観測者に近づいて来る場合には,$V/(V-v_{音源})>1$ であるから $f'>f$ となり,音は高く聞こえる.逆に,音源が遠ざかる場合には,$V/(V-v_{音源})<1$ であるから,$f'<f$ となり,音は低く聞こえる.これを**ドップラー効果**という.

例題 12.2

(12.11) を導きなさい.

解 図 12.15 のように,時刻 $t=0$ で点 P を出た音が時刻 t [s] で観測者 O に届いたとしよう.時刻 t には,音源は P' にあり $\overline{\text{PP}'} = v_{音源} t$ [m] である.OP' 間に含まれる波の数は,静止音源が $t=0$ から t までに出す波の数に等しい.すなわち,静止音源の波長を λ [m],音源が動いているときに,観測者が観測する波長を λ' [m] とすると,$(V-v_{音源})t/\lambda' = Vt/\lambda$ が成り立つ.よって,$f'\lambda' = f\lambda = V$ より (12.11) を得る.

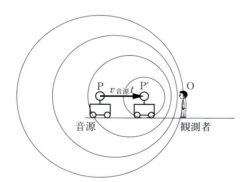

図 12.15 ドップラー効果

次に,音源が静止していて,観測者が動いている場合を考えよう.音源の出す音の振動数を f,音速を V とし,観測者が速さ $v_{観測者}$ [m/s] $< V$ で音源から遠ざかりながら聞く場合には,相対速度は $(V-v_{観測者})$ [m/s] だから,観測者が聞く音の振動数 f'' [Hz] は,音源の波長を λ [m] として $f'' = (V-v_{観測者})/\lambda$ となる.$\lambda = V/f$ を代入して,f'' は次のようになる.

$$f'' = \frac{V - v_{観測者}}{V} f \text{ [Hz]} \qquad (12.12)$$

この式は,観測者が音源から近づく場合には,$v_{観測者}<0$ として適用できる.

最後に,音源も観測者も動いている場合を考えよう.
観測者が聞く音の振動数 f''' [Hz] は,静止している観測者にとって (12.11) の振動数 f'

で聞こえる音を，速さ $v_{観測者}$ で運動する観測者が聞くということであるから，(12.12) の f に (12.11) の f' を代入して，次のようになる．

$$f''' = \frac{V - v_{観測者}}{V} \frac{V}{V - v_{音源}} f = \frac{V - v_{観測者}}{V - v_{音源}} f \text{ [Hz]} \quad (12.13)$$

ドップラー効果は音波だけでなく，あらゆる波動で起こる．例えば，ドップラー効果により，遠ざかる銀河から出る光の振動数は小さくなるので，銀河の可視光スペクトルの中の暗線（フラウンホーファー線）が，太陽のものに比べて振動数が小さい方（赤方）にずれている（**赤方偏移**）[3]．

12.4.4 うなり

振動数のわずかに異なる 2 つの音叉を同時に鳴らすと，強弱が周期的に変化する音が聞こえる．このような現象を**うなり**という．2 つの音叉の振動数をそれぞれ，f_1 [Hz]，f_2 [Hz] とすると，1 s 当りのうなりの回数 f は，次式で求められる．

$$f = |f_1 - f_2| \text{ [回]} \quad (\text{うなりの回数}) \quad (12.14)$$

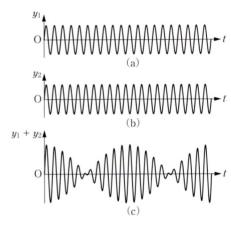

図 12.16　うなり

これは次のように示すことができる．ある位置での音波の振動が，それぞれ，図 12.16 (a)，(b) で表されるとする．その合成波は (c) のようになる．すなわち，2 つの波の山が同時刻に現れるときに，音波は強め合い，山と谷が同時刻に現れると波は弱め合う．

このことを式で表そう．ある位置での音波の振動 y_1，y_2 を，

$$y_1 = A \sin(2\pi f_1 t) \text{ [m]}, \quad y_2 = A \sin(2\pi f_2 t) \text{ [m]} \quad (12.15)$$

としよう．ここで，A は波の振幅である．この位置での合成波は，三角関数の和の公式を用いれば，

$$y_1 + y_2 = A \sin(2\pi f_1 t) + A \sin(2\pi f_2 t) = 2A \cos\{\pi(f_1 - f_2)t\} \sin\{\pi(f_1 + f_2)t\} \text{ [m]} \quad (12.16)$$

となる．これは，振幅が $A \cos\{\pi(f_1 - f_2)t\}$ に比例して変化する波と考えることができる．合成波 (12.16) は，図 12.16 (c) のように振動数の大きな波が，符号の逆の 2 つの余弦曲線の間に挟まれた形になるので，合成波のうなりの周期は，この曲線の周期の 1/2 になる．したがって，うなりの周期は $T = 1/f = 1/|f_1 - f_2|$ となる．これより，(12.14) が求まる．

問題 12.9　ピアノの調律師は，異なる 2 つの弦からの音の間のうなりを聞いてピアノを調律する．まず，440 Hz の音叉の音を聞き，1 オクターブ下のラの音の周波数を 220 Hz に合わせる．そして，ラの音の 4 倍音とレの 3 倍音の間でうなりを聞き，レの音の周波数を 293.665 Hz に合わせる．ラとレの音を聞きレの音の周波数を合わせるとき，1 s 間に何回うなりが聞こえればよいだろうか．

---

[3] ただし，光のドップラー効果の場合は相対論的な扱いをしなければならない．

12.5 光 波

光は電磁波の一種であるから，波としての性質をもっている．そのため，光はホイヘンスの原理に従って伝播する．しかしながら，光の波長は数百 nm（ナノメートル）であり，私たちの身の回りの物体に比べて非常に小さい．そこで，光の進む線を光線として扱い，光線の進路を幾何学的に取り扱う幾何光学が用いられている．幾何光学の範囲では，光線は，進むのにかかる時間が最小になる経路を通る．これをフェルマーの原理という．

12.5.1 光の反射と屈折

屈折率

図 12.17 のように，媒質 1 と媒質 2 が平面を境界として接している．この境界面に媒質 1 側から光線を入射すると，境界面で光の一部は反射し，一部は屈折する．

反射，屈折する平面に垂直な線を法線といい，通常，この法線に対して角度を測る．法線と，入射光，反射光，屈折光のなす角をそれぞれ，**入射角**，**反射角**，**屈折角**という．

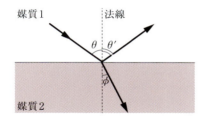

図 12.17　光の反射・屈折

反射・屈折の法則

入射角 θ [rad]，反射角 θ' [rad]，屈折角 ϕ [rad] の間には，次の関係がある．

$$\theta = \theta' \text{ [rad]} \quad （\text{反射の法則}） \tag{12.17}$$

$$\frac{\sin\theta}{\sin\phi} = \frac{c_1}{c_2} = n_{12} \quad （\text{屈折の法則}） \tag{12.18}$$

ここで，c_1 [m/s]，c_2 [m/s] はそれぞれ媒質 1，媒質 2 での光速である．また，n_{12} を，媒質 1 に対する媒質 2 の**屈折率**という．特に，真空の屈折率は $n = 1$ であり，真空に対する屈折率を**絶対屈折率**という[4]．代表的な媒質の屈折率を表 12.1 に示す．

光線が空気中から水中のように，屈折率が小さい媒質から大きい媒質に入射するとき，光線は法線方向に折れ曲がる．逆に，水中から空気中のように，屈折率が大きい媒質から小さい媒質に入射するとき，光線は法線と逆の方向に折れ曲がる．

表 12.1　代表的な媒質の屈折率（波長 589.3 nm で）（国立天文台 編：「理科年表」（丸善出版，2018 年）より許可を得て転載）

媒質	屈折率
空気（15 ℃）	1.000292
方解石（18 ℃）	1.6584
水（20 ℃）	1.3330
石英ガラス（18 ℃）	1.4585
水晶（18 ℃）	1.5443
ダイヤモンド	2.4195

---

[4] 定義から明らかなように，屈折率は単位のない無次元量である．

光路長

屈折率 n の媒質中を光が距離 L [m] だけ進む場合を考えよう．真空中の光速を c [m/s] とすれば，屈折率 n の媒質中での光速は c/n である．したがって，光が距離 L だけ進むのにかかる時間は，nL/c [s] である．同じ時間で，真空中を光は nL [m] だけ進む．そこで，屈折率 n と光が媒質中を進む距離 L の積 nL を，**光路長** という．

問題 12.10 空気中から水中に，光線が入射角 $30°$ で入射するとき，反射角および屈折角を求めなさい．ただし，水の屈折率を 1.333 とする．

臨界角と全反射

屈折率が大きな媒質 1 から小さな媒質 2 ($n_{12} < 1$) へと光が進むときには，屈折角 ϕ は入射角 θ よりも大きくなる．よって，入射角 θ を大きくしていくと，図 12.18 のように，屈折角 ϕ もそれに伴い大きくなる．しかし，屈折角 ϕ が $\pi/2$ を超えると，光は屈折して進むことができずに，すべて反射される．この現象を **全反射** といい，屈折角 ϕ が $\pi/2$ のときの入射角 $\theta = \theta_C$ [rad] を **臨界角** という．

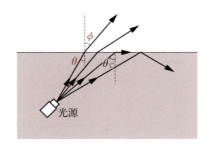

図 12.18 全反射

臨界角 θ_C を屈折率を用いて表すと，$\sin\theta_C / \sin(\pi/2) = n_{12}$ より，次のように書ける．

$$\sin\theta_C = n_{12} \quad \text{（全反射の条件）} \tag{12.19}$$

問題 12.11 光ファイバは屈折率の異なる透明な媒質により光を伝送する．図 12.19 のように，屈折率 n_1 のコアの周りに同心円状に屈折率 n_2 ($n_2 < n_1$) のクラッドが囲み，その周りを不透明な被覆で覆っている．中心軸と角度 θ をなす光が，全反射をして遠くまで伝わるための θ の条件を求めなさい．

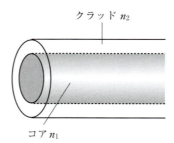

図 12.19 光ファイバ

12.5.2 光の分散

いろいろな波長の光が混じった光を三角プリズムに入射すると，光線はプリズムの 2 つの面で屈折して出てくる．プリズムの屈折率は波長によって異なるので，図 12.20 のように，光は異なる角度で屈折して，いろいろな波長の光に分かれる．これを **光の分散** という．また，このような波長ごとに分かれた光の模様を光の **スペクトル** という．光を波長成分のスペクトルに分けることを **分光** という．可視光線（人が見える波長の範囲の光）の波長は，おおよそ 380 〜

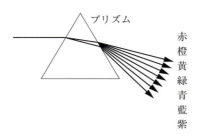

図 12.20 分光

表 12.2 光の色とおおよその波長

色	波長 [nm]
赤	620 〜 740
橙	590 〜 620
黄	570 〜 590
緑	500 〜 570
青	450 〜 500
藍	430 〜 450
紫	380 〜 430

770 nm（1 nm $= 10^{-9}$ m）であり，赤橙黄緑青藍紫の順に波長が短くなる（表 12.2）．

物質を温めたり電子を当てたりすると，その物質の固有振動数をもつ光を放出する．これを光のスペクトルに分解して，その物質を同定したり，物質の性質を調べたりする方法を**分光法**（**スペクトロスコピー**）といい，広く用いられている．

太陽光のスペクトルはすべての波長の光が混ざっているので，スペクトルは連続している．このような連続したスペクトルを**連続スペクトル**という．一方で，ナトリウムランプや水銀ランプの光は特定の波長の光しか含まれないので，スペクトルには特定の波長の色がとびとびに現れる．このようなスペクトルを**離散スペクトル**という．

問題 12.12 虹は，空中の小さな水滴によって，太陽光が屈折，反射されてできる．主虹の上側が赤で下側が紫である理由を説明しなさい．また，主虹の上に副虹が見えることがあるが，それは水滴内で 2 度反射したためである．その色の配置が逆転する理由を説明しなさい．ただし，水の可視光領域の屈折率は波長が短いほど大きくなる．

問題 12.13 空や海の色はなぜ青いのだろうか．また，植物の葉はなぜ緑なのだろうか．

12.5.3 光の干渉

ヤングの実験

ヤングは，1807 年に次のような実験で光が波であることを確かめた．

図 12.21 のように，単スリット S，複スリット S_1，S_2，スクリーンを平行に置き，単スリット S に単色光を入射させる場合を考えよう．S を通過した光は，S_1 または S_2 を通過し，スクリーンに到達する．すべてのスリットは紙面に垂直な方向に十分に長いとする．

スクリーン上の点 P に到達する光を考えると，それは，S_1 を通過してきた光と，S_2 を通過

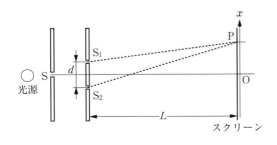

図 12.21 ヤングの実験

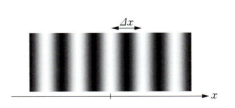

図 12.22 ヤングの実験の干渉縞

してきた光との重ね合わせになる．この2つの光は，スリットからスクリーンまでの距離が異なる．そのため，2つの光に位相差が生じる．そして，スクリーン上ではこの2つの光が干渉することにより，前ページの図12.22のような干渉縞ができる．

スクリーン上で光が強め合う条件を求めよう．SからS$_1$，S$_2$までの距離は等しいとする．S$_1$，S$_2$の中点からスクリーンに下ろした垂線とスクリーンとの交点を原点Oとし，スクリーンの面内にx軸を取って$\overline{\text{OP}} = x\,[\text{m}]$とする．また，複スリットからスクリーンまでの距離をLとする．

入射光の波長を$\lambda\,[\text{m}]$，S$_1$，S$_2$の間隔を$d\,[\text{m}]$とすれば，光路長の差（**光路差**）は，スリットからスクリーン上の点Pまでの距離の差$\overline{\text{S}_2\text{P}} - \overline{\text{S}_1\text{P}}\,[\text{m}]$である．ここで，

$$\overline{\text{S}_1\text{P}} = \left\{L^2 + \left(x - \frac{d}{2}\right)^2\right\}^{\frac{1}{2}} = L\left\{1 + \frac{1}{L^2}\left(x - \frac{d}{2}\right)^2\right\}^{\frac{1}{2}} \simeq L\left\{1 + \frac{1}{2L^2}\left(x - \frac{d}{2}\right)^2\right\}\,[\text{m}] \tag{12.20}$$

となる❺．同様に，

$$\overline{\text{S}_2\text{P}} \simeq L\left\{1 + \frac{1}{2L^2}\left(x + \frac{d}{2}\right)^2\right\}\,[\text{m}] \tag{12.21}$$

となるので，$\overline{\text{S}_2\text{P}} - \overline{\text{S}_1\text{P}} = (d/L)x$と求まる．したがって，

$$\text{明線の条件：}\frac{d}{L}x = n\lambda\,[\text{m}] \quad (n = 0, \pm1, \pm2, \cdots) \tag{12.22}$$

が得られる．また，干渉縞の間隔Δxは次のようになる．

$$\Delta x = \frac{L\lambda}{d}\,[\text{m}] \tag{12.23}$$

回折格子

多数の平行スリットを等間隔で配置したものを**回折格子**という．ヤングの実験の複スリットを回折格子に取りかえて実験を行うと，多数の平行スリットを通る光は，ヤングの実験の複スリットを通る光と同様に互いに干渉し，スクリーン上に縞模様を作る．この縞模様は，多数の光が互いに干渉するので，複スリットのものよりも明瞭になる．

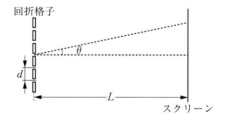

図12.23　回折格子

図12.23のように，スリットの間隔が$d\,[\text{m}]$の回折格子に波長λの光が垂直に入射し，入射方向と角度θをなす方向に回折する場合，光が強め合う条件は，

$$d \cdot \sin\theta = n\lambda\,[\text{m}] \quad (n = 0, \pm1, \pm2, \cdots) \tag{12.24}$$

となる．

特にθが小さいときには，$\sin\theta \simeq \theta$と近似できるので，光が強め合う条件(12.24)は$n=1$の場合，$\theta = \lambda/d$となる．すなわち，角度θは波長λに比例する．したがって，回折格子にいろいろな波長が混じった光を入射すると，スクリーン上にはスペクトルが現れる．また，この場合，スリットの間隔dが小さいほどスペクトルの幅が広がり，精度のよい測定をするこ

---

❺　$|\alpha|$が小さいとき$\sqrt{1+\alpha} = 1 + \alpha/2$という近似を使った．

とができる．実際には回折格子として，1 mm の間に数百から数千本のスリットを配置したものがよく用いられる．

問題 12.14 次の問いに答えなさい．

(1) スクリーンから距離 1.00 m だけ離れた位置に 1 mm 当り 200 本のスリットが配置されている回折格子を置き，回折格子に垂直にレーザー光を入射したところ，スクリーン上に 31.6 mm 間隔で明線が現れた．このレーザー光の波長を求めなさい．

(2) (1)の実験で回折格子だけを複スリットに交換したところ，明線の間隔が 70.0 mm となった．複スリットの間隔を求めなさい．

(3) (1)の実験でレーザー光の代わりに白色光を入射した．スクリーン上の $n = 0$ の回折光，$n = 1$ の回折光はどうなるか説明しなさい．

薄膜による光の干渉

空気（屈折率 1）中に置かれた屈折率 n ($n > 1$)，厚さ d [m] の透明な薄膜に波長 λ [m] の単色光を垂直に入射すると，薄膜の上面で反射する光と，下面で反射する光が干渉する．このとき，上面で反射した光と，下面で反射した光の光路差は $2nd$ である．

ここで，屈折率の大きい媒質から小さい媒質へ入射する場合の反射は，自由端反射に相当し，反射によって光の位相は変化しない．また，屈折率の小さい媒質から大きい媒質へ入射する場合の反射は，固定端反射に相当し，反射によって光の位相は π（半波長）だけずれる．

このことにより，光が強め合う条件は，次のようになる．

$$2nd = \left(m + \frac{1}{2}\right)\lambda \text{ [m]} \quad (m = 0, 1, 2, \cdots) \tag{12.25}$$

問題 12.15 干渉を利用して，透明な薄膜の膜厚を測定する方法を考えなさい．

ニュートンリング

図 12.24 のように，平面ガラスの上に，平凸レンズを乗せる．これに鉛直上方から光を当てると，平面ガラスの上面で反射する光と，球面レンズの下面で反射する光とが干渉して，同心円状の縞模様が観測できる（図 12.25）．この干渉縞を**ニュートンリング**という．

鉛直上方から当てる光を単色光とし，その波長を λ とする．また，球面ガラスの半径を R [m] とすれば，ニュートンリングの明環の半径 r [m] は次のように表される．

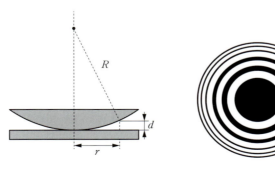

図 12.24 ニュートンリング　　図 12.25 ニュートンリングの干渉縞

$$r = \sqrt{\left(m + \frac{1}{2}\right)\lambda R} \,[\mathrm{m}] \quad (m = 0, 1, 2, \cdots) \tag{12.26}$$

例題 12.3

ニュートンリングの明環の半径の条件式 (12.26) を導きなさい．

解 空気層の厚さを $d\,[\mathrm{m}]$ とすれば，平面ガラスの上面で反射する光と，球面レンズの下面で反射する光との光路差は $2d$ である．平面ガラスの上面で反射する光は，空気の方がガラスに比べて屈折率が小さいので，位相が反転することに注意すれば，2 つの光が干渉して強め合う条件は，光の波長を $\lambda\,[\mathrm{m}]$ とし，$m = 0, 1, 2, \cdots$ とすれば，$2d = (m + 1/2)\lambda$ である．

ここで，三平方の定理より $(R - d)^2 + r^2 = R^2$ であるから，$2d/R = r^2/R^2 + d^2/R^2 \simeq r^2/R^2$ を得る．ここで右辺は，d^2/R^2 が小さいので無視した結果である．

$d \simeq r^2/(2R)$ であるから，これを上の $2d = (m + 1/2)\lambda$ に代入して (12.26) を得る．

章末問題

12.1 スリットに波を入射させるとき，スリット間隔や隙間に対して波長が小さい場合には，大きい場合に比べて回折が目立たなくなる理由を説明しなさい． ⇨ 12.2, 12.3 節

12.2 波長 3.0 m の音を出す 2 つの音源が，ある距離だけ離れて同位相で音を出している．2 つの源の位置を焦点とする，長軸の長さ 5.0 m，短軸の長さ 4.0 m の楕円上を観測者がゆっくりと歩くと，音が強め合ったり弱め合ったりした．この場合に，楕円上で音が弱め合う位置は何箇所あるか． ⇨ 12.2, 12.4 節

12.3 パイプオルガンでは，パイプに空気を送り込むと音が出る．音速を 340 m/s として，次の問いに答えなさい．ただし，開管（両端が開いた管）の場合，開口端（管の開いた端）と定常波の腹の位置が一致しているとする． ⇨ 12.2, 12.4 節

(1) 基本振動の振動数が 440 Hz（ラの音）の開管パイプの長さを求めなさい．

(2) 2 倍音，3 倍音の振動数を求めなさい．

(3) この管を閉管（片端が閉じた管）にしたとき，基本振動の音はどうなるか．

(4) (1)で温度が上がったとき，音の高さはどう変化するか．

12.4 自転車のスポークを適切な張力にしておくことで，ホイールを長持ちさせることができる．スポークの張力を測るには，スポークテンションメーターを用いればよいが，スポークを弾いたときに出る音の高さで，スポークの張力を知ることもできる．

密度 $7.9 \times 10^3\,\mathrm{kg/m^3}$ のステンレス鋼からなるスポークを弾いたところ，振動数 350 Hz の音を観測した．このときのスポークの張力の大きさを求めなさい．ただし，このスポークのスポーク長を 0.29 m，直径を $0.20 \times 10^{-3}\,\mathrm{m}$ とし，また，スポークの張力を $T\,[\mathrm{N}]$，線密度を $\rho_1\,[\mathrm{kg/m}]$ とするとき，スポークを伝わる波の速さは $\sqrt{T/\rho_1}\,[\mathrm{m/s}]$ で与えられる． ⇨ 12.2, 12.4 節

12.5 マイクロ波を用いたスピードガンはドップラー効果を利用して速度を測定する装置である．今，一定の速さで近づいてくるボールに向かって，真正面から振動数 10.525 GHz のマイクロ波を当てたところ，周波数が 2340 Hz だけ変化した．ボールの速さを求めなさい．ただし，マイクロ波の速さ（光速）を 3.00×10^8 m/s とし，マイクロ波の場合も (12.11), (12.12) が成り立つとする． ⇨ 12.4 節

12.6 シャボン玉が虹色に見えることがある理由を説明しなさい． ⇨12.5節

12.7 絶対屈折率 n_2 の媒質の上に絶対屈折率 n_1 ($n_2 > n_1$) の透明な膜を薄くコーティングすることによって，光の反射を防止できる（反射防止膜）．これは，膜の表面で反射した光と，膜と媒質の境界面で反射した光とが干渉して弱め合うためである．波長 λ [m] の光が垂直入射した場合について，反射防止膜の最小の厚さを求めなさい．ただし，空気の絶対屈折率を1とする． ⇨12.5節

12.8 光が古典的な粒子だとすると，真空から媒質への屈折を説明するには媒質中の光速は真空中の光速より大きくなければならない．その理由を説明しなさい．【ヒント】屈折するということは，粒子が境界面で力を受けたことになる． ⇨12.5節

12.9 海やプールなどで水中にもぐると，ものがぼやけて見える理由を説明しなさい． ⇨12.5節

12.10 3月や4月，雨の日の翌日に晴れると，太陽の周りに虹色の光の環ができることがある．この環はどうしてできるのだろうか． ⇨12.5節

12.11 図12.26のように2枚の平面ガラスの端に細い棒を挟んだところ，角度 θ [rad] のくさび形の隙間ができた．下の平面ガラスに垂直に波長 λ [m] の単色光を入射したところ，棒に平行な縞模様が見えた．下の平面ガラスの上面，棒に垂直に x 軸を取り，平面ガラスの接点を原点として，明線の位置の x 座標を求めなさい． ⇨12.5節

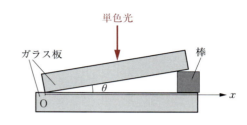

図12.26 くさび形空気層

第 13 章

電　場

　帯電した物体の間に，なぜ静電気力がはたらくのだろうか．現代では，帯電した物体が空間に電場を作ると考える．そして，その電場を介して電荷の間に力がはたらくと考えるのである．
　この章では，まず，帯電した物体の基本的性質について考察しよう．次に，電荷間にはたらく静電気力の法則（クーロンの法則）を学んだうえで，電場についての理解を深めよう．最後に，一様な電場のもとでの荷電粒子の運動を調べよう．

学習目標
- 電荷の概念を説明できるようになる．
- クーロンの法則を説明でき，点電荷にはたらく静電気力を計算できるようになる．
- 静電気力と電場の関係を理解し，電荷分布が与えられた場合に電場を求めることができるようになる．
- 一様な電場での荷電粒子の運動について計算できるようになる．

キーワード
電荷，電気量 Q [C]，静電気力（クーロン力），導体，絶縁体，半導体，静電誘導，誘電分極，クーロンの法則，誘電率 ε [C²/(N·m²)]，線電荷密度 λ [C/m]，面電荷密度 σ [C/m²]，体積電荷密度 ρ [C/m³]，電場ベクトル $\boldsymbol{E}$ [N/C]

13.1　電荷と電荷保存則

13.1.1　電荷と静電気力

　図 13.1（a）のように，絹布で擦ったアクリル球に，絹布で擦ったアクリル棒を近づけると，それらの間には反発力がはたらく．一方で，図 13.1（b）のように，絹布で擦ったアクリル球に，ポリエステル布で擦ったガラス棒を近づけると引力がはたらく．これらの力がはたらくのは，物体が**電荷**を帯びるからである．
　電荷は正，負，0 の値を取り，同符号の電荷をもつ物体の間には斥力が，異符号の電荷をもつ物体の間には引力がはたらく．この電荷と電荷の間にはたらく力を**静電気力**という．
　電荷を定量的に表すときには，**電気量**という言葉を用いることもある❶．物体が電荷を帯びているとき，物体は**帯電**しているという．また，帯電した粒子を**荷電粒子**という．

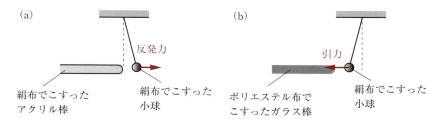

図 13.1 静電気力

13.1.2 帯電の原因

どうして物体は帯電するのだろうか．微視的に見ると，物質は原子核と電子からなる原子からできている．原子核に含まれる陽子は正の電荷をもっており，電子は負の電荷をもっている．陽子と電子の電気量の大きさは等しい．通常，物体中では電子と陽子の数が等しく，それらの分布が一様なので，物体は巨視的には電気的に中性になっている．ところが，摩擦などで物体中の電子と陽子の数が異なっていたり，分布が非一様だったりすると，物体は帯電する．

電子や陽子 1 個がもつ電気量の大きさは，

$$e = 1.60217733 \times 10^{-19} \text{ C} \tag{13.1}$$

である．これを**電気素量**という．電気量の単位は C である．

13.1.3 電荷保存則

2 つの異なる物体を擦り合わせた際に，一方の物体から他方の物体に電子が移動し，電子を受け取った方の物体は負，電子を渡した方の物体は正に帯電することがある．

物体の帯電のしやすさは，さまざまな条件で変わるが，その材質によって図 13.2 のような傾向にある．すなわち，2 つの物体を擦り合わせた場合，図の右にあるものほど正に，左にあるものほど負に帯電しやすい．

摩擦などで，ある物体から別の物体に電荷が移動して，一方が電気量 Q [C] だけ帯電したら，必ずもう一方は電気量 $-Q$ [C] だけ帯電する．これを**電荷保存則**という．

図 13.2 帯電列の例

---

❶ すなわち，「電荷 Q」と，「電気量 Q の電荷」は同じことを意味する．

13.2 導体，半導体，絶縁体

物質はその電気的な性質で，導体，半導体，絶縁体の3つに分けられる．

導　体

物質の中で，特に電流（電荷の流れ）が流れやすいものを**導体**という．銅や金など，多くの金属は導体に分類される．導体内には自由に動き回れる電子（**自由電子**）が多数存在している．導体が電流を流しやすいのは，導体内の自由電子が電荷を運ぶためである．

現実の導体では，電流を流す際に必ず電流を流しにくくする抵抗が存在する．ここでは，抵抗が全くない理想的な場合を考えよう．このような理想的な導体を**完全導体**という．導体のうちで太さが無視できる線状のものを**導線**という．

絶 縁 体

物質の中で，特に電流を流しにくいものを**絶縁体**という．アクリル樹脂やゴムなどがその例である．現実には，絶縁体でもわずかながら電流が流れる．しかし，ここでも完全導体と同じように，電流を全く流さない理想的な場合を考え，それを**完全絶縁体**という．

半 導 体

導体と絶縁体の中間の性質をもつ物質を**半導体**という．ケイ素（シリコン）が半導体の代表例である．高純度のケイ素に不純物を制御して混ぜ，自由に動ける電子（n型）や電子の孔（p型）をもつ物質などを作ることにより，現在の半導体文明が花開いた．

静電誘導と誘電分極

帯電した物体を導体に近づけると，導体内にあった自由電子が静電気力を受けて移動する．その結果，図13.3（a）のように，帯電した物体に近い表面には帯電体とは異なる符号の電荷が，遠い表面には同じ符号の電荷が現れる．導体のこの現象を，**静電誘導**という．

一方で，帯電した物体を絶縁体に近づけても，絶縁体内には自由電子は存在しないので，絶縁体の全体にわたる電子の移動は起こらない．しかし，絶縁体を作る原子・分子の中では，電子や陽子が力を受ける．そして，図13.3（b）のように電荷が偏って分布する．一般に，絶縁体の場合も導体と同じく，帯電した物体に近い表面には帯電体とは異なる符号の電荷が，遠い側の表面には同じ符号の電荷が現れる．絶縁体のこの現象を**誘電分極**という．

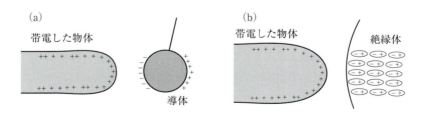

図13.3　(a)静電誘導と(b)誘電分極

13.3 クーロンの法則とその合力

13.3.1 クーロンの法則

質点と同様の考え方で,電荷をもつ小物体を点として扱い,それを**点電荷**とよぶ.2つの点電荷の間にはたらく静電気力(**クーロン力**)の大きさは,点電荷の電気量の大きさと点電荷間の距離によって決まる.

媒質中に電気量 q_A [C] および q_B [C] の点電荷 A,B が,距離 r [m] だけ離れて固定されている場合,点電荷 A,B 間には,q_A,q_B が同符号の電荷であれば反発力(斥力)が,異符号の電荷であれば引力がはたらく.また,力は互いに逆向きで,その大きさ $F_{A \to B}$ [N],$F_{B \to A}$ [N] は等しく,次のように書ける.これを**クーロンの法則**という.

$$F_{A \to B} = F_{B \to A} = \frac{1}{4\pi\varepsilon} \frac{|q_A||q_B|}{r^2} \text{ [N]} \quad (\text{静電気力の大きさ}) \qquad (13.2)$$

ここで,ε は**誘電率**とよばれ,その大きさは点電荷が置かれた空間(媒質)によって決まる❷.真空での誘電率 ε_0 は次の値をもち,空気の誘電率もほぼ同じ値である.

$$\varepsilon_0 = 8.85418782 \times 10^{-12} \, \text{C}^2/(\text{N}\cdot\text{m}^2) \quad (\text{真空の誘電率}) \qquad (13.3)$$

例題 13.1

原子核中の2つの陽子間にはたらく,万有引力の大きさと静電気力の大きさの比を求めなさい.ただし,陽子の質量を 1.67×10^{-27} kg,電荷の大きさを 1.60×10^{-19} C,万有引力定数を 6.67×10^{-11} N·m^2/kg^2,真空の誘電率を 8.85×10^{-12} C^2/(N·m^2) とする.

解 2つの陽子の間の距離を r とすると,万有引力の大きさは,$F_G = Gm_p^2/r^2$ [N] となり,静電気力の大きさは,$F_E = 1/(4\pi\varepsilon_0) \times e^2/r^2$ [N] となる.したがって,r^2 は打ち消し合って次のように比が求まる.

$$\begin{aligned}
\frac{F_G}{F_E} &= 4\pi\varepsilon_0 \times G \times \frac{m_p^2}{e^2} \\
&= 4 \times 3.14 \times 8.85 \times 10^{-12} \times 6.67 \times 10^{-11} \times \left(\frac{1.67 \times 10^{-27}}{1.60 \times 10^{-19}}\right)^2 \\
&= 8.0\overset{8}{7}7 \times 10^{-37}
\end{aligned} \qquad (13.4)$$

このように,重力の大きさは静電気力の大きさに比べて非常に小さい.

問題 13.1 例題 13.1 のように,万有引力は電磁気力に比べて非常に小さい.それなのに,なぜ宇宙では万有引力が支配的なのだろうか.

問題 13.2 天井から2つの小球(それぞれ質量 1.0 g)を同じ長さ 20 cm の絶縁体でできた伸び縮みしない軽い糸で吊した.初め,2つの小球は接していた.2つの小球それぞれに同じ電気量 q [C] を与えたところ,小球はそれぞれ逆向きに鉛直線に対して 45° だけ離れた.小球に与えた電気量 q を求めなさい.ただし,重力加速度の大きさを 9.8 m/s^2 とし,真空の誘電率 ($\simeq$ 空気の誘電率) を $\varepsilon_0 = $

---

❷ 誘電率を 4π 倍して定義しておけば,クーロンの法則には 4π は現れない.しかし,クーロンの法則に 4π をつけておくと,例えばガウスの法則(14.2節参照)に 4π が現れないなどの利点がある.

$8.85 \times 10^{-12}\,\mathrm{C^2/(N \cdot m^2)}$ とする.

13.3.2 静電気力の合力

静電気力は力学で導入した他の力と同様に,ベクトル和として合力が求められる.3個の点電荷 A,B,C がある場合を考えよう.B が A に及ぼす静電気力を $\bm{F}_{\mathrm{B \to A}}\,[\mathrm{N}]$,C が A に及ぼす静電気力を $\bm{F}_{\mathrm{C \to A}}\,[\mathrm{N}]$ とすれば,点電荷 A にはたらく力の合力 $\bm{F}_{\mathrm{A}}\,[\mathrm{N}]$ は,

$$\bm{F}_{\mathrm{A}} = \bm{F}_{\mathrm{B \to A}} + \bm{F}_{\mathrm{C \to A}}\,[\mathrm{N}] \tag{13.5}$$

となる.同様に,N 個の点電荷がある場合には,i 番目の電荷にはたらく静電気力の合力は次のように書ける($\bm{F}_{i \to i}\,[\mathrm{N}]$ は省く).

$$\bm{F}_i = \bm{F}_{1 \to i} + \bm{F}_{2 \to i} + \bm{F}_{3 \to i} + \cdots + \bm{F}_{N \to i}\,[\mathrm{N}] \tag{13.6}$$

例題 13.2

図 13.4(a)のように,$(x,y) = (0,0)\,[\mathrm{m}]$,$(0,r)\,[\mathrm{m}]$ の位置にそれぞれ正の電気量 $Q\,[\mathrm{C}]$,$q\,[\mathrm{C}]$ の点電荷を固定して置く.真空の誘電率を $\varepsilon_0\,[\mathrm{C^2/(N \cdot m^2)}]$ として次の問いに答えなさい.

(1) このとき,電気量 q の点電荷にはたらく力 $\bm{F}\,[\mathrm{N}]$ を求めなさい.

次に,図 13.4(b)のように電気量 Q の点電荷を電気量 $Q/3$ の3つの点電荷に分け,$(x,y) = (-l/2, 0)$,$(0,0)$,$(l/2, 0)$ の位置に固定して置く.

(2) このとき,電気量 q の点電荷にはたらく合力 $\bm{F}'\,[\mathrm{N}]$ を求めなさい.また,$\bm{F}$ と $\bm{F}'$ の大きさの大小関係はどうなっているか.

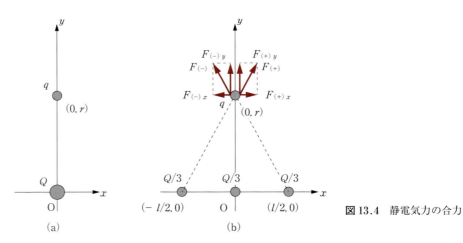

図 13.4 静電気力の合力

解 (1) クーロンの法則より,点電荷 q にはたらく静電気力の向きは y 軸の正の向きで,大きさ F は以下のように求まる.

$$F = \frac{1}{4\pi\varepsilon_0} \frac{Qq}{r^2}\,[\mathrm{N}] \tag{13.7}$$

(2) x 軸上に置いたそれぞれの電荷が点電荷 q に及ぼす静電気力を求め,そしてその合力を求めればよい.$(x,y) = (-l/2, 0)$ および $(l/2, 0)$ に置いた点電荷が,点電荷 q に及ぼす力の大きさ $F_{(-)}\,[\mathrm{N}]$ および $F_{(+)}\,[\mathrm{N}]$ は,ともに,点電荷間の距離が $\sqrt{r^2 + (l/2)^2}$,電気量がそれぞれ,$Q/3$,q であるから,

$$F_{(-)} = F_{(+)} = \frac{1}{4\pi\varepsilon_0} \frac{Qq}{3\{r^2 + (l/2)^2\}}\,[\mathrm{N}] \tag{13.8}$$

となり，その向きは 2 つの点電荷を通る直線上で反発力の向きである．

これら 2 力の合力の x 成分 $F_{(+)x}$ [N]，$F_{(-)x}$ [N] は，大きさが同じで符号が逆なので打ち消し合う．したがって，合力の向きは y 軸の正の向きとなり，大きさは

$$F_{(+)y} + F_{(-)y} = F_{(-)}\frac{r}{\sqrt{r^2+(l/2)^2}} + F_{(+)}\frac{r}{\sqrt{r^2+(l/2)^2}}$$
$$= \frac{1}{4\pi\varepsilon_0}\frac{Qq}{3}\left[\frac{2r}{\{r^2+(l/2)^2\}^{\frac{3}{2}}}\right] \text{[N]} \tag{13.9}$$

となる．また，$(x,y) = (0,0)$ に置いた点電荷が，点電荷 q に及ぼす力の大きさ $F_{(0)}$ [N] は，点電荷間の距離が r，電気量がそれぞれ，$Q/3$，q であるから，

$$F_{(0)} = \frac{1}{4\pi\varepsilon_0}\frac{Qq}{3r^2} \text{[N]} \tag{13.10}$$

であり，その向きは y 軸の正の向きである．

したがって，点電荷 q にはたらく静電気力の合力の向きは y 軸の正の向きで，その大きさ F' [N] は，

$$F' = F_{(0)} + F_{(-)y} + F_{(+)y} = \frac{1}{4\pi\varepsilon_0}\frac{Qq}{3}\left[\frac{1}{r^2} + \frac{2r}{\{r^2+(l/2)^2\}^{\frac{3}{2}}}\right] \text{[N]} \tag{13.11}$$

となる．これは（1）で求めた力の大きさ F [N] に比べて小さい．

13.4 電荷密度

13.4.1 線電荷密度

例題 13.2 を一般化して，電気量 Q [C] の点電荷を電気量 $Q/(2n+1)$ [C] の $2n+1$ 個の点電荷に分け，x 軸上，$x = l/2$ [m] から $-l/2$ [m] の間に等間隔に置く場合を考えよう．このとき，$(x,y) = (0,r)$ [m] に置かれた電気量 q [C] の点電荷にはたらく合力の大きさは，n を大きくするとだんだんと小さくなり，やがて一定値になる．これを計算するには，例題 13.2 のように 1 つ 1 つの点電荷が点電荷 q に及ぼす力を計算し，それのベクトル和を求めればよい．しかし，n が大きいときには，電荷は線上に連続して分布していると考えたほうが便利である．

微小な長さ ΔL [m] の中に電気量 ΔQ [C] の電荷が含まれている場合の**線電荷密度** λ [C/m] を，次のように定義する．

$$\lambda = \lim_{\Delta L \to 0}\frac{\Delta Q}{\Delta L} \text{[C/m]} \tag{13.12}$$

例題 13.3

長さ l [m] の棒に一様な線電荷密度 λ [C/m] で電荷が分布している．この棒に帯電している電荷の全電気量を求めなさい．

解 電荷が一様に帯電している場合には，全電気量 Q [C] は線電荷密度に長さを掛けたもの $Q = \lambda l$ [C] となる．

例題 13.3 は，電荷が一様に分布している場合を考えているが，電荷が一様に分布していない場合でも計算できるように，これを積分の形で書いておこう．

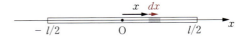

図 13.5 線電荷密度

図 13.5 のように，棒の中点を原点とし，棒に沿って x 軸を取る．位置 $x\,[\mathrm{m}] \sim x + dx\,[\mathrm{m}]$ の間にある電荷の電気量 $dQ\,[\mathrm{C}]$ は，$dQ = \lambda(x)\,dx$ である．棒に帯電している電荷の全電気量 Q は，これを次式のように $x = -l/2$ から $l/2$ まで積分すれば求められる．

$$Q = \int_{-\frac{l}{2}}^{\frac{l}{2}} \lambda(x)\,dx \,[\mathrm{C}] \tag{13.13}$$

例題 13.4

図 13.6 のように，長さ $l\,[\mathrm{m}]$ の線分上に一様な線電荷密度 $\lambda\,[\mathrm{C/m}]\,(\lambda > 0)$ で電荷が分布している．この線分の垂直二等分線上，線分からの距離 $a\,[\mathrm{m}]$ の位置 P に正の電気量 $q\,[\mathrm{C}]$ の点電荷を置いた．真空の誘電率を $\varepsilon_0\,[\mathrm{C}^2/(\mathrm{N\cdot m^2})]$ として，点電荷 q にはたらく力を求めなさい．

解 線分の中点を原点とし，線分に平行に x 軸，垂直に y 軸を取る．線分上 x の位置にある微小長さ $dx\,[\mathrm{m}]$ 部分の電荷は $\lambda\,dx\,[\mathrm{C}]$ である．dx の部分の電荷が点電荷 q に及ぼす力 $d\boldsymbol{F}$

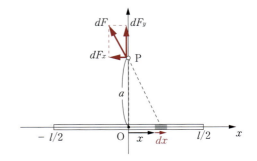

図 13.6 線状に分布した電荷が及ぼす力

$[\mathrm{N}]$ は，大きさが次式で与えられ，向きは点 $(x, 0)$ から点 P 方向である．

$$dF = \frac{q}{4\pi\varepsilon_0} \frac{\lambda\,dx}{x^2 + a^2}\,[\mathrm{N}] \tag{13.14}$$

これを x 成分と y 成分に分けて書けば，次のようになる．

$$dF_x = \frac{q}{4\pi\varepsilon_0} \frac{\lambda\,dx}{x^2 + a^2} \frac{x}{\sqrt{x^2 + a^2}}\,[\mathrm{N}], \quad dF_y = \frac{q}{4\pi\varepsilon_0} \frac{\lambda\,dx}{x^2 + a^2} \frac{a}{\sqrt{x^2 + a^2}}\,[\mathrm{N}] \tag{13.15}$$

これらを $x = -l/2$ から $l/2$ まで積分すれば，線分全体が点電荷 q に及ぼす合力を求められる．ここで，x 成分の被積分関数は x についての奇関数になっているので，$x = -l/2$ から $l/2$ まで積分すると 0 になる．これは，例題 13.2 と同じように，$x = 0$ に対して対称な点からの静電気力のうち，x 成分からの寄与が打ち消し合うことを意味している．

結局，点電荷 q にはたらく力は y 方向を向き，その大きさ $F\,[\mathrm{N}]$ は，

$$\begin{aligned} F &= \frac{qa}{4\pi\varepsilon_0} \int_{-\frac{l}{2}}^{\frac{l}{2}} \frac{\lambda\,dx}{(x^2 + a^2)^{\frac{3}{2}}} = \frac{qa}{4\pi\varepsilon_0} \int_{-\frac{l}{2}}^{\frac{l}{2}} \frac{\lambda\,dx}{x^3\{1 + (a/x)^2\}^{\frac{3}{2}}} \\ &= 2 \times \frac{qa}{4\pi\varepsilon_0} \int_0^{\frac{l}{2}} \frac{\lambda\,dx}{x^3\{1 + (a/x)^2\}^{\frac{3}{2}}}\,[\mathrm{N}] \end{aligned} \tag{13.16}$$

より求められる．この積分は $u = 1 + (a/x)^2$ として置換積分を実行すれば計算できる．$du/dx = -2a^2/x^3$ であるから，次のように求まる．

$$F = \frac{qa}{2\pi\varepsilon_0} \times \int_{u=\infty}^{u=1+\left(\frac{2a}{l}\right)^2} -\left(\frac{\lambda}{2a^2 u^{\frac{3}{2}}}\right) du$$

$$= \frac{qa}{2\pi\varepsilon_0} \left[\frac{\lambda}{a^2 u^{\frac{1}{2}}}\right]_{u=\infty}^{u=1+\left(\frac{2a}{l}\right)^2} = \frac{q\lambda}{2\pi\varepsilon_0 a \sqrt{1+(2a/l)^2}} \ [\text{N}] \tag{13.17}$$

例題 13.4 で，特に線分の長さが無限に長い場合には，$l \to \infty$ とおくと，

$$F = \frac{q\lambda}{2\pi\varepsilon_0 a} \ [\text{N}] \tag{13.18}$$

となる．この式は，例題 14.2 でガウスの法則を用いて再び導く．

13.4.2 面電荷密度

電荷が面上に分布している場合，単位面積当りの電気量を**面電荷密度**という．微小な面積 $\Delta S \ [\text{m}^2]$ の中に電気量 $\Delta Q \ [\text{C}]$ の電荷が含まれている場合の面電荷密度 $\sigma \ [\text{C/m}^2]$ は，次のように定義される．

$$\sigma = \lim_{\Delta S \to 0} \frac{\Delta Q}{\Delta S} \ [\text{C/m}^2] \tag{13.19}$$

13.4.3 体積電荷密度

単位体積当りの電気量を**体積電荷密度**（電荷密度）という．微小な体積 $\Delta V \ [\text{m}^3]$ の中に電気量 $\Delta Q \ [\text{C}]$ の電荷が含まれている場合の体積電荷密度 $\rho \ [\text{C/m}^3]$ は，

$$\rho = \lim_{\Delta V \to 0} \frac{\Delta Q}{\Delta V} \ [\text{C/m}^3] \tag{13.20}$$

と表される．単に電荷密度といった場合は，通常は体積電荷密度を指す．

13.5 電 場

13.5.1 遠隔作用と近接作用

力を及ぼし合っている離れて置かれた 2 つの物体を考えよう．このとき，力の伝わり方について**遠隔作用**と**近接作用**の 2 つの考え方がある．前者では，物体同士に力が直接はたらくと考える．一方，後者では，個々の物体が空間になんらかの歪みを生じさせ，その歪みによって力がはたらくと考える．電磁気学では，電気・磁気的な力を近接作用の立場で考える．このときの電気および磁気的な相互作用を伝える空間の性質が，それぞれ**電場**および**磁場**である．この考えが正しいことは，電磁波が存在することなどで実証されている．

13.5.2 電場ベクトル

電場は電荷が受ける力によって定義する．空間の電場を乱さない十分に小さい電気量 $q \ [\text{C}]$

の電荷（**試験電荷**）を，空間のある位置 r [m] に置いたとき，この電荷が力 $F(r)$ [N] を受けたとすると，位置 r での**電場ベクトル** $E(r)$ [N/C] を次のように定義する．

$$E(r) = \frac{F(r)}{q} \text{ [N/C]} \quad \text{（電場の定義式）} \tag{13.21}$$

すなわち，試験電荷にはたらく力を測定すれば，その位置での電場がわかる．また，ある位置での電場がわかっていれば，その位置に電荷を置いたときに，電荷にはたらく力がわかる．電場の単位は N/C である．電場を考えると，空間の各点には，その向きと強さを表すベクトルが対応することになる．すなわち電場は，8.5 節で定義したベクトル場である．

問題 13.3 水面に 1 円玉をいくつか浮かべてみよう．1 円玉はアルミニウム製であり，比重は 2.7 である．それなのになぜ水に浮くのだろうか．1 円玉は互いにくっつき合うが，木片を浮かべると，木片と 1 円玉は互いに反発し合う．なぜだろうか．【ヒント】よく 1 円玉や木片の周囲の水面を観察してみよう．

13.5.3 点電荷の作る電場

正の点電荷の周りには点電荷から遠ざかる向きに，負の点電荷の周りには点電荷に近づく向きに，点電荷を中心とした放射状の電場が生じる．点電荷の電気量を Q [C] とすれば，そこから距離 r [m] だけ離れた点における電場の強さ E [N/C] は，次のようになる．

$$E = \frac{1}{4\pi\varepsilon_0} \frac{|Q|}{r^2} \text{ [N/C]} \tag{13.22}$$

例題 13.5

(13.22) を示しなさい．

解 電気量 Q [C] の点電荷から距離 r [m] だけ離れた位置に電気量 q [C] の試験電荷を置くと，試験電荷にはたらく静電気力の大きさ F は，$F = |Q||q|/(4\pi\varepsilon_0 r^2)$ [N] である．したがって，電場の強さ E は，$|q|$ で割って，(13.22) が求まる．

13.5.4 電場の重ね合わせの原理

静電気力について重ね合わせの原理が成り立つので，電場についても重ね合わせの原理が成り立つ．複数の点電荷が位置 r に作る電場 E_{total} [N/C] を計算するには，初めに各点電荷が位置 r に作る電場 E_1 [N/C]，E_2 [N/C]，E_3 [N/C]，… を求め，以下のベクトル和を計算すればよい．

$$E_{\text{total}} = E_1 + E_2 + E_3 + \cdots \text{ [N/C]} \tag{13.23}$$

例題 13.6

無限に長い直線上に，線電荷密度 $\lambda\,(>0)$ [C/m] で一様に電荷が分布している．この直線から距離 a [m] だけ離れた点 P での電場を求めなさい．ただし，真空の誘電率を ε_0 [C^2/(N·m^2)] とする．

解 点 P から直線に下ろした垂線と直線の交点を O とする．例題 13.4 の結果を使えば，電場は O → P の向きで，その強さ E は，$E = \lambda/(2\pi\varepsilon_0 a)$ [N/C] となる．

問題 13.4 1 辺の長さが a [m] である正三角形の頂点に次のように点電荷を置いたとき，正三角

形の重心の位置での電場を求めなさい．ただし，真空の誘電率を $\varepsilon_0\,[\mathrm{C^2/(N\cdot m^2)}]$ とする．
(1) 各頂点に同じ電気量 $Q\,[\mathrm{C}]$ を置いたとき．
(2) 2つの頂点に電気量 $Q\,[\mathrm{C}]$，1つに $2Q\,[\mathrm{C}]$ を置いたとき．

13.6 一様な電場中の荷電粒子の運動

　荷電粒子が運動する空間の電場がわかれば，荷電粒子にはたらく静電気力がわかる．そして，荷電粒子にはたらく力がわかれば，ニュートンの運動方程式を解くことで，荷電粒子の運動がわかる．ここでは，一様な電場中の荷電粒子の運動を考えよう．

　一様な電場中の荷電粒子にはたらく静電気力は一定であるので，荷電粒子の運動は，重力のみがはたらく場合の物体の運動と同じく，等加速度運動になる．

　強さ $E\,[\mathrm{N/C}]$ の一様な電場中での，電気量 $q\,[\mathrm{C}]$ の荷電粒子の運動を考えよう．はたらく静電気力は $qE\,[\mathrm{N}]$ である．これをニュートンの運動方程式 $m\boldsymbol{a}=\boldsymbol{F}\,[\mathrm{N}]$ に代入すれば，$m\boldsymbol{a}=q\boldsymbol{E}$ となるから，粒子の加速度 $\boldsymbol{a}\,[\mathrm{m/s^2}]$ は以下のように求まる．

$$\boldsymbol{a}=\frac{q\boldsymbol{E}}{m}\,[\mathrm{m/s^2}] \tag{13.24}$$

問題 13.5　強さ $E\,[\mathrm{N/C}]$ の一様な電場の中に，質量 $m\,[\mathrm{kg}]$，電気量 $q\,[\mathrm{C}]$ の荷電粒子を，時刻 $t=0$ で電場の方向に $v_0\,[\mathrm{m/s}]$ の初速度で入射した．運動方程式を解いて，入射した後の任意の時刻 $t\,[\mathrm{s}]$ における荷電粒子の位置および速度を求めなさい．

章 末 問 題

13.1 スマートフォンやタブレットを，手袋をはめた手でタッチしても反応しない理由を説明しなさい． ⇨ 13.1，13.2 節

13.2 図 13.7 のような金属板と箔からなる装置を箔検電器という．金属板と箔は金属棒でつながれており，金属板と箔との間を電子が移動できる．次の問いに答えなさい．
⇨ 13.1 〜 13.3 節

図 13.7 箔検電器

(1) 初めに，箔が閉じている箔検電器の頭部の金属板に，負に帯電したアクリル棒を近づける．金属板，箔に現れる電気の正負および箔の開きはどうなるか．

(2) 次に，アクリル棒を近づけたまま金属板に手で触れてから離す．そしてアクリル棒を金属板から離すと，箔の開きはどうなるか．

(3) 箔検電器の箔が開いている状態で，木の棒を持って，その棒で金属板を触れると，箔の開きはどうなるか．

13.3 電荷保存則が成り立つことと，合力が各々の力のベクトル和で表されるということから，点電荷間にはたらく静電気力が点電荷の電気量の積に比例することを示しなさい．
⇨ 13.1，13.3 節

13.4 xy 平面上，点 $(0,d/2)\,[\mathrm{m}]$，$(0,-d/2)$

[m]の位置にそれぞれ電気量q[C], $-q$[C]$(q>0)$の2つの点電荷A, Bがある. 点$(x,0)$[m]の位置の電場を求めなさい. また, dがxより十分に小さいとき, この電場が$1/x^3$に比例することを示しなさい.

このように, 1対の同じ大きさで異符号の点電荷をわずかに離して置いたものを**電気双極子**といい, 電気量qに, 2つの電荷間の距離dを掛けたqd[C·m]を**双極子モーメント**という.

⇨ 13.5節

13.5 水分子H_2Oは, 酸素原子が電子を引きつけるために, 水素原子は正に帯電し, 酸素原子は負に帯電している. 水素原子の中心から酸素原子の中心までの距離は, 1.0×10^{-10} m であり, 水素原子の中心と, 酸素原子の中心を結ぶ2本の線が105°をなしている. 2つの水素原子の中心に正の電荷, 酸素原子の中心に負の電荷があると近似して, 酸素原子の中心にある電荷の電気量の大きさを求めなさい. ただし, 双極子モーメントは, 6.2×10^{-30} C·m であるとする.

⇨ 13.5節

13.6 一様に帯電した次の物体について, 与えられた位置での電場を求めなさい.

⇨ 13.4, 13.5節

(1) 半径a[m]のリングが線電荷密度λ[C/m] $(\lambda>0)$で一様に帯電している. このリングの軸線上, リングの中心から距離x[m]の位置の電場.

(2) 半径a[m]の円板が面電荷密度σ[C/m^2] $(\sigma>0)$で一様に帯電している. この円板の軸線上, 中心からの距離x[m]の位置の電場.

13.7 密度$\rho_{油滴}$[kg/m^3]の帯電した半径r[m]の球状の油滴を, 強さE[N/C]の一様な電場のもとで落下させる. 油滴は, 静電気力と重力の他に, 浮力$4\pi r^3 \rho_{空気} g/3$[N]と抵抗力$6\pi\eta r v$[N]を受けて運動する. ここで, $\rho_{空気}$[kg/m^3], η[Pa·s], v[m/s]はそれぞれ空気の密度, 粘性係数, 油滴の速さであり, g[m/s^2]は重力加速度の大きさである.

まず, 電場の向きを鉛直上向きにして落下させたところ, 十分に時間が経った後に, 油滴の速さはv_+[m/s]となった. 次に, 電場の向きを鉛直下向きに変えて落下させたところ, 十分に時間が経った後に, 油滴の速さはv_-[m/s]となった. 油滴の半径および電気量を求めなさい.

これは, 1909年にロバート・ミリカンが電気素量を測定した実験である. ⇨ 13.6節

第 14 章

電場に関するガウスの法則と電位

電場に関するガウスの法則は，電荷と電束密度とを結びつける強力な法則である．ガウスの法則を用いれば，電荷分布の対称性がよい場合に，電束密度が，そして一般に電場が簡単に計算できる．

この章では，まず，電束密度を導入しよう．次に，電場に関するガウスの法則を理解しよう．そして，電荷分布が対称性をもつ場合に，ガウスの法則を適用して，電束密度と電場を求めよう．最後に電位とコンデンサを学ぼう．

学習目標
- 電気力線から電場の様子をイメージできるようになる．
- 電場に関するガウスの法則を用いて，電荷分布の対称性がよい場合について，電荷が作る電場を求められるようになる．
- 電場と電位の関係を理解し，電場分布が与えられたときに，電位分布を求められるようになる．
- コンデンサの合成容量が求められるようになる．

キーワード
電場に関するガウスの法則，電束 ϕ_E [C]，電束密度ベクトル D [C/m^2]，電位 ϕ [V]，電位差 V [V]，コンデンサ，電気容量 C [F]

14.1 電束と電束密度ベクトル

14.1.1 電気力線

電場は目で見ることができない．そこで電場を可視化するために，**電気力線**を導入しよう．電気力線は，図 14.1 のように，電気力線の本数密度（電気力線に垂直な面の単位面積当りの

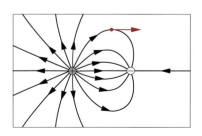

図 14.1 電気力線．図では，正電荷と負電荷の間の本数が密となっているので，他の箇所よりも電場が強いことがわかる．

電気力線の本数）が，電場の強さに比例するように描いた，電場の方向にたどった向きつきの曲線である．電気力線は次の性質をもつ．

- 電気力線（図の黒色の向きつき曲線）は，正電荷から出て負電荷に入る，正電荷から出て無限遠に行く，無限遠から出て負電荷に入る，の3通りのどれかになる．
- 電気力線の接線の方向（図では赤色の矢印）は，その点における電場の方向と一致する．
- 電気力線は途中で交わったり，枝分かれしたりしない．
- 電気力線は，電場の強いところでは密になり，電場の弱いところでは疎になる．

14.1.2　点電荷の作る電気力線

誘電率 $\varepsilon\,[\mathrm{C^2/(N\cdot m^2)}]$ の空間に置かれた，正の点電荷 $q\,[\mathrm{C}]$ が作る電場の電気力線を考えよう．q を中心とする半径 $r\,[\mathrm{m}]$ の仮想的な球面を考えると，球面上の至るところで，電場の強さは，

$$E = \frac{1}{4\pi\varepsilon}\frac{q}{r^2}\,[\mathrm{N/C}] \tag{14.1}$$

であり，その向きは，球面に垂直で球面の内から外向きである．電気力線の本数密度が電場に比例するので，電気力線は，球面を単位面積当り $q/(4\pi\varepsilon r^2)$ に比例する本数だけ貫く．球面の表面積が $4\pi r^2\,[\mathrm{m^2}]$ であるから，球面を貫く電気力線の本数は

$$\frac{q}{4\pi\varepsilon r^2}\times 4\pi r^2 = \frac{q}{\varepsilon}\,[\mathrm{N\cdot m^2/C}] \tag{14.2}$$

に比例する．すなわち，点電荷 q からは q/ε に比例する本数の電気力線が放射状に出るように描けばよい（負電荷のときは逆向き）．

14.1.3　電束と電束密度ベクトル

球面を貫く電気力線の本数は (14.2) に比例するが，本数が誘電率 ε によらないように，電気力線の束として**電束**を定義する．すなわち，電気量 q ($q>0$) の点電荷からは q 本の電束が出るとする．さらに，単位面積当りの垂直に貫く電束の本数を**電束密度**という．**電束密度ベクトル** $\boldsymbol{D}\,[\mathrm{C/m^2}]$ と電場（電場ベクトル）$\boldsymbol{E}\,[\mathrm{N/C}]$ との間には，次の関係がある[1]．

$$\boldsymbol{D} = \varepsilon \boldsymbol{E}\,[\mathrm{C/m^2}] \tag{14.3}$$

特に真空中では，真空の誘電率 $\varepsilon_0 = 8.85418782\times 10^{-12}\,\mathrm{C^2/(N\cdot m^2)}$ を用いて，次のようになる．

$$\boldsymbol{D} = \varepsilon_0 \boldsymbol{E}\,[\mathrm{C/m^2}] \quad \text{（真空中）} \tag{14.4}$$

例題 14.1

電束密度の大きさ $D\,[\mathrm{C/m^2}]$ の一様な電場中に，電束密度に垂直に半径 $a\,[\mathrm{m}]$ の円板を置く．この円板を貫く全電束を求めなさい．

解　電束密度は面に垂直で，その大きさは面上の至るところで D である．よって，円板を貫く全電束は D と円板の面積 πa^2 との積 $\pi a^2 D\,[\mathrm{C}]$ となる．

---

[1] 通常は $\boldsymbol{D}$ は後述の電場に関するガウスの法則より，$\boldsymbol{E}$ は広義のローレンツ力の式より独立に決定する．一般には，$\boldsymbol{D}$ は $\boldsymbol{E}$ には比例せず，向きも異なる場合もある．

14.2 電場に関するガウスの法則

閉曲面（内部を包み込む，表面に穴が空いていない曲面）を内から外へ向かう全電束の本数は，閉曲面内に含まれる電荷の全電気量に等しい（図14.2）．これを**電場に関するガウスの法則**という．

閉曲面 S を内から外へ貫く全電束の本数を Φ_E，S 内に含まれる電荷の全電気量を Q [C] とすれば，電場に関するガウスの法則は，次のように書ける．

$$\Phi_E \equiv \oint_S \boldsymbol{D} \cdot d\boldsymbol{S} = Q \,[\mathrm{C}] \quad \text{（電場に関するガウスの法則）} \tag{14.5}$$

ここで，$\boldsymbol{D}\,[\mathrm{C/m^2}]$ は電束密度ベクトルであり，$d\boldsymbol{S}$ は大きさ（面積）が $dS\,[\mathrm{m^2}]$ で向きが面に垂直な外向きのベクトルである．また，$\oint_S$ は，閉曲面 S についての積分を意味する．

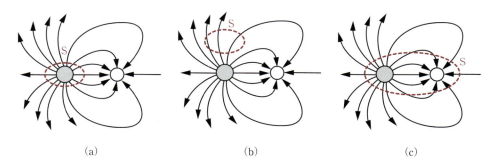

図 14.2 電場に関するガウスの法則．灰色の丸は $+2q\,[\mathrm{C}]$，白色の丸は $-q\,[\mathrm{C}]$ の点電荷を表す．S を貫く全電束の本数は，(a) $+2q$，(b) 0，(c) $+2q+(-q)=+q$ となる．

問題 14.1 半径 $a\,[\mathrm{m}]$ の球の内部に，電荷が電荷密度 $\rho\,[\mathrm{C/m^3}]\,(\rho>0)$ で一様に分布している．この球を取り囲む閉曲面を貫く全電束はいくらか．

例題 14.2

無限に長い直線に沿って，線電荷密度 $\lambda\,[\mathrm{C/m}]\,(\lambda>0)$ で電荷が一様に分布している．この直線の周りの電場を求めなさい．ただし，真空の誘電率を $\varepsilon_0\,[\mathrm{C^2/(N\cdot m^2)}]$ とする．

解 図14.3のように直線を軸とする底面の半径 $r\,[\mathrm{m}]$，長さ $L\,[\mathrm{m}]$ の円筒面を考え，この面にガウスの法則を適用しよう．電荷分布の対称性より，電束密度 $\boldsymbol{D}\,[\mathrm{C/m^2}]$ は円筒の側面に垂直な方向，内側から外側の向きで，その大きさ D は円筒側面上のどの点においても等しい．よって，円筒面を貫く全電束は，D と円筒側面の面積 $2\pi rL\,[\mathrm{m^2}]$ の積 $2\pi rLD$ になる．一方で，円筒の長さが L であるので，円筒面に含まれる電荷は $\lambda L\,[\mathrm{C}]$ である．

電場に関するガウスの法則によれば，円筒面を貫く全電束 $2\pi rLD$ は，円筒内部に含まれる全電荷 λL に等しい（$2\pi rLD=$

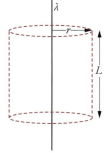

図 14.3 ガウスの法則の適用例（無限に長い線電荷）

λL). したがって，直線から r の位置の電束密度の大きさ D と電場の強さ E [N/C] は

$$D = \frac{\lambda}{2\pi r} \text{ [C/m}^2\text{]}, \qquad E = \frac{\lambda}{2\pi\varepsilon_0 r} \text{ [N/C]} \tag{14.6}$$

であり，その向きは直線に垂直，直線から遠ざかる向きになる．ただし，電束密度 $\boldsymbol{D}$ と電場 $\boldsymbol{E}$ の関係 $\boldsymbol{D} = \varepsilon_0 \boldsymbol{E}$ を用いた．

例題 14.3

半径 a [m] の球殻表面に電荷が一様に分布している．その全電気量を Q [C] ($Q > 0$) とするとき，球殻の内外の電場を求めなさい．ただし，真空の誘電率を ε_0 [C^2/(N·m^2)] とする．

解 この球殻と同心の半径 r [m] の球面 S を考え，この S にガウスの法則を適用しよう．電荷分布は球対称であるので，電束密度 $\boldsymbol{D}$ [C/m^2] は S 上のどの点においても S に垂直，内側から外側の向きで，その大きさ D は等しい．S を貫く全電束は，D と半径 r の球の表面積 $4\pi r^2$ [m^2] との積 $4\pi r^2 D$ になる．

一方で，S の内部に含まれる電荷は，$r > a$ の場合と $r < a$ の場合で値が異なる．$r > a$ の場合は図 14.4 (a) のように，半径 a の球面すべてが S の内側に含まれるので，S に含まれる電荷は Q となり，$4\pi r^2 D = Q$ が成り立つ．$r < a$ の場合には，図 14.4 (b) のように S 内には電荷が含まれない．

したがって，電場に関するガウスの法則より，点電荷から r の位置での電束密度の大きさ D と電場の強さ E は

$$\begin{cases} D = E = 0 \quad (r < a) \\ D = \dfrac{Q}{4\pi r^2} \text{ [C/m}^2\text{]}, \quad E = \dfrac{Q}{4\pi\varepsilon_0 r^2} \text{ [N/C]} \quad (r > a) \end{cases} \tag{14.7}$$

であり，向きは球の中心から放射状に広がる向きと求まる．

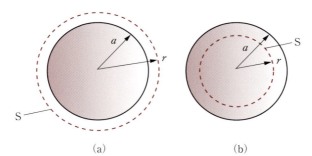

図 14.4 ガウスの法則の適用例
(一様に帯電した球殻表面)

例題 14.4

無限に広い平面に，面電荷密度 σ [C/m^2] ($\sigma > 0$) の電荷が一様に分布している．平面の両側の電束密度と電場を求めなさい．ただし，真空の誘電率を ε_0 [C^2/(N·m^2)] とする．

解 図 14.5 のように底面積 A [m^2] で，軸が平面に垂直な円筒状の閉曲面を考えて，ガウスの法則を適用しよう．電荷分布の対称性より，電束密度 $\boldsymbol{D}$ [C/m^2] は平面からの距離のみによって決まり，その方向は平面に垂直になる．閉曲面に含まれる電荷は，図 14.5 の網かけ部分の電

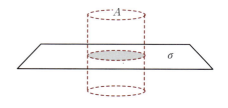

図 14.5 ガウスの法則の適用例
(無限に広い平面：例題 14.4)

荷であるから σA [C] である．したがって，電場に関するガウスの法則より，閉曲面を貫いて出ていく電束の大きさは σA となる．すなわち，円筒上面および下面をそれぞれ $\sigma A/2$ の電束が貫く．

よって，電束密度の大きさ D と電場の強さ E は，平面からの距離によらず一定で，以下のようになる．

$$D = \frac{\sigma}{2} \text{ [C/m}^2\text{]}, \qquad E = \frac{\sigma}{2\varepsilon_0} \text{ [N/C]} \tag{14.8}$$

問題 14.2 次の電荷分布について，電荷の作る電場を求めなさい．ただし，$\rho > 0$，$\sigma > 0$，真空の誘電率を ε_0 [C^2/(N·m^2)] とする．
(1) 半径 a [m] の球内に電荷密度 ρ [C/m^3] で電荷が一様に分布している．
(2) 半径 a の無限に長い円筒表面に，面電荷密度 σ [C/m^2] で電荷が一様に分布している．
(3) 半径 a, b $(a < b)$ の無限に長い同心円筒表面に，それぞれ面電荷密度 σ [C/m^2]，$-\sigma$ [C/m^2] で電荷が一様に分布している．
(4) 半径 a の無限に長い円柱内に，電荷密度 ρ [C/m^3] で電荷が一様に分布している．
(5) 内半径 a，外半径 b $(a < b)$ の無限に長い中空円柱内に，電荷密度 ρ で電荷が一様に分布している．

ここで，帯電した無限に長い直線や無限に広い平面の作る電場と，空間の次元との関係を考察してみよう．

まず，正に帯電した無限に長い直線の場合を考えると，電場は直線に垂直な平面（2次元）内で，電場の向きは直線から遠ざかる向きであり，強さは (14.6) のように r^{-1} に比例する．同様に，正に帯電した無限に広い平面の場合，電場は平面に垂直な直線（1次元）上で，電場の向きは平面から遠ざかる向きであり，強さは (14.8) のように r^0 に比例する．

すなわちこれらは，それぞれ 2 次元（r^{-1}），1 次元（r^0）の世界に対応している．また，3 次元では電場の強さは r^{-2} に比例する（本章コラム「r^{-2} 則と余剰次元」参照）．

14.3 ポテンシャルエネルギーと電位

静電気力は保存力であり，そのする仕事は経路によらない．すなわち，静電気力のポテンシャルエネルギー $U(\boldsymbol{r})$ [J] が定義できる．

真空中で，点電荷 Q (> 0) [C] から距離 r [m] だけ離れた位置 P のポテンシャルエネルギーを求めよう．P に試験電荷 q (> 0) [C] を置いた場合，P での電荷 Q の作る電場 $\boldsymbol{E}$ [N/C] の強さは $E = Q/(4\pi\varepsilon_0 r^2)$ であるので，q にはたらく力の大きさは qE [N] である．基準（$U = 0$ となる点）を無限遠とすると，ポテンシャルエネルギーは，q を P から無限遠まで移動させたときに静電気力のする仕事であるので，q にはたらく力を電場に沿って積分して，

$$U(\boldsymbol{r}) = \int_r^\infty q\boldsymbol{E} \cdot d\boldsymbol{l} = \frac{1}{4\pi\varepsilon_0} \frac{Qq}{r} \text{ [J]} \tag{14.9}$$

と書ける．ここで，$d\boldsymbol{l}$ [m] は $\boldsymbol{E}$ の方向の微小変位，ε_0 [C^2/(N·m^2)] は真空の誘電率である．

クーロン力を電荷 q で割って電場を定義したように，ポテンシャルエネルギーについても，

$$\phi(\boldsymbol{r}) = \frac{U(\boldsymbol{r})}{q} \, [\mathrm{V}] \quad \text{（電位の定義式）} \tag{14.10}$$

とする．このときの $\phi(\boldsymbol{r})$ を**電位**といい，2 点間の電位の差を**電位差**，または**電圧**という．電位，電位差の単位は V であり，定義から $1\,\mathrm{V} = 1\,\mathrm{J/C}$ である．また，電場の単位 N/C は，N は J/m とも書けるから，$1\,\mathrm{N/C} = 1\,\mathrm{V/m}$ でもある．以後，電場の単位として V/m を用いる．

地球は良導体なので，地球を電位の基準（0 V）にすることが多い．また，電気機器などを地球に接続して，接続点を地球の電位と等しくすることを接地（アース）という．接地をしていれば，機器が漏電した場合に電流が地球に流れるため，感電や火災を防ぐことができる．

14.3.1　電位の重ね合わせの原理

複数の点電荷 $q_1\,[\mathrm{C}], q_2\,[\mathrm{C}], \cdots$ があるとし，それらが単独で作る電場および電位を，それぞれ，$\boldsymbol{E}_1\,[\mathrm{V/m}], \boldsymbol{E}_2\,[\mathrm{V/m}], \cdots$，および $\phi_1\,[\mathrm{V}], \phi_2\,[\mathrm{V}], \cdots$ であるとする．このとき，電場と電位の関係は，(5.40)，(13.21) および (14.10) より，次のように表される．

$$\boldsymbol{E}_1 = -\nabla \phi_1 \, [\mathrm{V/m}], \quad \boldsymbol{E}_2 = -\nabla \phi_2 \, [\mathrm{V/m}], \cdots \tag{14.11}$$

ここで，電場について重ね合わせの原理が成り立つので，

$$\boldsymbol{E} = \boldsymbol{E}_1 + \boldsymbol{E}_2 + \cdots = -\nabla \phi_1 - \nabla \phi_2 - \cdots = -\nabla(\phi_1 + \phi_2 + \cdots) \, [\mathrm{V/m}] \tag{14.12}$$

となる．すなわち，電位についても次の重ね合わせの原理が成り立つ．

$$\phi = \phi_1 + \phi_2 + \cdots \, [\mathrm{V}] \tag{14.13}$$

位置 $\boldsymbol{r}_1\,[\mathrm{m}]$ に点電荷 $q_1\,[\mathrm{C}]$，位置 $\boldsymbol{r}_2\,[\mathrm{m}]$ に点電荷 $q_2\,[\mathrm{C}], \cdots$，位置 $\boldsymbol{r}_N\,[\mathrm{m}]$ に点電荷 $q_N\,[\mathrm{C}]$ がある場合，位置 $\boldsymbol{r}$ の電位 $\phi(\boldsymbol{r})$ は次のようになる．

$$\phi(\boldsymbol{r}) = \frac{1}{4\pi\varepsilon_0} \sum_{i=1}^{N} \frac{q_i}{|\boldsymbol{r} - \boldsymbol{r}_i|} \, [\mathrm{V}] \tag{14.14}$$

14.3.2　等電位面

電位が等しい点を連ねていくと，空間中に 1 つの曲面が得られる．この曲面を**等電位面**という．点電荷を等電位面に沿って $\boldsymbol{r}_1$ から $\boldsymbol{r}_2$ まで移動させたとき，$\phi(\boldsymbol{r}_1) - \phi(\boldsymbol{r}_2) = 0$，すなわち移動前後の電位差は 0 である．よって，(14.9) の定義と (14.10) より，電場が電荷にする仕事は 0 である．これより，電場が電荷に及ぼす静電気力は 0 であることがわかり，したがって，電場の等電位面に平行な成分は 0 である．すなわち，電気力線は等電位面に直交する．（これは (14.11) からも導ける．）

電場中に導体を置くと，導体の中の自由電子が電場から力を受けて移動し，やがて安定な状態（平衡状態）に落ち着く．その場合は，導体内部では電位は等電位となっている．

14.4　平行板コンデンサ

図 14.6 のように 2 つの導体を向かい合わせて置き，電池に接続すると，一方の導体に正，

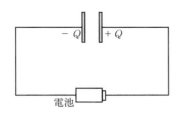

図14.6　平行板コンデンサ

他方の導体に負の電荷が集まり，電荷を蓄えることができる．このように，電荷を蓄えるために一対の導体を向かい合わせて置いた装置を**コンデンサ**❷という．特に，導体対として平行に置かれた板状のものを，**平行板コンデンサ**という．

14.4.1 極板間の電場と電位差

極板間が真空の平行板コンデンサの極板にそれぞれ電気量 $+Q$ [C]，$-Q$ [C]（$Q>0$）の電荷を与えたとき，極板間隔に比べて極板の面積が十分に大きい場合，極板間には正の極板から負の極板に向かって一様な電場が生じる．極板の面積を S [m²]，極板間隔を d [m]，真空の誘電率を ε_0 [C²/(N·m²)] とすれば，その電場の強さ E [V/m] および極板間の電位差 V [V] は，次のようになる．

$$E = \frac{Q}{\varepsilon_0 S} \text{ [V/m]}, \qquad V = Ed = \frac{Qd}{\varepsilon_0 S} \text{ [V]} \tag{14.15}$$

コンデンサの極板間が誘電体で満たされていると，誘電分極のために，極板間の電場の強さが小さくなる．誘電率 ε [C²/(N·m²)] の誘電体で満たした場合の，極板間の電場の強さ E および電位差 V は，(14.15) の ε_0 を ε におきかえて，次のようになる．

$$E = \frac{Q}{\varepsilon S} \text{ [V/m]}, \qquad V = Ed = \frac{Qd}{\varepsilon S} \text{ [V]} \tag{14.16}$$

例題 14.5

(14.15) を示しなさい．

解　極板間隔に比べて極板の面積が十分に大きい場合には，極板を近似的に無限に広いと見なせる．そうすると，例題14.4で求めたように，正の極板および負の極板の作る電場の強さ E_+ [V/m]，E_- [V/m] は，面電荷密度を $\sigma = Q/S$ [C/m²] として，それぞれ，$E_+ = E_- = \sigma/(2\varepsilon_0)$ となり，その向きは図14.7のようになる．

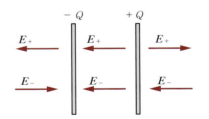

図14.7　極板の作る電場の向き

したがって，極板間の電場は，強さが

$$E = E_+ + E_- = \frac{\sigma}{\varepsilon_0} = \frac{Q}{\varepsilon_0 S} \text{ [V/m]} \tag{14.17}$$

となり，その向きは極板に垂直，正の極板から負の極板の向きとなる．また，極板間以外の場所では 0 となる．電場を極板間で積分して，電位差 $V = Ed = Qd/(\varepsilon_0 S)$ [V] を得る．

---

❷　英語では**キャパシタ**（capacitor）という．

14.4.2 コンデンサの電気容量

コンデンサに蓄えられた電荷 Q は，極板間の電位差 V に比例し，

$$Q = CV \, [\text{C}] \tag{14.18}$$

と書ける．このとき，比例係数 C をコンデンサの **電気容量** という．電気容量 C の単位は C/V であるが，これを F で表す．コンデンサの回路記号は，図 14.8 のように，導線に対して垂直な 2 本の短い平行線分で表す．

図 14.8 コンデンサの回路記号

例題 14.6

(14.18) を示しなさい．特に，極板間が誘電率 $\varepsilon \, [\text{C}^2/(\text{N} \cdot \text{m}^2)]$ の誘電体で満たされた，極板の面積 $S \, [\text{m}^2]$，極板間隔 $d \, [\text{m}]$ の平行板コンデンサの場合は，電気容量 $C \, [\text{F}]$ が次のようになることを示しなさい．

$$C = \frac{\varepsilon S}{d} \, [\text{F}] \tag{14.19}$$

解 (14.15) または (14.16) より (14.18) が導かれる．また，(14.16) より求められる式と (14.18) を比べることにより (14.19) が求められる．

(14.19) より，誘電率 ε の単位は F/m になることがわかり，以後この単位を用いる．また，平行板コンデンサの電気容量は，極板の面積，極板間の距離および極板間の誘電率のみで決まることがわかる．

14.4.3 コンデンサに蓄えられる静電エネルギー

電気容量 $C \, [\text{F}]$ の平行板コンデンサに電位差 V を与えて，電気量 Q が充電されているとき，コンデンサに蓄えられている静電エネルギー $U_\text{E} \, [\text{J}]$ は，次式で与えられる．

$$U_\text{E} = \frac{1}{2}QV = \frac{1}{2}CV^2 = \frac{Q^2}{2C} = \frac{1}{2}\varepsilon_0 S d E^2 \, [\text{J}] \tag{14.20}$$

(14.20) の最右辺では，極板面積を $S \, [\text{m}^2]$，極板間隔を $d \, [\text{m}]$，極板間が真空として，$V = Ed$，$C = \varepsilon_0 S/d$ を用いた．平行板コンデンサにおいて電場の存在する領域の体積は Sd であるから，単位体積当りのエネルギー（**静電エネルギー密度**）$u_\text{E} \, [\text{J}/\text{m}^3]$ は，次のように求まる．

$$u_\text{E} = \frac{1}{2}\varepsilon_0 E^2 \, [\text{J}/\text{m}^3] \quad \text{（静電エネルギー密度）} \tag{14.21}$$

例題 14.7

(14.20) を示しなさい．

解 今，電気容量 $C \, [\text{F}]$ のコンデンサに電気量 $q \, [\text{C}]$ が蓄えられているときの電位差を $V' \, [\text{V}]$ とすると，$V' = q/C$ である．さらに，$\Delta q \, [\text{C}]$ だけ蓄えるのに必要な仕事は $V' \Delta q = q \Delta q/C \, [\text{J}]$ である．したがって，$Q \, [\text{C}]$ まで蓄えるのに必要な仕事 $U \, [\text{J}]$ は，

$$U = \int_0^Q V' \, dq = \int_0^Q \frac{q}{C} \, dq = \frac{Q^2}{2C} \, [\text{J}] \tag{14.22}$$

となる．(14.20) の他の式は，$Q = CV$ の関係を用いて得られる．

問題 14.3 積乱雲内の激しい上昇・下降気流による氷晶・あられ間の摩擦によって，電荷の分離が起こる．一般には雲の下部に負電荷が貯まり，地表に正電荷が誘起される．そうすると，雲と地表による大きなコンデンサができる．このコンデンサについて次の問いに答えなさい．ただし，積乱雲の下部（および地上に誘起された部分）の面積を $2.0\,\mathrm{km}^2$，負電荷の地上からの高さを $1.0\,\mathrm{km}$，空気の誘電率を $8.85 \times 10^{-12}\,\mathrm{F/m}$ とする．

(1) このコンデンサの容量を求めなさい．

(2) 積乱雲の下部と地表との間の電位差が $1.0 \times 10^9\,\mathrm{V}$ のとき，積乱雲の下部の電荷を求めなさい．

(3) このコンデンサに蓄えられた静電エネルギーを求めなさい．

14.4.4 コンデンサの接続

電気容量 $C_\mathrm{A}\,[\mathrm{F}]$ と $C_\mathrm{B}\,[\mathrm{F}]$ の2つのコンデンサ A，B を図 14.9 のように **並列接続** し，両端に電位差を与える．この場合，並列接続された2つのコンデンサ A，B を1つのコンデンサ

$$C = C_\mathrm{A} + C_\mathrm{B}\,[\mathrm{F}] \quad (並列接続) \tag{14.23}$$

でおきかえて考えることができる．これをコンデンサ A，B の **合成容量** という．

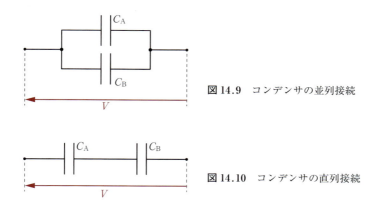

図 14.9 コンデンサの並列接続

図 14.10 コンデンサの直列接続

次に2つのコンデンサ A，B を図 14.10 のように **直列接続** し，両端に電位差を与える．初めに A，B に電荷が蓄えられていないとすれば，合成容量 $C\,[\mathrm{F}]$ は次のようになる．

$$C = \left(\frac{1}{C_\mathrm{A}} + \frac{1}{C_\mathrm{B}}\right)^{-1}\,[\mathrm{F}] \quad (直列接続) \tag{14.24}$$

例題 14.8

(14.23) を示しなさい．

解 両端に加えた電位差を $V\,[\mathrm{V}]$ とすると，コンデンサ A，B に加わる電圧はともに V であるから，コンデンサ A，B が蓄える電気量 $Q_\mathrm{A}\,[\mathrm{C}]$，$Q_\mathrm{B}\,[\mathrm{C}]$ はそれぞれ，$Q_\mathrm{A} = C_\mathrm{A} V\,[\mathrm{C}]$，$Q_\mathrm{B} = C_\mathrm{B} V\,[\mathrm{C}]$ となる．したがって，2つのコンデンサ A，B に蓄えられる電荷の総和 $Q\,[\mathrm{C}]$ は，

$$Q = Q_\mathrm{A} + Q_\mathrm{B} = (C_\mathrm{A} + C_\mathrm{B}) V\,[\mathrm{C}] \tag{14.25}$$

となり，合成容量 C は (14.23) となる．

例題 14.9

(14.24) を示しなさい.

解 それぞれのコンデンサに蓄えられる電気量を Q [C] とする．コンデンサ A，B に加わる電圧 V_A [V]，V_B [V] は，それぞれ，$V_A = Q/C_A$，$V_B = Q/C_B$ である．この 2 つの電圧の和が両端の電位差 V [V] に等しいので，

$$V = V_A + V_B = \left(\frac{1}{C_A} + \frac{1}{C_B}\right)Q \text{ [V]} \tag{14.26}$$

となり，合成容量 C [F] は (14.24) となる．

コラム r^{-2} 則と余剰次元

万有引力やクーロン力に出てくる r^{-2} 則のべき 2 は，ぴったり自然数の 2 なのだろうか，それとも 2 に近い実数なのだろうか．

理論的には，ガウスの法則から明らかなように，少なくともクーロン力は，世界が一様で等方的な 3 次元空間であることによって整数の 2 となる．すなわち，r^{-2} 則の 2 は，3 次元空間の球の表面の次元である．つまり，$2 = 3 - 1$ である．

20 世紀後半に，ミクロの世界を記述する標準理論（standard model）が確立された．標準理論の確立は大きな進展であったが，重力を含んでいないなど不満足な点も多い．そこで，重力をも含む理論が追求され，超ひも理論（超弦理論）が研究されてきた．超ひも理論では，理論の無矛盾性の要求から，空間次元は，9 または 10 次元とされる．そして，3 次元以外の余分な次元（余剰次元）は小さく丸まっていて我々は見ることができない（コンパクト化）．

重力を媒介する重力子は，余剰次元の中を運動できる．余剰次元が見える世界では，重力は r^{-2} 則からずれ，r^{-n} $(n > 2)$ 則に従うと考えられる．

重力の r^{-2} 則は，マクロの距離では高精度で確かめられてきたが，ミリメートル以下の領域では調べられていなかった．そこで，r^{-2} 則からのずれを検出しようとするテーブルトップ型の実験が行われたが，現在まで，ずれは観測されていない．

直接，余剰次元を見たり，ひもを観測したりするためには，プランクエネルギー（現在の加速器で到達可能なエネルギーの十数桁上のエネルギー）に行かねばならない．これは，まず到達不可能であろう．ただし，直接観測しなくても，もっと低いエネルギーで，余剰次元の効果が見えるかもしれない．果たして人類は，自然の神秘にどこまで迫れるのだろうか．

章末問題

14.1 一様に帯電した金属の表面近くに試験電荷 q [C] $(q > 0)$ を置いたところ，電荷 q は面に垂直に大きさ F [N] の力を受けた．真空の誘電率を ε_0 [C^2/(N·m^2)] として，次の量を求めなさい． ⇨ 14.1〜14.3 節

(1) 試験電荷を置いた点での電場の強さ
(2) その点での電束密度の大きさ
(3) 金属表面の面電荷密度

14.2 次の電荷分布について，電荷の作る電場および電位を求めなさい．ただし，$\rho > 0$，$\sigma > 0$ とし，真空の誘電率を ε_0 [C²/(N·m²)] とする．

⇨ 14.2〜14.4 節

(1) 半径 a [m]，b [m]（$b > a$）の同心球殻表面に，それぞれ面電荷密度 σ [C/m²]，$-\sigma$ [C/m²] で電荷が一様に分布している．

(2) 内半径 a [m]，外半径 b [m]（$b > a$）の厚さが無視できない球殻内に，電荷密度 ρ [C/m³] で電荷が一様に分布している．

(3) 半径 a [m] の球内に，電荷密度 $\rho(r) = Ar^2$ [C/m³]（$A > 0$）で電荷が一様に分布している．ただし，r [m] は中心からの距離，A [C/m⁵] は定数である．

14.3 放射線量を検出する装置の1つであるガイガー–ミュラー計数管は，内半径 b [m] の中空円筒を陰極に，それと同軸の半径 a [m] の細い金属線を陽極にし，内部に希ガスを詰めたものである．この電極間に，電圧を加えて中空円筒内に電場を発生させる．陽極と陰極との間の電圧を V [V] としたとき，中空円筒内における，軸の中心から r [m] の距離での電場の強さが，

$$E = \frac{V}{r \ln(b/a)} \text{ [V/m]} \quad (14.27)$$

と与えられることを示しなさい．

⇨ 14.3, 14.4 節

14.4 半径 a [m] の無限に長い直線導線が，距離 d [m] だけ離れて平行に置かれている．単位長さ当りの電気容量を求めなさい．ただし，a は d に比べて十分に小さいとし，また，真空の誘電率を ε_0 [C²/(N·m²)] とする．

⇨ 14.2〜14.4 節

14.5 同じ容量 C をもつ3個のコンデンサを全部使ったときの接続方法（の独立なもの）をすべて図示し，合成容量を大きい順に並べなさい． ⇨ 14.5 節

14.6 図 14.11 のように，電気容量 C_1 [F]，C_2 [F] の2つのコンデンサ1, 2とスイッチを用いて回路を作る．まず，スイッチを開いたままコンデンサ1と2をともに電圧 V_0 [V] で図の向きに充電しておく．次に，その状態からスイッチを閉じる．次の問いに答えなさい．

⇨ 14.5 節

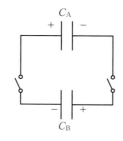

図 14.11　静電エネルギー

(1) スイッチを閉じた後の2つのコンデンサに蓄えられているエネルギーの総量は，スイッチを閉じる前の $(C_1 - C_2)^2/(C_1 + C_2)^2$ 倍であることを示しなさい．

(2) $(C_1 - C_2)^2/(C_1 + C_2)^2 < 1$ であるから，スイッチを閉じる前に比べてスイッチを閉じた後の方がエネルギーが小さい．その理由を説明しなさい．

14.7 以下の手順で，電極間の間隔が d [m] の平行板コンデンサ（電気容量 C [F]）の電極間にはたらく力を求めなさい．ただし，極板間は真空であるとし，真空の誘電率を ε_0 [C²/(N·m²)] とする． ⇨ 14.5 節

(1) 平行板コンデンサに，電気量 Q [C] が充電してある．このコンデンサの電極間の間隔を電極に垂直な外力を加えて Δx [m] だけ広げたときに，コンデンサに蓄えられたエネルギーの増加量を求めなさい．

(2) エネルギー保存則から，外力がした仕事はコンデンサに蓄えられたエネルギーの増加量に等しい．これより，コンデンサの電極間にはたらく力の大きさを求めなさい．

第 15 章

電流と抵抗

　電流は電荷が動いている状態である．身の回りの電気機器は，電流が流れることによって動いている．
　この章では，電流，電圧と電気抵抗の関係（オームの法則）やジュール熱，電気回路におけるキルヒホッフの法則を学ぼう．

学習目標
- ミクロなモデルを用いて，オームの法則を説明できるようになる．
- 電気エネルギーと熱エネルギーの関係を理解する．
- オームの法則とキルヒホッフの法則を利用して，電気回路の解析ができるようになる．
- ホイートストンブリッジ回路を用いて，未知の抵抗を求められるようになる．

キーワード
電流 I [A]，電気抵抗 R [Ω]，抵抗率 ρ [Ω·m]，オームの法則，ジュール熱，抵抗の温度係数 α [1/K]，電源，電流計，電圧計，ホイートストンブリッジ回路，キルヒホッフの第 1，第 2 法則，合成抵抗

15.1　電　流

　電流の大きさは，ある面を単位時間（1 s 間）に通過する電気量で定められる．ある面を時間 Δt [s] の間に，電気量 ΔQ [C] だけ通過したとき，電流 I [A] は次のように表される．

$$I = \frac{\Delta Q}{\Delta t} \text{ [A]} \quad \text{（電流の定義式）} \tag{15.1}$$

電流の単位は SI 基本単位の 1 つで $\overset{\text{アンペア}}{\text{A}}$ である．(15.1) より，1 A = 1 C/s であることがわかる．また，電流の向きは正の電荷が移動する向きであると定められている．電子は負の電荷をもつので，電流の向きと電子の運動の向きは逆であることに注意しよう[❶]．

---

❶ 雷が電気現象であることを実証したフランクリンにより，このように電荷の符号が決められた．

15.2 オームの法則

15.2.1 抵抗

金属に流れる電流 I [A] は，両端の電位差 V [V] に比例する．これを**オームの法則**といい，式で書けば，次のようになる．

$$V = RI \text{ [V]} \quad (オームの法則) \qquad (15.2)$$

比例係数 R [Ω] は金属の**電気抵抗**（または単に抵抗）という．抵抗 R の単位は Ω (オーム) であるが，(15.2) より $1\,\Omega = 1\,\text{V/A}$ であることがわかる．電気回路部品としての抵抗器の回路記号は，図 15.1 のように細長い長方形と定められている．

図 15.1 抵抗器の回路記号

例題 15.1

自由電子が金属中を流れるとき，電子の運動は陽イオンの熱振動や原子の配列の乱れによって妨げられ，速度に比例する抵抗力を受ける．金属線について，このことを考慮に入れて，オームの法則 (15.2) が成り立つこと，および，抵抗が線の長さに比例し断面積に反比例することを示しなさい．

解 金属線の長さを l [m]，断面積を S [m^2] とする．その両端に電位差 V [V] を与えると，金属線内部に強さ V/l [V/m] の電場が生じる．電荷 $-e$ [C] の自由電子は，電場とは逆向きに大きさ eV/l [N] の力を受けて加速される．一方で，電子の速度を v [m/s] とすると，題意により電子は抵抗力 βv [N] を受ける．β [N·s/m] は比例定数である．したがって，電子の運動方程式は，質量を m [kg] として次のように書ける．

$$m\frac{dv}{dt} = -e\frac{V}{l} - \beta v \text{ [N]} \qquad (15.3)$$

最終的に電場による力と抵抗力がつり合って，右辺が 0 となる．そのときの電子速度（**ドリフト速度**）を v_d [m/s] とし，V について解いて $V = -\beta l v_d / e$ を得る．自由電子が導体内に一様に分布するとし，自由電子の数密度を n [個/m^3] とすると，電流 I [A] は

$$I = -neSv_d \text{ [A]} \qquad (15.4)$$

と書ける．この 2 つの式から v_d を消去して，

$$V = \frac{\beta l}{ne^2 S} I \text{ [V]} \qquad (15.5)$$

を得る．$R \equiv \beta l / ne^2 S$ [Ω] とすれば，(15.2) が導かれ，また，抵抗 R が長さ l に比例し断面積 S に反比例することがわかる．

問題 15.1 断面積 $1.0\,\text{mm}^2$ の銅線に $1.0\,\text{A}$ の電流が流れているとき，自由電子のドリフト速度を求めなさい．ただし，銅は 1 原子当り 1 個の自由電子をもつ．また，銅の原子量は 64，密度は $9.0\,\text{g/cm}^3$ である．

問題 15.2 銅線中の自由電子は，1 s 当りおよそ 1.0×10^{-4} m しか移動しない．それにもかかわらず，スイッチを入れるとほぼ同時に部屋の電気がつくのはなぜか．理由を説明しなさい．

問題 15.3 断面が円形の金属線を引き伸ばして長さを 4 倍にしたところ，直径が半分になった．

両端間の抵抗はもとの何倍になったか．

例題 15.1 のように，抵抗は金属線の長さ l に比例し断面積 S に反比例する．したがって，抵抗 R は次のように書ける．

$$R = \rho \frac{l}{S} \; [\Omega] \quad \text{（抵抗率の定義式）} \tag{15.6}$$

ここで，比例定数 $\rho \; [\Omega \cdot \text{m}]$ は **抵抗率** であり，物質の性質によって決まる量である．

15.2.2 ジュール熱

抵抗に電流が流れているときに発生する熱を **ジュール熱** という．具体的に，以下の例題でジュール熱について考えていこう．

例題 15.2

抵抗 $R\,[\Omega]$ の両端に電位差 $V\,[\text{V}]$ が与えられて，電流 $I\,[\text{A}]$ が流れているとき，単位時間内に発生するジュール熱 $P\,[\text{W}]$ は，次のように表されることを示しなさい．

$$P = IV = I^2 R = \frac{V^2}{R} \; [\text{W}(=\text{J/s})] \quad \text{（ジュール熱）} \tag{15.7}$$

解 N 個の電子（電荷 $-e\,[\text{C}]$）が，時間 $\Delta t\,[\text{s}]$ だけかかって抵抗を通過しているとする．このとき，電場が電子にする仕事 $\Delta W\,[\text{J}]$ は，$\Delta W = eNV$ であり，$eN = I\Delta t\,[\text{C}]$ であるから，次のように書ける．

$$\Delta W = eNV = IV\Delta t \; [\text{J}] \tag{15.8}$$

一方，オームの法則が成り立つときには電子のドリフト速度が一定なので，電子の運動エネルギーも一定である．したがって，電場のする仕事によって増えたエネルギーは，すべて熱 $\Delta Q_{熱}\,[\text{J}]$ に変換される．よって，$P = \Delta Q_{熱}/\Delta t = \Delta W/\Delta t$ より $P = IV$ を得る．(15.7) の残りの式は (15.2) を使って得られる．

15.2.3 抵抗の温度依存性

一般に，温度が高くなると，金属中の正イオンの熱振動が激しくなる．その結果，自由電子と正イオンとの衝突回数が増す．そして，自由電子が感じる抵抗力が増加し，金属の抵抗率も増加する．ある金属の 0 ℃ における抵抗率を $\rho_0\,[\Omega \cdot \text{m}]$ とすると，その金属の温度 $t\,[℃]$ における抵抗率 $\rho(t)\,[\Omega \cdot \text{m}]$ は，あまり広くない温度範囲では，次のように書ける．

$$\rho(t) = \rho_0(1 + \alpha t) \; [\Omega \cdot \text{m}] \quad \text{（抵抗率の温度依存性）} \tag{15.9}$$

ここで，$\alpha\,[1/\text{K}]$ は温度が 1 K だけ上昇したとき，抵抗率が増加する比率で，**抵抗率の温度係数** という．

問題 15.4 ある金属について，いろいろな温度 $t\,[℃]$ での抵抗率 $\rho\,[\Omega \cdot \text{m}]$ を測定したところ，表 15.1 のようになった．この金属の 0 ℃ における抵抗率 $\rho_0\,[\Omega \cdot \text{m}]$ および，抵抗の温度係数 $\alpha\,[1/\text{K}]$ を求めなさい．

表15.1 ある金属の抵抗率の温度変化

温度 t（℃）	10	20	30	40	50
抵抗率 ρ（×10^{-8} Ω·m）	2.142	2.184	2.226	2.268	2.310

15.3 直流回路

15.3.1 キルヒホッフの第1法則

回路網の任意の分岐点に注目しよう．そこに流入する電流を正の値，流出する電流を負の値で表そう．このとき，その分岐点での電流の和は0になる．これを**キルヒホッフの第1法則**という．

分岐点に流入する i 番目の電流を I_i [A] $(i=1,2,\cdots)$ と書けば，キルヒホッフの第1法則は次のように書ける．

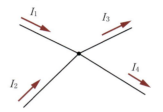

図15.2 キルヒホッフの第1法則

$$\sum_i I_i = 0 \quad \text{（キルヒホッフの第1法則）} \tag{15.10}$$

例えば，図15.2において，$I_1 + I_2 = I_3 + I_4$ となる．キルヒホッフの第1法則は電荷保存則に起因する．

15.3.2 キルヒホッフの第2法則

回路中のある点から出発して，回路中の任意の経路をたどって最初の点に戻るとき，電池の起電力の和は，抵抗による電圧降下の和に等しい．これを**キルヒホッフの第2法則**という．

i 番目の電池の起電力を V_i [V] $(i=1,2,\cdots)$，k 番目の抵抗 R_k [Ω] に流れる電流を I_k [A] $(k=1,2,\cdots)$ と書けば，キルヒホッフの第2法則は次のように書ける．

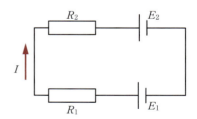

図15.3 キルヒホッフの第2法則

$$\sum_i V_i = \sum_k R_k I_k \text{ [V]} \quad \text{（キルヒホッフの第2法則）} \tag{15.11}$$

例えば，図15.3において，$E_1 - E_2 = R_1 I + R_2 I$ [V] が成り立つ．

15.3.3 合成抵抗

直列や並列に接続した複数の抵抗全体を，1つの抵抗と見なしたとき，その抵抗を**合成抵抗**という．

次ページの図15.4のように，抵抗 R_1 [Ω]，R_2 [Ω] を直列接続した場合の合成抵抗 R [Ω] は，次式で与えられる．

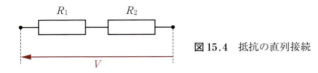

図 15.4　抵抗の直列接続

$$R = R_1 + R_2 \, [\Omega] \quad (直列接続) \tag{15.12}$$

また，図 15.5 のように，抵抗 R_1, R_2 を並列接続した場合の合成抵抗 R は，次のようになる．

$$R = \left(\frac{1}{R_1} + \frac{1}{R_2}\right)^{-1} [\Omega] \quad (並列接続) \tag{15.13}$$

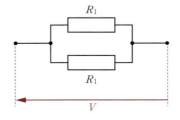

図 15.5　抵抗の並列接続

例題 15.3

(15.12) を示しなさい．

解　直列に接続された 2 つの抵抗 $R_1 \, [\Omega]$, $R_2 \, [\Omega]$ に流れる電流 $I \, [\text{A}]$ は等しい．オームの法則より，抵抗 R_1, R_2 に加わる電圧 $V_1 \, [\text{V}]$, $V_2 \, [\text{V}]$ はそれぞれ，$V_1 = R_1 I$, $V_2 = R_2 I$ となる．また，合成抵抗を $R \, [\Omega]$ とすると，両端に加わる電圧 V は，

$$V = V_1 + V_2 = R_1 I + R_2 I = RI \, [\text{V}] \tag{15.14}$$

と書ける．よって，(15.12) が示せる．

例題 15.4

(15.13) を示しなさい．

解　並列に接続された 2 つの抵抗 $R_1 \, [\Omega]$, $R_2 \, [\Omega]$ に加わる電圧は等しい．この電圧を $V \, [\text{V}]$ とする．オームの法則より，抵抗 R_1, R_2 に流れる電流 $I_1 \, [\text{A}]$, $I_2 \, [\text{A}]$ はそれぞれ，$I_1 = V/R_1$, $I_2 = V/R_2$ となる．また，全体に流れる電流を $I \, [\text{A}]$, 合成抵抗を $R \, [\Omega]$ とすれば，$I = V/R$ である．ここで，$I = I_1 + I_2$ であるから，

$$\frac{V}{R} = \frac{V}{R_1} + \frac{V}{R_2} \, [\text{A}] \tag{15.15}$$

となる．よって，(15.13) が示せる．

問題 15.5　抵抗値 $10 \, \Omega$, $20 \, \Omega$, $30 \, \Omega$ の 3 つの抵抗器を，図 15.6 のように接続する．この場合の ab 間の合成抵抗を求めなさい．

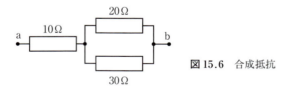

図 15.6　合成抵抗

15.3.4 電源

電池は，電荷を電位の低いところから高い所へと運び，外部に電流を流そうとするはたらきをもつ．この電池のように，電流の供給源となるものを**電源**という．

電池は陽極と陰極の2つの極をもち，電流は陽極から流れ出て，陰極に流れ込む．回路記号は図15.7である．電池の端子間の電位差を，**端子電圧**という．

図 15.7 電池の回路記号

電源に可変抵抗器をつなぎ，抵抗の値を変えて端子電圧を測定すると，可変抵抗の抵抗値が大きいほど端子電圧は大きくなる．これは，電池の内部に抵抗があると考えると説明できる．この抵抗を電池の**内部抵抗**という．

また，端子から電流が流れ出ていないときの端子電圧を，電池の**起電力**という．

15.3.5 電流計と電圧計

回路に流れる電流を測定するためには，**電流計**を用いる．電流計の回路記号は図15.8である．電流計は，電流を測定したい部分に直列に接続して使用する．電流計にも内部抵抗があり，電流計を接続することにより，回路を流れる電流が変わってしまう．その影響を少なくするためには，**電流計の内部抵抗を小さくした方がよい**．

図 15.8 電流計の回路記号

回路のある部分にかかる電圧を測定するためには，**電圧計**を用いる．電圧計の回路記号は図15.9である．電圧計は，電圧を測定したい部分に並列に接続して使用する．電圧計にも内部抵抗があり，電圧計を接続することにより，測定したい部分にかかる電圧が変わってしまう．その影響を少なくするためには，**電圧計の内部抵抗を大きくした方がよい**．

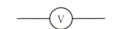

図 15.9 電圧計の回路記号

15.4 ホイートストンブリッジ回路

抵抗器の抵抗値を精度よく測定するのに，次ページに示す図15.10のような**ホイートストンブリッジ回路**とよばれる回路が用いられる．E は電源であり，4つの抵抗器のうち，抵抗値 $R_1\,[\Omega]$，$R_2\,[\Omega]$，$R_3\,[\Omega]$（R_3 は可変抵抗器）は既知で，$R_4\,[\Omega]$ は未知である．

R_3 を変化させて検流計 G（検流計は微小電流の向きをはかる装置である）に流れる電流を 0 にすると，次の関係が成り立つ．

$$\frac{R_4}{R_3} = \frac{R_2}{R_1} \tag{15.16}$$

この式から R_4 が求められる．

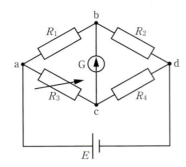

図 15.10 ホイートストンブリッジ回路. R_3 は可変抵抗器, G は検流計である.

例題 15.5

(15.16) を示しなさい.

解 R_1 を流れる電流を i_1 [A], R_3 を流れる電流を i_3 [A] とする. G を流れる電流が 0 なので, R_2 を流れる電流は i_1, R_4 を流れる電流は i_3 である. G を流れる電流が 0 ということは, bc 間が等電位であり,

$$R_1 i_1 = R_3 i_3 \text{ [V]}, \qquad R_2 i_1 = R_4 i_3 \text{ [V]} \tag{15.17}$$

が成り立つ. (15.17) の辺々を割って (15.16) が求まる.

問題 15.6 図 15.10 のホイートストンブリッジ回路において, 抵抗器 $R_1 = 100\,\Omega$, $R_2 = 200\,\Omega$, $R_3 = 5.0\,\Omega$ は, 温度による抵抗値の変化が無視できる材料でできており, R_4 [Ω] は白金でできた (温度による抵抗値の変化が無視できない) 抵抗器である. 初め, 抵抗器 R_4 の温度はある温度に保たれており, 検流計 G には電流は流れていなかった. 次の問いに答えなさい.

(1) この温度における R_4 の値を求めなさい.

(2) 回路をそのままにして, R_4 の温度を上げたとき, 検流計 G にはどちらの向きに電流が流れるか.

章 末 問 題

15.1 抵抗値 R_1 [Ω], R_2 [Ω], R_3 [Ω] の 3 つの抵抗が直列に接続されている. 図 15.11 は, 点 b を基準とした電位を位置の関数として表している. R_1, R_2, R_3 を大きい順に並べなさい.

⇨ 15.2 節

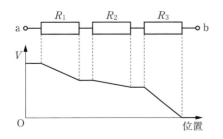

図 15.11 電位と抵抗による電流効果の問題

15.2 抵抗値 R [Ω] の抵抗線を組み合わせて作った, 次の回路の合成抵抗値を求めなさい.

⇨ 15.2, 15.3 節

(1) 3 本で正三角形を作ったときの 2 つの頂点間

(2) 4 本で正方形を作ったときの隣り合う頂点間

(3) (2) のときの正方形の対角の頂点間

(4) 図 15.12 の左端の端子間

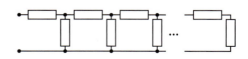

図 15.12 無限のはしご

15.3 内部抵抗 r [Ω] の電池に可変抵抗をつなぎ，可変抵抗の抵抗値 R [Ω] を変えて，可変抵抗で単位時間内に発生するジュール熱を測定する．可変抵抗で単位時間内に発生するジュール熱が最大になるための条件を求めなさい．
⇨ 15.2 〜 15.4 節

15.4 図 15.13 の回路において，E_1，E_2 はそれぞれ，起電力 12 V，21 V の電源で，R_1，R_2，R_3 はそれぞれ，抵抗値 3 Ω，6 Ω，3 Ω の抵抗器である．各抵抗器を流れる電流の大きさと向きを求めなさい． ⇨ 15.3，15.4 節

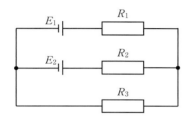

図 15.13　電流の大きさと向きを求める問題

15.5 電流計と電圧計を用いて，抵抗器 R [Ω] の抵抗値を測定したい．図 15.14 (a) と (b) のどちらの回路で測定した方が，誤差が少なく測定できるか．抵抗値の大きい場合と小さい場合，それぞれについて答えなさい．
⇨ 15.3，15.4 節

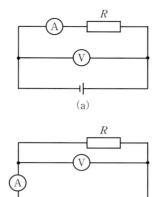

図 15.14　電流計と電圧計を用いた抵抗値測定の問題

15.6 ワット数が同じ電球 3 個と電源がある．電球の抵抗値は電流によらず一定として，次の問いに答えなさい． ⇨ 15.2 〜 15.4 節

(1) 電球を全部使って電源につないで回路を作るとき，回路的に異なるつなぎ方すべてを図示しなさい．

(2) (1) に挙げたそれぞれの回路について，全体の明るさが明るい順に並べなさい．

15.7 たこ足配線が火事になりやすい理由を説明しなさい． ⇨ 15.2 〜 15.4 節

第 16 章

磁　場

電流が流れている導線間には力がはたらく．これは，電流が磁場を作るからである．

この章では，まず，電流間にはたらく力から磁束密度を導入し，ローレンツ力を定義しよう．次に，磁場に関するガウスの法則を学ぼう．そして，電束密度と電場が対応したように，磁束密度に対して磁場を定義し，磁場と電流との関係であるアンペールの法則を学ぼう．最後に，アンペールの法則を活用して，電流分布が対称性をもつ場合の磁場を求めよう．

学習目標
- 磁束線，磁束密度の様子をイメージできるようになる．
- ローレンツ力の式を用いて，電流や運動する電荷にはたらく力を計算できるようになる．
- 磁場に関するガウスの法則を説明できるようになる．
- アンペールの法則を用いて，電流分布の対称性がよい場合について，電流が作る磁場が求められるようになる．

キーワード
磁束密度ベクトル $\boldsymbol{B}$ [T]，磁束 $\varPhi_\mathrm{M}$ [Wb]，透磁率 μ [N/A^2]，磁場に関するガウスの法則，磁場ベクトル $\boldsymbol{H}$ [A/m]，ローレンツ力，アンペールの法則

16.1　磁束密度ベクトル

16.1.1　平行な電流間にはたらく力

十分に長い2本の導線 A, B を距離 r [m] だけ離して平行に置き，それに電流 I_A [A]，I_B [A] を流す．このとき，平行に置かれた導線 A, B 間には，同じ向きの電流では引力が，逆の向きの電流では斥力がはたらく．また，導線の長さ L [m] の部分にはたらく力の大きさは，次のように書くことができる．

$$F_\mathrm{A \to B} = F_\mathrm{B \to A} = \frac{\mu}{2\pi} \frac{|I_\mathrm{A}||I_\mathrm{B}|}{r} L \text{ [N]} \quad \text{（平行電流間にはたらく力の大きさ）} \quad (16.1)$$

ここで μ [N/A^2] は**透磁率**であり，導線が置かれた空間（媒質）によって決まる．真空の透磁率 μ_0 [N/A^2] は，次の値をもつ．

$$\mu_0 = 4\pi \times 10^{-7}\,\mathrm{N/A^2} \tag{16.2}$$

問題 16.1 1 A の定義は,「1 m だけ離れた平行電線 1 m 当りにはたらく力が $2 \times 10^{-7}\,\mathrm{N/m}$ であるときに, 2 つの電線に流れる電流」である.（16.1）が, この定義通りであることを確かめなさい.

電荷間にはたらく力では, 近接作用の立場から電場を導入した. 同様に, 電流間にはたらく力について**磁場**を定義しよう. 電流 I' [A] により空間の性質が変化して**磁束密度ベクトル** $\boldsymbol{B}$ が生じ, I [A] に力がはたらくと考える. そこで, 図 16.1 のように, 電流 I の微小部分 dl [m] を考えたとき, その部分にはたらく力の大きさ dF [N] を次のように書く.

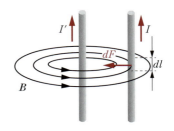

図 16.1 平行電流と磁場

$$dF = (|I|\,dl)|\boldsymbol{B}|\,[\mathrm{N}] \tag{16.3}$$

磁束密度の単位は, T（テスラ）である.（16.3）のように磁束密度に電流と長さを掛けると力になるので, 1 T = 1 N/(A·m) である. **磁束**の単位として Wb（ウェーバー）を用いるので, 磁束密度の単位は Wb/m²（読み：ウェーバー毎平方メートル）でもある.

（16.3）と（16.1）とを見比べれば, 電流 I' [A] が作る I' から距離 r [m] だけ離れた位置での磁束密度の大きさは, 次のようになることがわかる.

$$|\boldsymbol{B}| = \frac{\mu}{2\pi}\frac{|I'|}{r}\,[\mathrm{T}] \tag{16.4}$$

ところで,（16.3）は 2 つの電流が平行または反平行の場合であるが, より一般的には, 磁束密度 $\boldsymbol{B}$ [T] のもとで電流 I [A] が流れるとき, 電流方向の微小ベクトルを $d\boldsymbol{l}$ [m] とすれば, はたらく力 $d\boldsymbol{F}$ [N] は外積（記号：×）を用いて, 次のように向きを含めて表すことができる.

$$d\boldsymbol{F} = I\,d\boldsymbol{l} \times \boldsymbol{B}\,[\mathrm{N}] \tag{16.5}$$

このように, 磁場中で電流は力を受ける. これを利用したものが**モーター**である.

問題 16.2 磁束密度の大きさが B [T] の磁場の中で, 図 16.2 のように, 辺の長さ a [m], b [m] の矩形コイルに電流 I [A] が流れている. コイルの各辺にはたらく力の大きさと向きを答えなさい. ただし, 長さ b の辺と磁場とのなす角度を θ [rad] とする.

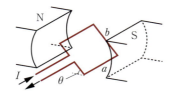

図 16.2 直流モーター

16.1.2 ローレンツ力

磁束密度は, 電流, すなわち, 運動する電荷に作用して力を及ぼす. そこで,（16.5）を変形して, 磁場中を運動する荷電粒子にはたらく力を, 次のように定義することができる.

磁束密度 B [T] の磁場中に電気量 q [C] の荷電粒子が速度 v [m/s] で運動しているとき，荷電粒子には次の**ローレンツ力**がはたらく．

$$\boldsymbol{F} = q\boldsymbol{v} \times \boldsymbol{B} \text{ [N]} \quad (\text{ローレンツ力}) \tag{16.6}$$

例題 16.1

ローレンツ力の式が，フレミングの左手の法則（図 16.3）を含んでいることを説明しなさい．

解 電流の方向を x 軸方向（中指），磁束密度の方向を y 軸方向（人差し指）とすれば，$I\,dl = (I\,dl, 0, 0)$ [A·m]，$\boldsymbol{B} = (0, B, 0)$ [T] と書ける．したがって，$d\boldsymbol{F}$ は，$dF_x = 0 \times 0 - 0 \times B = 0$, $dF_y = 0 \times 0 - I\,dl \times 0 = 0$, $dF_z = I\,dl \times B - 0 \times 0 = BI\,dl$ [N] となり，力の向きは z 軸の正の向き（親指）となる．よって，ローレンツ力の式はフレミングの左手の法則を含んでいる．

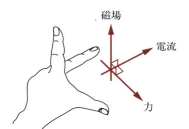

図 16.3 フレミングの左手の法則

電場 E [V/m] と磁束密度 B [T] の両方が存在する場合に，運動する電気量 q [C]，速度 v [m/s] の荷電粒子にはたらくクーロン力とローレンツ力を合わせて，**（広義の）ローレンツ力**ということもある．すなわち，（広義の）ローレンツ力は次のように書ける．

$$\boldsymbol{F} = q(\boldsymbol{E} + \boldsymbol{v} \times \boldsymbol{B}) \text{ [N]} \quad ((\text{広義の}) \text{ローレンツ力}) \tag{16.7}$$

問題 16.3 強さ E [V/m] の一様な電場と磁束密度の大きさ B [T] の一様な磁場が存在する空間内を，速さ v [m/s] の荷電粒子が等速直線運動をしている（ウィーンフィルター）．
(1) 電場，磁場，粒子の速度の関係を求めなさい．
(2) 粒子の速度が磁場に垂直であるとき，その大きさを E と B を用いて表しなさい．

例題 16.2

磁束密度の大きさ B [T] の一様な磁場の中に，質量 m [kg]，電気量 q [C] の荷電粒子を磁場に垂直に大きさ v [m/s] の初速度で入射すると，粒子は磁場に垂直な面内で等速円運動（軌道半径 r [m]）を行う．比電荷 q/m [C/kg] を v, r, B を用いて表しなさい．

解 粒子の遠心力とローレンツ力はつり合うので $mv^2/r = qvB$ [N] であり，これを変形して次式を得る．

$$\frac{q}{m} = \frac{v}{rB} \text{ [C/kg]} \tag{16.8}$$

例題 16.2 で紹介した方法によって，粒子の比電荷 q/m を測定できる．

問題 16.4 上の例題で，磁場に対し斜めに入射した荷電粒子はどのような運動をするか．

16.2　磁場に関するガウスの法則

任意の閉曲面を貫く磁束は0である．これを**磁場に関するガウスの法則**という（図16.4）．

閉曲面Sを内から外へ向かう全磁束の本数を Φ_M とすれば，磁場に関するガウスの法則は，次のように書ける．

$$\Phi_M \equiv \oint_S \boldsymbol{B} \cdot d\boldsymbol{S} = 0 \quad \text{（磁場に関するガウスの法則）} \tag{16.9}$$

ここで $d\boldsymbol{S}$ は，大きさ（面積）が $dS\,[\mathrm{m}^2]$ で，向きが面に垂直に外向きであるベクトルである．また，$\oint_S$ は閉曲面Sについての積分を表している．

磁場に関するガウスの法則は，14.2節で扱った電場に関するガウスの法則と似ている．電場に関するガウスの法則では，閉曲面を貫く全電束が閉曲面内に含まれる全電荷に等しかった．これに対し磁場に関するガウスの法則では，閉曲面を微小にすればわかるように，磁束線が連続な閉曲線となっていることを意味する．

これは，電荷には正電荷，負電荷が単独で存在するのに対し，磁場の場合，磁極（N極，S極）を単独で取り出すことはできないことを表している．もし，単独の磁極が存在すれば，それが磁束の湧き出し口や吸い込み口になるが，それはいまだ発見されていない．

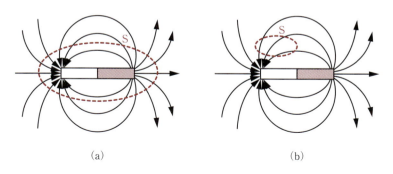

図 16.4　磁場に関するガウスの法則．任意の閉曲面Sを貫く磁束線は常に0である．

16.3　磁場ベクトル

16.3.1　永久磁石と磁場

細い棒磁石を考えよう．棒磁石の片端にはN極，もう一方にはS極がある．N極とS極は単独では取り出せないが，棒磁石が十分に長ければ他方の磁極の影響は無視できる．すると，単独の"**点磁荷**"を考えることができる．"点磁荷"の単位はWbである．

距離 $r\,[\mathrm{m}]$ だけ離れた2つの"点磁荷" $Q_m\,[\mathrm{Wb}]$ と $q_m\,[\mathrm{Wb}]$ との間には，電荷のときのクーロンの法則と同様に力がはたらき，その大きさ $F\,[\mathrm{N}]$ は，$\mu\,[\mathrm{N/A^2}]$ を媒質の透磁率として

$$F = \frac{1}{4\pi\mu}\frac{|Q_m||q_m|}{r^2}\,[\mathrm{N}] \tag{16.10}$$

となる．N極・S極間には引力，同種の磁極間には斥力がはたらく．

電場ベクトルと同様に磁場ベクトルを定義しよう❶．すなわち，磁場の中に試験"磁荷"q_mを置いたとき，q_mに力 $\boldsymbol{F}$ [N] がはたらいたとして，次式で**磁場ベクトル** $\boldsymbol{H}$ [A/m] を定義する．

$$\boldsymbol{H} = \frac{\boldsymbol{F}}{q_\mathrm{m}} \text{ [A/m]} \quad \text{(磁場の定義式)} \tag{16.11}$$

磁場の単位は N/Wb，または A/m である．

問題 16.5 単独の磁荷はまだ発見されていないが，もし発見されれば，磁場に関するガウスの法則はどう修正されるか．

16.3.2 磁束密度ベクトルと磁場ベクトル

電気力線の本数密度は電場に比例するように描き，Q [C] の正電荷からは Q 本の電束が出ていると定義した．同様に，磁場の流線表示として**磁力線**を考え，Q_m [Wb] のN極からは Q_m 本の磁束が出ていると定義すると，電場のときと同様に，磁束密度ベクトル $\boldsymbol{B}$ [T] と磁場ベクトル $\boldsymbol{H}$ [A/m] の間には次の関係がある❷．

$$\boldsymbol{B} = \mu \boldsymbol{H} \text{ [T]} \tag{16.12}$$

特に真空中では，真空の誘電率 $\mu_0 = 4\pi \times 10^{-7}$ N/A² を用いて，次のようになる．

$$\boldsymbol{B} = \mu_0 \boldsymbol{H} \text{ [T]} \quad \text{(真空中)} \tag{16.13}$$

16.4 アンペールの法則

磁場が描く閉曲線に沿って，その接線方向の成分を1周して足し合わせたものは，その閉曲線を縁とする面を垂直に貫く電流の総和に等しい．これを**アンペールの法則**という．

閉曲線 C に沿って，磁場の接線成分をすべて足し合わせたものを I_M [A]，C を縁とする面を垂直に貫く電流の総和を I [A] とすれば，アンペールの法則は，次のように書ける．

$$I_\mathrm{M} \equiv \oint_C \boldsymbol{H} \cdot d\boldsymbol{l} = I \text{ [A]} \quad \text{(アンペールの法則)} \tag{16.14}$$

$\oint_C \boldsymbol{H} \cdot d\boldsymbol{l}$ は，C に沿って磁場 H の接線成分を1周積分したものである．

ここで，経路 C は実際に存在する導線などである必要はなく，任意でよい．電流の正負は右ねじの法則によって決める．すなわち，右ねじを C の向きに回すとき，その右ねじが進む向きを電流の正の向きとする．図 16.5 で矢印の向きに，C に沿って磁場の接線成分を足し合わせると，C を

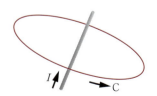

図 16.5 磁場を足し合わせる向きと電流の向き

縁とする面を貫く電流 I となる．一方，矢印とは逆向きに足し合わせると，電流は $-I$ となる．

---
❶ 単に磁場というとき，磁束密度ベクトル，磁場ベクトルが存在する空間を指すことが多い．
❷ 電場のときと同様，一般には $\boldsymbol{B}$ と $\boldsymbol{H}$ は独立である．

例題 16.3

細くて無限に長い導線に，電流 I [A] が流れている．導線から距離 r [m] だけ離れた点に生じる磁束密度を求めなさい．ただし，真空の誘電率を μ_0 [N/A^2] とする．

解 図 16.6 のように，導線に垂直な面内に，導線を中心とした半径 r [m] の円 C を考え，この円にアンペールの法則（16.14）を適用しよう．対称性より，磁場の方向はこの円の接線の方向であり，向きは右ねじの向きとなる．また，その強さは仮想的な円上の至るところで同じになる．

図 16.6　直線電流の作る磁場

磁場の強さを H [A/m] とすれば，アンペールの法則の左辺は，（半径 r の円の円周の長さ）$\times H = 2\pi rH$ となり，右辺は I となる．したがって，$2\pi rH = I$ となり，（16.13）より，磁場の強さ H と磁束密度の大きさ B [T] は，次のように求まる．

$$H = \frac{I}{2\pi r} \text{ [A/m]}, \qquad B = \frac{\mu_0 I}{2\pi r} \text{ [T]} \tag{16.15}$$

例題 16.4

導線を一定の間隔で円筒状に巻いたものを，ソレノイドという．単位長さ当りの巻き数が n [m^{-1}] の無限に長いソレノイドに大きさ I [A] の電流を流したとき，内外に生じる磁束密度を求めなさい．ただし，真空の透磁率を μ_0 [N/A^2] とする．

解 ソレノイドの中心軸の方向を z 軸とする．対称性から，磁束密度の向きは z 軸に平行になる．ソレノイドの外部に，図 16.7 の ABCD のような 1 辺の長さ L [m] の正方形の経路を考えて，アンペールの法則（16.14）を適用する．

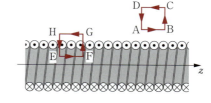

図 16.7　ソレノイドが作る磁場

BC，DA に沿った経路での磁場の接線成分は 0 になる．この閉経路を貫く電流はないので，

$$\oint_{\text{ABCD}} \boldsymbol{H} \cdot d\boldsymbol{l} = H_{\text{AB}}L - H_{\text{CD}}L = 0 \tag{16.16}$$

となる．したがって，$H_{\text{AB}} = H_{\text{CD}}$ となる．しかしながら，経路を十分に大きく取り，H_{CD} を無限遠にもっていけば，そこでは $H_{\text{CD}} = 0$ となるはずであるから，ソレノイド外部の磁束密度は，至るところで 0 であることがわかる．

次に，ソレノイドの内外部に，図 16.7 の EFGH のような 1 辺の長さ L の正方形の経路を考え，アンペールの法則（16.14）を適用する．このとき，磁束密度が z 軸に平行であるから，FG，HE に沿った積分は 0 になる．また，この閉経路を貫く電流は nIL であるから，

$$\oint_{\text{EFGH}} \boldsymbol{H} \cdot d\boldsymbol{l} = H_{\text{EF}}L - H_{\text{GH}}L = nIL \text{ [A]} \tag{16.17}$$

となる．ここで，磁束密度はソレノイド外部の至るところで 0 であるから $H_{\text{GH}} = 0$ として，$H_{\text{EF}} = nI$ と求まる．経路の取り方は任意であるから，無限に長いソレノイド内部の磁場，すなわち磁束密度は一様で E → F の向きであり，磁場の強さ H および磁束密度の大きさ B は次のように求まる．

$$H = nI \text{ [A/m]}, \quad B = \mu_0 nI \text{ [T]} \tag{16.18}$$

問題 16.6 半径 a [m] の無限に長い円筒面に，軸方向に一様に電流 I [A] が流れている．円筒内外に生じる磁束密度を求めなさい．ただし，真空の透磁率を μ_0 [N/A^2] とする．

章 末 問 題

16.1 平行に置かれた導線に同じ大きさで同じ向きの電流が流れており，2つの電流の間には引力がはたらいている．電流を担っている電子と同じ速度で運動している観測者からは，この系はどのように見えるだろうか． ⇨ 16.1節

16.2 磁束密度 $\boldsymbol{B}$ [T] の一様な磁場中に，1辺の長さが l [m] の正方形の回路が置かれている．回路に電流 I [A] を流したとき，電線にどのような力がはたらくか． ⇨ 16.1節

(1) 磁場が正方形の面に垂直な場合．

(2) 磁場が正方形の1辺に平行な場合．

16.3 原点を通り，$+z$ 軸の方向に直線電流 I [A] ($I>0$) がある．ある瞬間，電気量 q [C] ($q>0$) の荷電粒子が，$\boldsymbol{r}=(0,a,0)$ [m] の位置を速度 $\boldsymbol{v}=(0,v_0,0)$ [m/s] で通過した．この瞬間に荷電粒子にはたらく力を求めなさい．ただし，真空の透磁率を μ_0 [N/A^2] とする．この力はニュートンの第3法則と矛盾していないか，確かめなさい． ⇨ 16.1節

16.4 無限に長い3本の直線導線 A, B, C を，互いに距離 d [m] だけ離して固定する．以下の場合について，A, B, C に垂直な面内で A, B, C から等距離の位置での磁場の強さを求めなさい． ⇨ 16.1節

(1) A, B, C ともに，同じ向きの電流 I [A] ($I>0$) を流したとき．

(2) A, B には同じ向きの電流 I [A] ($I>0$)，C には A, B と逆向きの電流 $-I$ [A] を流したとき．

16.5 電流 I [A] が流れる直線導線がある．磁気量 q_m [Wb] の"点磁荷"を，電流の右ねじの向きに1周させたときの仕事 W は，その経路の形によらず
$$W = q_\mathrm{m} I \ [\mathrm{J}] \qquad (16.19)$$
となることを示しなさい． ⇨ 16.4節

16.6 図 16.8 のように外半径 c [m]，内半径 b [m] の無限に長い中空円柱内に，半径 a [m] ($a<b$) の円柱が軸を同じになるように置かれている．外側と内側の円柱に，軸方向に同じ大きさ I [A] の電流が逆向きに，一様に流れているとき，電流によって生じる磁束密度を求めなさい．ただし，真空の透磁率を μ_0 [N/A^2] とする． ⇨ 16.4, 16.5節

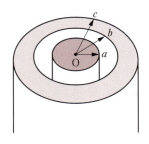

図 16.8 同軸円柱

16.7 図 16.9 のように，ソレノイドの両端面をつなげてドーナツ状にしたものを，トロイダルコイルという．内半径 r_1 [m]，外半径 r_2 [m] のドーナツ状の鉄芯の周りにコイルを N 回巻いてトロイダルコイルを作った．電流 I [A] を流したとき，トロイダルコイル内部の磁束密度の大きさを求めなさい．ただし，鉄芯の透磁率を μ [N/A^2] とする． ⇨ 16.4, 16.5節

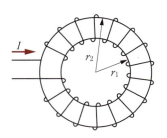

図 16.9 トロイダルコイル

16.8 直径 5.0 mm の被覆された超伝導線を隙間

なく一重に巻き，5.0 kA の電流を流して空芯ソレノイドを作った．次の問いに答えなさい．ただし，真空の透磁率を $4\pi \times 10^{-7}$ N/A^2 とする． ⇨ 16.1, 16.4 節

(1) ソレノイド内の磁束密度の大きさを求めなさい．

(2) この磁束密度によって，超伝導線にはたらく単位長さ当りの力の向きと大きさを求めなさい．

(3) 超伝導線に流れる電流によって，隣り合った超伝導線同士の間にはたらく単位長さ当りの力の向きと大きさを求めなさい．

第 17 章

電磁誘導と電磁波

　これまで，時間変化をしない場合の電場と磁場について学んできたが，それらが時間変化をすると，互いに影響を及ぼし合う．その身の回りの例としては，発電機や電磁波がある．

　この章では，まず，発電機の原理である電磁誘導（ファラデーの法則）を学ぼう．次に，交流回路について基礎的な事柄を身につけよう．そして，なぜマクスウェルがアンペールの法則を拡張したかを考察しよう．最後に，完成したマクスウェル方程式から得られる電磁波について理解しよう．

学習目標
- 電磁誘導（ファラデーの法則）を用いて，誘導起電力を計算できるようになる．
- 簡単な交流回路の解析ができるようになる．
- 電束密度が時間の関数として与えられたときに，変位電流を求めることができるようになる．
- 電磁波の性質や種類について説明できるようになる．

キーワード
電磁誘導，ファラデーの法則，交流，実効電圧，実効電流，実効電力，力率，インダクタンス L [H]，インピーダンス Z [Ω]，変位電流，アンペール－マクスウェルの法則，電磁波，ポインティングベクトル P [W/m²]，偏光

17.1　電磁誘導とファラデーの法則

17.1.1　電磁誘導

　1820年に，エールステッドが電流で磁針が動くことを発見した．これを定式化したのがアンペールの法則である．ファラデーは，逆に磁場が電流を作らないかといろいろ試していた．そして1831年，その実現に必要なことは磁場の時間変化であることを発見した．すなわち，磁石を近づけたり遠ざけたりするとコイルに電流が流れたのである．コイルに電流が流れたのは，コイルに**誘導起電力**が生じたためであり，このときコイルに流れた電流を**誘導電流**という．また，この現象を**電磁誘導**といい，これが発電機の原理である．誘導起電力はコイルを貫く磁束の変化を妨げる向きに生じる（**レンツの法則**）．

問題17.1　ネオジウム磁石を，磁石より少し太目のアルミパイプの中に落とすと，磁石はなかな

か落ちてこない．これはアルミパイプに誘導電流が生じるからである．N極を下にして落とした場合，磁石の下側，上側のパイプにどのような誘導電流が生じているか．

17.1.2 ファラデーの法則

電磁誘導は，ファラデーの法則によって定式化される．閉曲線Cに沿って電場成分の接線方向を1周して足し合わせた誘導起電力 V_E [V] と，その閉曲線を縁とする面を垂直に貫く磁束 Φ_M [Wb] の時間変化の和は0になる．これを**ファラデーの法則**といい，式で書くと次のようになる．

$$V_E \equiv \oint_C \boldsymbol{E} \cdot d\boldsymbol{l} = -\frac{d\Phi_M}{dt} \text{ [V]} \quad \text{（ファラデーの法則）} \tag{17.1}$$

ここで，経路Cを右ねじを回す向きとするとき，右ねじの進む向きを磁束の正の向きとする．

例題 17.1

図17.1のように，磁束密度の大きさB [T] の一様な磁場のもとで，磁場に垂直に，間隔 l [m] の平行導線が置かれている．平行導線の片端RとSは導線で接続されている．導体棒PQを平行導線の上に垂直に置き，平行導線に沿って速さv [m/s] で動かしたところ，回路PQRSに起電力が生じた．この誘導起電力の大きさと向きを求めなさい．

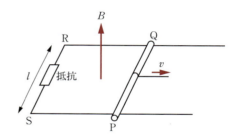

図17.1 磁場中の平行導線と起電力

解 時間 Δt [s] の間に導体棒PQは $v\Delta t$ [m] だけ移動する．回路の面積の増加は，$lv\Delta t$ [m²] である．回路を貫く磁束の変化は，Δt の間に $Blv\Delta t$ [Wb] だけ増加する．したがって，導体棒を動かしたことによって生じる誘導起電力の大きさは，

$$V_E = \frac{\Delta \Phi_M}{\Delta t} = vBl \text{ [V]} \tag{17.2}$$

と求まる．また，その向きは，磁場の増加を妨げる向きであるから，P→S→R→Q→Pの向きとなる．

17.2 交 流

家庭用コンセントの電圧は，次ページの図17.2のように周期的に変化している．このような周期的に変化する電圧，電流を，それぞれ**交流電圧**，**交流電流**という．

交流を発生させるには，例えば，次ページの図17.3のように一様な磁場中で，回転軸が磁場に垂直となるように，コイルを一定の角速度で回転させればよい．

交流電圧 V [V] および交流電流 I [A] は，

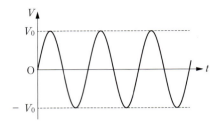

図 17.2 交流電圧

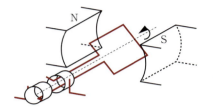

図 17.3 交流の発生

$$V(t) = V_0 \sin(2\pi ft) \, [\text{V}] \tag{17.3}$$
$$I(t) = I_0 \sin(2\pi ft - \delta) \, [\text{A}] \tag{17.4}$$

と書ける．ここで，$V_0\,[\text{V}]$，$I_0\,[\text{A}]$ は，誘導起電力，誘導電流の振幅，δ は電圧と電流の間の位相のずれである．また，$f\,[\text{Hz}]$ は振動数（周波数）で東日本では 50 Hz，西日本では 60 Hz となっている．

17.2.1 実効電圧，実効電流，実効電力

交流電圧の平均値は 0 なので，**実効電圧** $V_e\,[\text{V}]$ を，次の 2 乗の時間平均で定義する．

$$V_e = \sqrt{\frac{1}{T}\int_0^T \{V(t)\}^2\, dt} = \frac{V_0}{\sqrt{2}} \, [\text{V}] \tag{17.5}$$

ここで $T = 1/f\,[\text{s}]$ である．これより，実効電圧が 100 V のときの最大電圧は約 $100 \times \sqrt{2} \simeq 141$ V であることがわかる．同様に，**実効電流**の値は $I_e = I_0/\sqrt{2}\,[\text{A}]$ である．

電力 $P(t)\,[\text{W}]$ は $P(t) = V(t)I(t)$ に (17.3) と (17.4) を代入し，三角関数の積の公式を用いると

$$P(t) = \frac{V_0 I_0}{2}\{\cos\delta - \cos(4\pi ft - \delta)\}\,[\text{W}] \tag{17.6}$$

と求まる．ここで，$\{\ \}$ 内の第 2 項は時間平均で 0 になるので，**実効電力** $P_e\,[\text{W}]$ は

$$P_e = \frac{V_0 I_0}{2}\cos\delta = V_e I_e \cos\delta\,[\text{W}] \tag{17.7}$$

となる．$\delta = 0$ のとき電力は最大になり，$\delta = \pm\pi/2$ のときは 0 になる．$\cos\delta$ を**力率**という．

問題 17.2 交流でもオームの法則はそのまま成り立つ．実効値 100 V の交流電圧で使用したとき，50 W の電力を消費する電球がある．このときの電球の抵抗値を求めなさい．また，電球に流れる電流の最大値を求めなさい．

17.2.2 インダクタンス

これまで，電気抵抗とコンデンサを定義した．3 つ目の素子としてコイルを考えよう．

コイルに電流が流れると磁束 Φ_M [Wb] が生じ，その大きさは電流に比例する．電流を I [A]，コイルの巻き数を N とすると，Φ_M の時間変化によって生じる誘導起電力 V [V] は次のようになる．

$$V = -N\frac{d\Phi_M}{dt} = -L\frac{dI}{dt} \text{ [V]} \quad \text{(コイルに生じる誘導起電力)} \tag{17.8}$$

比例定数 L は**インダクタンス**とよばれ，その単位は H（ヘンリー）である．(17.8) より，$1\,\text{H} = 1\,\text{V}\cdot\text{s/A} = 1\,\Omega\cdot\text{s}$ である．コイルの回路記号は図 17.4 のように決められている．

図 17.4 コイルの回路記号

問題 17.3 断面積 S [m²]，長さ l [m]，単位長さ当りの巻き数が n [1/m] のソレノイドのインダクタンスは，$L = \mu_0 n^2 S l$ [H] となることを示しなさい．ただし，μ_0 [N/A²] は真空の透磁率である．

問題 17.4 透磁率の単位が H/m となることを示しなさい．

問題 17.5 電源ケーブルをコンセントに差したり抜いたりするとき，火花が出ることがある．(17.8) を用いて説明しなさい．

例題 17.2

変圧器（図 17.5）の 1 次側，2 次側の交流電圧を V_1 [V]，V_2 [V]，コイルの巻き数を N_1，N_2 とするとき，

$$\frac{V_2}{V_1} = \frac{N_2}{N_1} \tag{17.9}$$

の関係があることを示しなさい．ただし，エネルギーの損失はないものとする．

解 コイルに電流が流れることにより生じる磁束を Φ_M [Wb] とすると，(17.8) により，

$$V_1 = -N_1\frac{d\Phi_M}{dt} \text{ [V]}, \quad V_2 = -N_2\frac{d\Phi_M}{dt} \text{ [V]} \tag{17.10}$$

が成り立つ．辺々を割ることにより (17.9) が得られる．

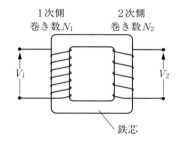

図 17.5 変圧器

17.2.3 コイルに蓄えられるエネルギー

インダクタンス L [H] のコイルに電源 V [V] をつないだときに，電流 I' [A] が流れたとすれば，電源は誘導起電力 $-L(dI'/dt)$ に逆らってコイルに仕事をしなければならない．したがって，コイルには単位時間内に

$$P = VI' = LI'\frac{dI'}{dt} \text{ [W]} \tag{17.11}$$

のエネルギーが蓄えられる．よって，交流電流 I が流れているときの，コイルに蓄えられているエネルギー U_M [J] は次のようになる．

$$U_M = \int P\,dt = \int_0^I LI'\,dI' = \frac{1}{2}LI^2 \text{ [J]} \tag{17.12}$$

断面積 S [m²]，長さ l [m]，単位長さ当りの巻き数が n [1/m] のソレノイドを考えよう．

このソレノイドのインダクタンスは $L = \mu_0 n^2 Sl$ [H] (問題 17.3), ソレノイド内の磁束密度は $B = \mu_0 nI$ [T] ((16.18) 参照) であるから, エネルギー U_M は,

$$U_M = \frac{B^2}{2\mu_0} Sl \text{ [J]} \tag{17.13}$$

となる. ソレノイドの体積は Sl [m³] であるから, 単位体積当りに蓄えられたエネルギー (**磁気エネルギー密度**) u_M [J/m³] は, 次のように求まる.

$$u_M = \frac{B^2}{2\mu_0} \text{ [J/m}^3\text{]} \quad \text{(磁気エネルギー密度)} \tag{17.14}$$

17.2.4 インピーダンス

抵抗, コイル, コンデンサが含まれている回路に交流電圧を加えると, (17.4) のような交流電流が流れる. この場合, 電圧と電流の振幅の間には,

$$V_0 = ZI_0 \text{ [V]} \tag{17.15}$$

という関係が成り立つ. ここで Z を**インピーダンス**という. インピーダンスは交流回路における電流の流れにくさを表し, その単位は電気抵抗と同じく Ω である.

インピーダンスの値は, 一般に周波数 f [Hz] によって変化する. 抵抗 R [Ω], 電気容量 C [F], インダクタンス L [H] のインピーダンスの大きさは, $\omega = 2\pi f$ [rad/s] とおくと, それぞれ, R [Ω], $1/(\omega C)$ [Ω], ωL [Ω] である. また, 電圧に対する電流の位相の進みは, それぞれ, 0, $\pi/2$, $-\pi/2$ となる.

17.3 マクスウェル－アンペールの法則

ここでは, マクスウェルがなぜアンペールの法則を拡張し, **マクスウェル－アンペールの法則**に到達したかを理解しよう.

スイッチ, 電池, 充電されてないコンデンサを用いて図 17.6 の回路を作る. スイッチを閉じるとコンデンサを充電するように電流が流れる. この電流は導線の周りに磁場 $\boldsymbol{H}$ [A/m] を作る. 図のような経路 C を考えれば, アンペールの法則によって, この磁場は次式を満たさなければならない.

$$I_M \equiv \oint_C \boldsymbol{H} \cdot d\boldsymbol{l} = \text{(Cを境界とする面を貫く電流)} \text{ [A]} \tag{17.16}$$

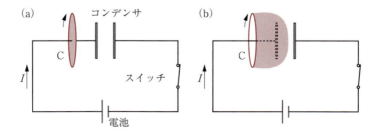

図 17.6　マクスウェル－アンペールの法則

ここで，境界が C である面を貫く電流を決めるときに問題が生じる．C を境界とする面を図 17.6 (a) のように選ぶと，面を貫く電流は導線を流れる電流である．一方で，図 17.6 (b) のように面を選ぶと，面を貫く電流はない．しかし，(a) の場合でも (b) の場合でも境界 C は同じであるので，(17.16) の左辺は同じでなければならない．この矛盾を解決するために，マクスウェルは**変位電流**を導入した（例題 17.3）．

例題 17.3

図 17.6 (a)，(b) の面で，ともにアンペールの法則が成り立つと考えて，変位電流の形を求めなさい．

解 回路を流れる電流を I [A]，コンデンサに蓄えられる電荷を Q [C] とすれば，$I = dQ/dt$ の関係が成り立つ．ここで，コンデンサの静電容量 C [F] の両端の電位差を V [V] とすれば，$Q = CV$ より，$I = C\, dV/dt$ となる．さらに，極板の面積 S [m^2]，極板間の距離 d [m]，極板間が真空のコンデンサの静電容量は，真空の誘電率を ε_0 とすれば，$C = \varepsilon_0 S/d$，極板間の電束密度の大きさは $D = \varepsilon_0 V/d$ と書けるので，これらを代入して整理すると，

$$I = S\frac{dD}{dt} = \frac{d\Phi_\mathrm{E}}{dt} \ [\mathrm{A}] \tag{17.17}$$

となる．すなわち変位電流は，曲面を貫く電束 Φ_E [C] の時間変化となる．

変位電流も考慮すれば，マクスウェル–アンペールの法則は，次のように書ける．

$$\oint \boldsymbol{H} \cdot d\boldsymbol{l} - \frac{d\Phi_\mathrm{E}}{dt} = I \ [\mathrm{A}] \quad \text{（マクスウェル–アンペールの法則）} \tag{17.18}$$

17.4 マクスウェル方程式と電磁波

17.4.1 マクスウェル方程式

電場に関するガウスの法則 (14.5)，磁場に関するガウスの法則 (16.9)，ファラデーの法則 (17.1)，マクスウェル–アンペールの法則 (17.18) の 4 つの法則をまとめて，**マクスウェル方程式**という．マクスウェル方程式が電磁気学の基本方程式である．表 17.1 に 4 つの方程式（積分形）をまとめた．

表 17.1 マクスウェル方程式

法則	方程式（積分形）
ガウス（電束密度）	$\oint_\mathrm{S} \boldsymbol{D} \cdot d\boldsymbol{S} = Q$ [C]
ガウス（磁束密度）	$\oint_\mathrm{S} \boldsymbol{B} \cdot d\boldsymbol{S} = 0$
マクスウェル–アンペール	$\oint_\mathrm{C} \boldsymbol{H} \cdot d\boldsymbol{l} - \int_\mathrm{S} \frac{\partial \boldsymbol{D}}{\partial t} \cdot d\boldsymbol{S} = I$ [A]
ファラデー（磁束密度）	$\oint_\mathrm{C} \boldsymbol{E} \cdot d\boldsymbol{l} + \int_\mathrm{S} \frac{\partial \boldsymbol{B}}{\partial t} \cdot d\boldsymbol{S} = 0$

17.4.2 電磁波

1864年，マクスウェルは，電荷や電流がない場合（$Q=0$，$I=0$）の方程式を解いて，真空中の電場や磁場が波動方程式に従うことを発見した．そして，その伝播速度 $1/\sqrt{\varepsilon_0 \mu_0}$ を計算すると，光速 c にほぼ一致した．このことから，マクスウェルは**電磁波**の存在を予言し，可視光は電磁波の一種であると結論した．現在では，

$$c = \frac{1}{\sqrt{\varepsilon_0 \mu_0}} \ [\mathrm{m/s}] \tag{17.19}$$

の関係を用いて，ε_0 が定義されている．

1888年，ヘルツが電磁波の存在を実証し，その後，実用化が進んで，現代の電磁波が飛び交う世界へと発展した．

電磁波は横波であり，電場 $\boldsymbol{E}$ [V/m] と磁場 $\boldsymbol{H}$ [A/m] が互いに直交する．図17.7のような z 方向に進む電磁波を考えよう．ここで，電場 $\boldsymbol{E}$ [V/m] が常に一方向（これを x 軸とする）に平行に振動している場合を**直線偏光**（ちょくせんへんこう）という．

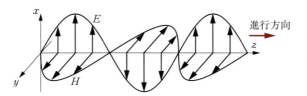

図17.7 電磁波

このとき，磁場 $\boldsymbol{H}$ は y 方向に平行に振動し，$\boldsymbol{E} = (E_x, 0, 0)$ [V/m]，$\boldsymbol{H} = (0, H_y, 0)$ [A/m] と書ける．E_x [V/m] と H_y [A/m] は比例し，真空の誘電率 ε_0 [F/m] と透磁率 μ_0 [H/m] を用いて，次のように書ける．

$$\frac{E_x}{H_y} = \sqrt{\frac{\mu_0}{\varepsilon_0}} \ [\Omega] \tag{17.20}$$

$\sqrt{\mu_0/\varepsilon_0}$ は抵抗の次元をもち，**真空の特性インピーダンス**とよばれる．

問題 17.6 上の直線偏光の電磁波について，次の関係が成り立つことを確かめなさい．

$$\frac{E_x}{B_y} = c \ [\mathrm{m/s}] \tag{17.21}$$

(17.21) と（拡張された）ローレンツ力の式 (16.7) から，電磁波が物質中の電子（電荷 $-e$）を動かすとき，電子の速さを $v \ll c$ とすると，力の比が $evB_y/(eE_x) = v/c \ll 1$ となる．このことから，電磁波の物質への影響は主に電場が担っていることがわかる．

17.4.3 円偏光と楕円偏光

前項では直線偏光を考えたが，ある場所での電場を観察すると，大きさだけでなく，進行方向に垂直な面内で，その振動方向も変化していく場合もある．電場が，進行方向に垂直な面内で同じ大きさで回転する（電場が円を描く）場合を**円偏光**（えんへんこう）という．

特に，図17.8のように電磁波を迎えるようにして見たとき，電場が右回りのとき（図17.8 (a)），**右回り円偏光**といい，左回りのとき（図17.8 (b)），**左回り円偏光**という．

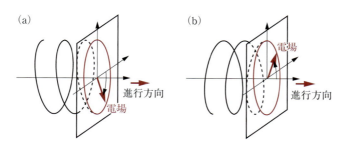

図 17.8 (a)右回り円偏光と(b)左回り円偏光

より一般的には，電場が楕円を描く**楕円偏光**がある．楕円偏光にも，**右回り楕円偏光**と**左回り楕円偏光**がある．

問題 17.7 z 軸の正の向きに進む電磁波の電場を，
$$E_x = E_0 \cos(kz - \omega t + \theta_x)\,[\mathrm{V/m}], \quad E_y = E_0 \cos(kz - \omega t + \theta_y)\,[\mathrm{V/m}] \quad (17.22)$$
としたとき，以下の場合は，どのような偏光か説明しなさい．ただし，k, ω, θ_x, θ_y を定数とする．
(1) $\theta_x = \theta_y$ (2) $\theta_x = \theta_y + \pi$ (3) $\theta_x = \theta_y + \pi/2$ (4) $\theta_x = \theta_y - \pi/2$

17.4.4 電磁波のエネルギー

電磁波は，単位時間，単位面積当り，

$$\boldsymbol{P} = \boldsymbol{E} \times \boldsymbol{H}\,[\mathrm{W/m^2}] \quad （ポインティングベクトル） \quad (17.23)$$

のエネルギーを伝播する．この $\boldsymbol{P}$ を**ポインティングベクトル**という[1]．

例題 17.4

ポインティングベクトルが，単位時間，単位面積当りに伝播する電磁波のエネルギーであることを示しなさい．

解 直線偏光の電磁波 $\boldsymbol{E} = (E_x, 0, 0)$, $\boldsymbol{B} = (0, B_y, 0)$ を考えよう．ポインティングベクトルの大きさは，(17.23) において $\boldsymbol{E}$ と $\boldsymbol{H}$ が直交し，$\boldsymbol{B} = \mu_0 \boldsymbol{H}$ であるから，(17.21) を用いて，

$$P = E_x \frac{B_y}{\mu_0} = \frac{1}{2}\left(\varepsilon_0 E_x^2 + \frac{B_y^2}{\mu_0}\right) c \,[\mathrm{W/m^2}] \quad (17.24)$$

と書ける（(14.21) と (17.14) 参照）．ここで，最右辺は単位体積当りの電場と磁場のエネルギーの和に光速 c を掛けたものに等しい．

よって，ポインティングベクトルは，単位時間，単位面積当りに伝播するエネルギーということが確かめられた．

17.4.5 電磁波の種類

電磁波は，次ページの表 17.2 のように振動数の大きさによって名称が分類されている．振動数の低い（波長の長い）方から順に**電波**，**赤外線**，**可視光**，**紫外線**，**X 線**，**γ 線**がある．

---

[1] Poynting という人名．

表 17.2　電磁波の主な名称と用途

名称		振動数	用途
電波	長波	≤ 300 kHz	IH 調理器
	中波	$0.3 \sim 3$ MHz	AM ラジオ放送
	短波	$3 \sim 30$ MHz	IC カード，ラジコン
	超短波	$30 \sim 300$ MHz	FM ラジオ放送
	極超短波	$0.3 \sim 3$ GHz	地上デジタル放送
	マイクロ波	$3 \sim 30$ GHz	電子レンジ
	ミリ，サブミリ波	$30 \sim 300$ GHz	レーダー
赤外線		$3 \sim 380$ THz	赤外線リモコン
可視光線		$380 \sim 790$ THz	光学機器
紫外線		$0.79 \sim 30$ PHz	食品の殺菌，殺菌灯
X 線		$0.03 \sim 300$ EHz	レントゲン検査，物質の結晶構造の解析
γ 線		> 300 EHz	ガンマ線（放射線）治療

コラム　半導体の進化

　1947 年のショックレー，バーディーン，ブラッテンによるトランジスタ（半誘導体素子）の発明によって，現在の目覚ましい総電化社会が築かれたといっても過言ではないだろう．それまでは電子機器に大きな真空管が用いられていたのが，一気に小型化した．昔の計算機は部屋いっぱいを占めて大電力を消費し，それでいて現在の少し高級な電卓より劣った計算能力しかなかった．

　半導体は，地球上に豊富に存在するケイ素が利用でき，不純物を添加（ドープ）することでn 型や p 型半導体を作ることができる．1958 年には IC（Integrated Circuit）が発明され，1970 年代には LSI（Large Scale Integration）技術が確立された．以後，集積度が飛躍的に伸びてきている．

　1 年半ごとに集積度が 2 倍になるというのがムーアの法則で，いまだにその成長速度を保っている．現在では，高純度（0.999…と小数点以下に 9 が 11 個もつく）のシリコンウェーハ（直径 30 cm，厚さ 0.5 〜 1 mm）上に 100 万〜 1000 万個の素子が載せられている．最小加工単位（プロセスルール）も 2016 年には 10 nm に達し，ますます小型化・高度化する．しかし，ついには微細加工の限界に達するだろう．最小加工単位が 5 nm 程度になってくると，素子のサイズが有限であることが影響してくるというのだ．

　これまでもムーアの法則が限界を迎えたと思われたことがあったが，人類はその度に技術革新によって乗り越えてきた．今度は，どのような技術革新が起こるのだろうか．さらなる進化を期待したい．

章末問題

17.1　次に挙げるものの原理について，ファラデーの法則を用いて説明しなさい．
(1)　IH クッキングヒーター
(2)　ワイヤレス給電器
(3)　電車やバスの IC カード

17.2　例題 17.1 の現象について，導体棒中の自由電子を考え，ファラデーの法則ではなく，自由電子にはたらくローレンツ力の式を用いて説明しなさい．　⇨ 17.1 節

17.3　高い建物の屋上には避雷針が取りつけてあ

り，雷が避雷針に落ちると，避雷針に取りつけられた導線（引き下げ導線）を伝って大地に電気が逃げる仕組みになっている．このとき，雷によって引き下げ導線を通る電流は数百 kA に達することもある．

そのため，避雷針を接地するには，引き下げ導線自体を丈夫にするのはもちろんであるが，その他に，引き下げ導線と他の導線との間の距離を大きく取ったり，引き下げ導線と他の導線の間に遮へい板（磁気シールド）を設置したりする必要がある．その理由を述べなさい．
⇨ **17.1 節**

17.4 電気力学的テザー衛星（章末問題 6.4）は，導電性テザーと電離層のプラズマによって閉回路を作り，テザーが地球磁場を高速で横切ることで発生する誘導起電力を利用する人工衛星である．テザーの長さを 300 m，衛星の位置の地球磁場を 3.1×10^{-5} T とし，衛星（衛星の重心）が高度 500 km を周回運動しているとして，回路に生じる誘導起電力の大きさを求めなさい．ただし，テザーの描く面は地球磁場に垂直であるとし，与えられていない必要な数値は見返しの表から求めなさい． ⇨ **17.1 節**

17.5 送電についての次の問いに答えなさい． ⇨ **17.2 節**

(1) 電力を発電所から家庭まで送るには，変圧器を用いて電圧を上げて高電圧で送っている．なぜ高電圧にしているのか，その理由を説明しなさい．

(2) 直流送電ではなく，交流送電が用いられている理由を説明しなさい．

17.6 R [Ω] の抵抗，C [F] のコンデンサ，L [H] のコイルを直列につなぎ，その両端に $V = V_0 \times \cos \omega t$ [V] の交流電圧を加える．また，角周波数 ω [rad/s] を変化させたとき，回路に流れる電流の実効値が最大になる ω の値を求めなさい．この実効値が最大になる ω の値を，**共振角周波数**という． ⇨ **17.2 節**

17.7 ラジオの受信機では，可変コンデンサの電気容量を変え，受信回路の共振周波数を受信するラジオ波の周波数に一致させることで，特定の放送局の電波を受信している．

電気容量が 3 pF から 20 pF まで変えられる可変コンデンサを用いてラジオ受信機を作りたい．FM ラジオ波の最小周波数 76 MHz を受信するためには，コイルのインダクタンスを何 H 以上にすればよいか． ⇨ **17.2，17.4 節**

17.8 次の電磁波の波長はいくらか．
⇨ **17.4 節**

(1) AM ラジオ波（531 kHz ～ 1602 kHz）

(2) FM ラジオ波（76 MHz ～ 90 MHz）

(3) VHF（90 MHz ～ 222 MHz）

17.9 偏光板の仕組みを説明しなさい．また，液晶画面の前で偏光板を回してみると，液晶画面が真っ暗になる角度があるのはなぜだろうか． ⇨ **17.4 節**

17.10 2 枚の偏光板の間に透明なセロハンなどを挟んで片方の偏光板を回してみると，色が変わるのはなぜだろうか． ⇨ **17.4 節**

17.11 太陽の平均出力は 3.8×10^{26} W である．太陽から放射される電磁波は，やがて地球に到達し，その 30% が大気に吸収され，残りが地表に降りそそぐ．太陽と地球間の距離を 1.5×10^{11} m，光速を 3.0×10^8 m/s，空気の誘電率を 8.85×10^{-12} F/m として，次の問いに答えなさい． ⇨ **17.4 節**

(1) 地表でのポインティングベクトルの大きさを求めなさい．

(2) 地球表面での電場および磁場の振幅を求めなさい．

第 18 章

相対性理論

　1905 年，アインシュタインは，相対性原理と光速不変の原理というたった 2 つの原理から特殊相対性理論を完成させた．それは時間も相対的になるという常識破りの理論だった．

　特殊相対性理論は慣性系同士の間の関係を扱うものだったが，1915 年，アインシュタインは加速度系をも統一的に記述できる一般相対性理論を完成させた．等価原理によると，重力は加速度座標系と同等である．したがって，一般相対性理論は重力を扱うことができ，宇宙の発展を記述できる理論となった．ここでは，それらのエッセンスを学ぼう．

学習目標
- 等速度運動をしている系の時計はゆっくり時を刻むこと，運動する物体は運動方向に縮んで見えること（ローレンツ収縮），同時性も相対的であることを理解する．
- 異なる慣性系の間の座標の変換であるローレンツ変換を導出できるようになる．
- 座標のローレンツ変換から，速度のローレンツ変換を導出できるようになる．
- 質量とエネルギーの等価性を理解し，核反応などにおいて，質量の変化から放出されるエネルギーを計算できるようになる．
- 重力により，時空が曲がることを説明できるようになる．

キーワード
ガリレイ変換，相対性原理，ローレンツ変換，光速不変の原理，時間の遅れ，ローレンツ収縮，4 次元時空，等価原理，重力による時空の曲がり

18.1　相対性原理と光速不変の原理

　特殊相対性理論では，2 つの慣性系（等速度運動をする系）の間の，時間や長さの関係について考察する．特殊相対性理論では，相対性原理と光速不変の原理という 2 つの原理が本質的に重要な役割を演じる．まず，その 2 つの原理について理解を深めよう．

18.1.1　ガリレイ変換と相対性原理

　慣性の法則が成り立つ座標系を，慣性座標系または慣性系とよぶ．ある慣性系に対して，加速度運動をしていない座標系はすべて慣性系である．ここでは，次に定義する 2 つの慣性系，

K 系と K′ 系の間の関係を考える．

地上に静止している座標系を K 系とし❶，K 系の x 軸方向に速さ $V\,[\mathrm{m/s}]$ で運動する座標系（例えば，高速で走る列車）を K′ 系とする．ある物体（事象）の K 系での時刻と座標を t, x, y, z で表す（すなわち，時刻 $t\,[\mathrm{s}]$ での物体（事象）の位置は $(x, y, z)\,[\mathrm{m}]$ である）．また，その物体（事象）の K′ 系での時刻と座標を t', x', y', z' で表す（図 18.1）．K 系と K′ 系

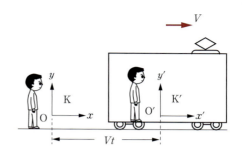

図 18.1 K 系と K′ 系

の原点が一致したときに，2 つの座標系の時刻をともに $t = t' = 0$ と合わせる．

まず，ニュートン力学での K 系と K′ 系との間の座標変換を考えよう．ニュートン力学では，日常経験から，次の関係が成り立つと考える．

$$x' = x - Vt\,[\mathrm{m}], \qquad y' = y\,[\mathrm{m}], \qquad z' = z\,[\mathrm{m}], \qquad t = t'\,[\mathrm{s}] \tag{18.1}$$

この関係を**ガリレイ変換**という．ガリレイ変換から，2 つの座標系の間の速度の関係

$$v_{x'}' = v_x - V\,[\mathrm{m/s}], \qquad v_{y'}' = v_y\,[\mathrm{m/s}], \qquad v_{z'}' = v_z\,[\mathrm{m/s}] \tag{18.2}$$

が導かれる．これは，ニュートン力学における速度の合成則である．

例えば，速さ $V\,[\mathrm{m/s}]$ で走る列車から，進行方向に速さ $v\,[\mathrm{m/s}]$ でボールを投げたときに，地上に静止している観測者は，ボールの速さを $v + V\,[\mathrm{m/s}]$ と観測することが (18.2) から導かれる．

また，2 つの座標系の間の加速度の関係は次のようになる．

$$a_{x'}' = a_x\,[\mathrm{m/s^2}], \qquad a_{y'}' = a_y\,[\mathrm{m/s^2}], \qquad a_{z'}' = a_z\,[\mathrm{m/s^2}] \tag{18.3}$$

物体の質量は座標系によらない定数なので，(18.3) は，ニュートンの運動方程式 $m\boldsymbol{a} = \boldsymbol{F}$ がどのような慣性系でも成り立つことを意味している．ここで，すべての慣性系で物理法則が同じになるという要請を，**相対性原理**という．

18.1.2 光速不変の原理

どのような座標系においても，真空を伝わる光速は一定の値 $c = 299792458\,\mathrm{m/s}$ となる．これを，**光速不変の原理**という．

速度の合成則 (18.2) が正しいとすれば，速さ $V\,[\mathrm{m/s}]$ で走る光源から進行方向に光を放出すると，地上に静止している観測者からは，その光速が $c + V$ になるはずである．しかし，観測（そして光速不変の原理）によると，そのようなことはなく，光速は常に c である．すなわち，ガリレイ変換は光速不変の原理を満たしていない．

一方で，光速不変の原理を満たす変換は，**ローレンツ変換**とよばれる．現在では，このローレンツ変換こそが，異なる慣性系の間の変換であり，ガリレイ変換はローレンツ変換の**非相対論的極限**（$V \ll c$）での近似であることがわかっている．

---

❶ ここでは，地上に静止している座標系が慣性系であると見なす．

18.2 特殊相対性理論の帰結とローレンツ変換

相対性原理と光速不変の原理の2つから，「動いている系の時間は遅れて見える」，「運動する物体は運動方向に縮んで見える」，「ある系で同時でも，別の系では同時ではない」という奇妙な事実が導かれることを学ぼう．

18.2.1 時間の遅れ

まず，「動いている系の時間は遅れて見える」という事実を導こう．図 18.2 (a) のように，速さ $V\,[\mathrm{m/s}]$ で走る列車の中の床には光源が，光源の真上の天井には検出器が取りつけられている．光源と検出器との間の距離を $h\,[\mathrm{m}]$ とする．

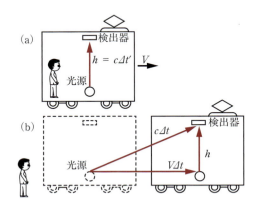

図 18.2 時間の遅れ

ここで，光源から光が放出されて検出器で検出されるまでの時間を調べよう．列車内の観測者（K′ 系）から見た場合は，光速を $c\,[\mathrm{m/s}]$，光が検出されるまでの時間を $\Delta t'\,[\mathrm{s}]$ とすると，$h = c\Delta t'\,[\mathrm{m}]$ である．一方で，地上に静止している観測者（K 系）から見た場合は，光が検出されるまでの時間を $\Delta t\,[\mathrm{s}]$ とすれば，光源から検出器までの距離は，光速不変の原理により $c\Delta t\,[\mathrm{m}]$ である．図 18.2 (b) のように，光が検出される間に，光源は $V\Delta t\,[\mathrm{m}]$ だけ進み，h は変わらない（例題 18.1）から，三平方の定理より次式を得る．

$$(c\Delta t)^2 = (V\Delta t)^2 + h^2 = (V\Delta t)^2 + (c\Delta t')^2 \tag{18.4}$$

これを $\Delta t'$ について解けば，$\beta = V/c$ とおいて，

$$\Delta t' = \sqrt{1 - \beta^2}\, \Delta t\,[\mathrm{s}] \tag{18.5}$$

を得る．$1 - \beta^2 < 1$ であるから，静止した観測者（K 系）が観測した運動する時計（K′ 系）の刻み幅 $\Delta t'$ は，静止した時計の刻み幅 Δt よりも小さくなる．すなわち，K 系からは K′ 系の時計はゆっくりと時を刻んでいると観測する．また逆に，運動は相対的であるので，K′ 系からは K 系の時計はゆっくりと時を刻んでいると観測される．

問題 18.1 静止している観測者から見て，列車内の時計が2倍ゆっくりであった．列車の速さを求めなさい．

問題 18.2 双子のパラドックスは，「双子の兄が宇宙旅行をして帰って来たら，兄がまだ青年なのに弟が老人になっていた」というものである．これが，なぜパラドックスといわれるのか説明しなさい．しかし，これは実際に起こり得ることで，パラドックスではない．兄と弟で異なる点はどこか．

18.2.2 ローレンツ収縮

動いている運動方向に物体は縮んで見えることを導こう．これを**ローレンツ収縮**という．

地上に長さ L [m] の棒が静止している．この棒に沿って，列車が速さ V で運行している．地上に静止している観測者（K 系）は，列車が棒の端から端まで Δt だけかかって移動したのを観測する．すなわち，$L = V\Delta t$ である．一方，列車内の観測者（K′ 系）は，この棒が後ろに $-V$ [m/s] で動いていて，棒の端から端までの移動時間は $\Delta t'$ と観測する．したがって，列車から観測する棒の長さ L' [m] は $L' = V\Delta t'$ となる．

K 系と K′ 系の時計の間には（18.5）が成り立つから，

$$L' = \sqrt{1-\beta^2}\, L \ [\text{m}] \tag{18.6}$$

を得る．$\sqrt{1-\beta^2} < 1$ であるから，動いている棒の運動方向の長さは縮んで見える．

運動方向に垂直な方向はどうだろうか．次の例題で考えてみよう．

例題 18.1

運動に垂直な方向には，ローレンツ収縮は起こらないことを説明しなさい．

解 運動に垂直な方向の長さが縮むと仮定して，A 君と B さんが高速で接近してハイタッチすることを考えてみよう．A 君の立場では，B さんが高速で接近してくるので，B さんは縮んで見える．したがって，B さんは A 君の手の下をタッチするはずである．一方，B さんの立場では，A 君が高速で接近してくるので，A 君は縮んで見える．したがって，A 君は B さんの手の下をタッチするはずである．

同時刻に同じ場所で起こる現象にもかかわらず，立場によって別の結果になってしまう．このようなことはあり得ない．したがって，初めの仮定「運動に垂直な長さが縮む」というのは間違っている．

問題 18.3 宇宙船 A は左に，宇宙船 B は右に，一定の速さで運動している．この 2 つの宇宙船がすれ違うとき，宇宙船 A の乗組員は，宇宙船 A と B が同じ長さであることを観測した．すなわち，宇宙船 B の船尾が宇宙船 A の船首と並んだときに，宇宙船 B の船首が宇宙船 A の船尾に並んでいることを観測した．それでは，停止しているときの宇宙船 A と B の長さの大小関係はどうなっているか．

問題 18.4 問題 18.3 で宇宙船 B の乗組員は，宇宙船 A の長さをどう観測するか．

18.2.3 同時性

ある系で同時であっても，別の系では同時ではないことを見よう．速さ V で運動する列車の中央から光を発射する．列車内の観測者（K′ 系）は，当然，光は列車の前端と後端に同時に到着すると観測する．列車の前端と後端に時計を置いておき，光が到達した瞬間に 2 つの時計の時刻を合わせることができる．

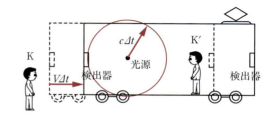

図 18.3 同時性と非同時性

これを地上に静止している観測者（K 系）から見たらどのように見えるだろうか．図 18.3

のように，光速不変の原理により，光は光源から球状に広がり，列車の外の観測者には，光は先に列車の後端に達し，遅れて前端に達するように見える．すなわち，ある系にとって同時でも，別の系では同時ではない．

列車が静止しているときの前端と後端の時計間の距離を D [m] とすれば，地上に静止している観測者は，前端の時計が $t = 0$ を指し示したとき，後端の時計は，

$$\Delta t = \frac{VD}{c^2} \text{ [s]} \tag{18.7}$$

を指し示していると観測する（章末問題 18.2 参照）．すなわち，運動方向に沿って並んで運動している時計を考えると，先を進む時計の方が後を追いかける時計に比べて遅れていることがわかる．

18.2.4 ローレンツ変換

ある物体や事象において，K′ 系での時刻 t' [s] での位置 (x', y', z') [m] と，K 系での時刻 t [s] での位置 (x, y, z) [m] とが，次の**ローレンツ変換**で結ばれる．

$$x' = \gamma(x - \beta ct) \text{ [m]}, \quad y' = y \text{ [m]}, \quad z' = z \text{ [m]}, \quad ct' = \gamma(ct - \beta x) \text{ [m]} \tag{18.8}$$

ただし，β, γ は次式で与えられる．

$$\beta = \frac{V}{c}, \quad \gamma = \frac{1}{\sqrt{1-\beta^2}} \tag{18.9}$$

また，時間 t に光速 c を掛けて ct [m] として，長さの次元に合わせた．

例題 18.2

ローレンツ変換が線形であることを仮定して[2]，(18.8), (18.9) を導きなさい．

解 β, γ を未知の係数として

$$x' = \gamma(x - \beta ct) \text{ [m]} \tag{18.10}$$

とおく．K′ 系の原点 O′($x' = y' = z' = 0$) は x 軸方向に速さ V [m/s] で動くので，$x' = 0$ のとき $x = Vt$ [m] である．これを (18.10) に当てはめると，

$$0 = \gamma(Vt - \beta ct) \tag{18.11}$$

となり，$\beta = V/c$ と求まる．

次に，$t = t' = 0$ に原点から発した $+x$ 方向の光を考えよう．光速不変の原理により，時刻 t での K 系における光の位置は $x = ct$ [m]，時刻 t' での K′ 系における光の位置は $x' = ct'$ [m] である．これらを (18.10) に代入すると，次式が成り立つ．

$$ct' = \gamma(1-\beta)ct \text{ [m]} \tag{18.12}$$

ここで，立場を変えて考えてみよう．K 系では K′ 系に対して $-V$ [m] で動いているのだから，(18.10) の $\beta \to -\beta$ として，

$$x = \gamma(x' + \beta ct') \text{ [m]} \tag{18.13}$$

を得る．この式に，$x = ct$, $x' = ct'$ を代入すると

---

[2] x, t と x', t' との関係は 1 次式（線形）でなければならない．なぜなら，相対性原理により逆変換（つまり (18.17)）は単に $V \to -V$ で得られるはずだからである．

$$ct = \gamma(1 + \beta)ct' \,[\text{m}] \tag{18.14}$$

となる．ここで (18.12) と (18.14) とから

$$\gamma^2(1 - \beta^2) = 1 \tag{18.15}$$

となる．$V = 0$ で $x = x'$ となるためには，$\gamma > 0$ でなければならないから，$\gamma = 1/\sqrt{1 - \beta^2}$ を得る．また (18.10) と (18.13) から，次式も求まる．

$$ct' = \gamma(ct - \beta x) \,[\text{m}] \tag{18.16}$$

y, z 方向については，運動に垂直な方向なのでローレンツ収縮は起こらない．したがって，$y' = y$, $z' = z$ である．よって (18.8), (18.9) が導かれた．

ローレンツ変換を x, y, z, ct について解くと，次の**ローレンツ逆変換**が得られる．

$$x = \gamma(x' + \beta ct') \,[\text{m}], \quad y = y' \,[\text{m}], \quad z = z' \,[\text{m}], \quad ct = \gamma(ct' + \beta x') \,[\text{m}] \tag{18.17}$$

問題 18.5 非相対論的極限 ($\beta \ll 1$) では，ローレンツ変換はガリレイ変換に一致することを示しなさい．

18.2.5 速度の合成則

物体の K′ 系での速度を $\boldsymbol{v}'$，K 系での速度を $\boldsymbol{v}$ とすると，$\boldsymbol{v}'$ と $\boldsymbol{v}$ の関係は次のようになる．

$$v_x = \frac{v_x' + V}{1 + (v_x' V/c^2)} \,[\text{m/s}], \quad v_y = \frac{v_y'\sqrt{1 - \beta^2}}{1 + (v_x' V/c^2)} \,[\text{m/s}], \quad v_z = \frac{v_z'\sqrt{1 - \beta^2}}{1 + (v_x' V/c^2)} \,[\text{m/s}]$$

$$\text{(速度の合成則)} \tag{18.18}$$

例題 18.3

(18.18) を示しなさい．

解 $v_x' = dx'/dt'\,[\text{m/s}]$, $v_y' = dy'/dt'\,[\text{m/s}]$, $v_z' = dz'/dt'\,[\text{m/s}]$ だから，$v_x = dx/dt\,[\text{m/s}]$, $v_y = dy/dt\,[\text{m/s}]$, $v_z = dz/dt\,[\text{m/s}]$ にローレンツ逆変換の式 (18.17) を代入し，整理すると，次のように (18.18) が得られる．

$$v_x = \frac{dx}{dt} = \frac{\dfrac{dx}{dt'}}{\dfrac{dt}{dt'}} = \frac{\dfrac{d}{dt'}\{\gamma(x' + Vt')\}}{\dfrac{d}{dt'}\left\{\gamma\left(t' + \dfrac{Vx'}{c^2}\right)\right\}} = \frac{v_x' + V}{1 + (v_x' V/c^2)} \,[\text{m/s}] \tag{18.19}$$

$$v_y = \frac{dy}{dt} = \frac{\dfrac{dy}{dt'}}{\dfrac{dt}{dt'}} = \frac{\dfrac{dy'}{dt'}}{\dfrac{d}{dt'}\left\{\gamma\left(t' + \dfrac{Vx'}{c^2}\right)\right\}} = \frac{v_y'\sqrt{1 - \beta^2}}{1 + (v_x' V/c^2)} \,[\text{m/s}] \tag{18.20}$$

$$v_z = \frac{dz}{dt} = \frac{\dfrac{dz}{dt'}}{\dfrac{dt}{dt'}} = \frac{\dfrac{dz'}{dt'}}{\dfrac{d}{dt'}\left\{\gamma\left(t' + \dfrac{Vx'}{c^2}\right)\right\}} = \frac{v_z'\sqrt{1 - \beta^2}}{1 + (v_x' V/c^2)} \,[\text{m/s}] \tag{18.21}$$

問題 18.6 K′ 系において，光速で動く物体は，K 系でも光速で動くことを示しなさい．

18.3 4次元の世界

相対論では，ローレンツ変換に対する変換性を見やすくするために，空間3次元と時間とを合わせて，4次元のベクトルを考える．

18.3.1 4元ベクトル

まず，4元位置ベクトルを次のように定義する．
$$(x_0, x_1, x_2, x_3) = (ct, x_1, x_2, x_3) = (ct, \boldsymbol{r}) \, [\text{m}] \tag{18.22}$$
ここで，$\boldsymbol{r}$ は3次元の位置ベクトルである．

同様に，ある物体についての **4元運動量** ベクトルは次のように定義される．
$$(p_0, p_1, p_2, p_3) = (E/c, \boldsymbol{p}) \, [\text{kg·m/s}] \tag{18.23}$$
ここで，$\boldsymbol{p}$ は相対論的3次元運動量，E [J] は相対論的エネルギーである（以下では「相対論的」を省く）．このように書けば，エネルギーは4元運動量ベクトルの第0成分であり，座標系に依存する量である．また，相対論的物理量とは，非相対論的に定義された物理量を拡張したもので，互いに矛盾がないように定義されている．

これらの4元運動量ベクトルも (18.8) のローレンツ変換に従う．

18.3.2 ローレンツ不変量

2つの4元ベクトル (A_0, A_1, A_2, A_3), (B_0, B_1, B_2, B_3) の内積は次のように定義する．ここで，内積は **ローレンツ不変量**（どの慣性系でも同じ値をもつ量）となる．
$$\boldsymbol{A} \cdot \boldsymbol{B} = A_0 B_0 = A_1 B_1 + A_2 B_2 + A_3 B_3 - A_0 B_0 \tag{18.24}$$

4次元時空 の2点間の距離ベクトル $(c\Delta t, \Delta x, \Delta y, \Delta z)$ 自身の内積
$$\Delta s^2 = -(c\Delta t)^2 + (\Delta x)^2 + (\Delta y)^2 + (\Delta z)^2 \, [\text{m}^2] \tag{18.25}$$
も，やはりローレンツ不変量である．ここで，Δs^2 の平方根は **世界距離** とよばれる．

問題 18.7 (18.24) の内積が，ローレンツ不変量であることを示しなさい．

例題 18.4

質量 m [kg] の粒子の4元運動量ベクトルの自身との内積 $(p_0, p_1, p_2, p_3) \cdot (p_0, p_1, p_2, p_3)$ はローレンツ不変量であり，$(p_0, p_1, p_2, p_3) \cdot (p_0, p_1, p_2, p_3) = -m^2 c^2$ と定義される．このことから，エネルギー E [J]，3元運動量 $\boldsymbol{p}$ [kg·m/s] と質量 m との間の関係式を求めなさい．

解 (18.23) と (18.24) により，$E^2/c^2 - |\boldsymbol{p}|^2 = m^2 c^2$ となり，次式を得る．
$$E^2 = |\boldsymbol{p}|^2 c^2 + m^2 c^4 \, [\text{J}^2] \tag{18.26}$$

(18.26) で $|\boldsymbol{p}| = 0$，すなわち粒子が静止しているとき，$E = mc^2$ となり，質量 m の粒子が mc^2 のエネルギーをもつことを表す（**静止エネルギー**）．

問題 18.8 水素の静止エネルギーは，その燃焼熱 1.4×10^5 J/g の何倍か．ただし，1個の水素原子の質量を 1.7×10^{-27} g とし，光速を $c = 3.0 \times 10^8$ m/s とする．

核融合や核分裂では静止エネルギーの一部が開放され，膨大なエネルギーを放出する．

例題 18.5

速さ v [m/s] で運動する質量 m [kg] の粒子のエネルギー E [J]，運動量 $|\boldsymbol{p}|$ [kg·m/s] は，以下のように表されることを示しなさい．

$$E = \gamma mc^2 = \frac{mc^2}{\sqrt{1-(v/c)^2}} \, [\text{J}] \tag{18.27}$$

$$|\boldsymbol{p}| = \gamma\beta mc = \frac{mv}{\sqrt{1-(v/c)^2}} \, [\text{kg·m/s}] \tag{18.28}$$

解 K′ 系で静止している粒子の4元運動量ベクトルは，$(mc, 0, 0, 0)$ という4元ベクトルで表される．一方で，K 系の4元運動量ベクトルで表すと，$(E/c, |\boldsymbol{p}|, 0, 0)$ となる．速さ $v = c\beta$ でのローレンツ逆変換に $p_0' = mc$, $p_x' = 0$ を代入して，次式を得る．

$$\frac{E}{c} = p_0 = \gamma(p_0' + \beta p_x') = \gamma mc \, [\text{kg·m/s}] \tag{18.29}$$

$$|\boldsymbol{p}| = \gamma(p_x' + \beta p_0') = \gamma\beta mc \, [\text{kg·m/s}] \tag{18.30}$$

(18.29) と (18.30) より，$\beta = |\boldsymbol{p}|c/E$ となり，$E \to \infty$ のとき $\beta \to 1$ となって，有限質量の物質は決して光速を超えない．また，(18.29) を $m' = \gamma m$ と書いて，「速度が光速に近づくほど質量 (m') が重くなる」といういい方もされる．しかしながら，質量 (m) はあくまでローレンツ不変量であり，大きくなるのは (18.29) のように，4元ベクトルの第0成分，エネルギーであることに注意しよう．

問題 18.9 エネルギー E から静止エネルギー mc^2 を引いた $K = E - mc^2$ を運動エネルギーという．非相対論的極限ではニュートン力学における運動エネルギー $K = mv^2/2$ と一致することを示しなさい．

18.4 一般相対性理論へ

特殊相対性理論は慣性系の間の関係を扱うものであったが，加速度運動をする座標系も統一的に扱えるようにしたのが一般相対性理論である．

18.4.1 等価原理

1907 年，アインシュタインは**等価原理**(とうかげんり)を発見した．重力がはたらく系と，慣性系に対して加速度運動をする座標系とは，区別ができないという原理である．

等価原理は，重力のもとで自由落下するエレベータの思考実験によって得られた．自由落下するエレベータ内では，無重力状態となり，慣性系と考えられる．一方，無重力の宇宙空間で加速度運動をする宇宙船の内部ではたらく見かけの力は，重力と区別ができない．

この思考実験（例題 18.6）から，アインシュタインは重力が時空を歪めると考えた．そして 1915 年に，リーマン幾何学に基づいて**アインシュタイン方程式**を基本方程式とする，重力

を扱える**一般相対性理論**を完成させた．宇宙は重力に支配されているので，一般相対性理論は宇宙の進化・発展を記述する理論となった．

例題 18.6

自由落下するエレベータの思考実験から，重力のもとでは，光が曲がって見える（したがって空間が歪む）ことを説明しなさい．

解 図 18.4 のように，自由落下しているエレベータの左の壁の点 A から水平に光を発射する．エレベータ内の人は（慣性系にいるので），光が右の壁の同じ高さの点 B に到達するのを観測する．

外の人から見て，エレベータは，光が右の壁に到達する間に，Δx だけ落下する．外の人（重力下の人）は，図 18.4 のように，光が点 B より Δx だけ下の点 B' に到達するのを観測する．すなわち外の人からは，点 A から水平に発射された光が，重力によって曲がったように見える．

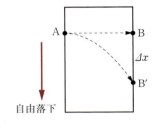

図 18.4 等価原理

18.4.2 一般相対性理論と世界

3 次元空間を考えるのは難しいので，図 18.5 のように 2 次元空間を考えよう．2 次元の膜の上に太陽を置くと，その重力で周りの空間が歪む．そのままでは地球は太陽に落ち込んでしまう．それが万有引力であると理解できる．地球は太陽の周りを公転し，万有引力と遠心力とがつり合っているので，太陽に落ち込まない．

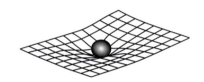

図 18.5 膜と重力

大質量の物体が時間変動をすると膜は振動し，その振動が波として伝わる．この波が**重力波**であり，1916 年のアインシュタインによる予言から 100 年後の 2016 年に，初めてその直接観測に成功したと発表された（コラム「時空間の歪みと重力波」参照）．

また，アインシュタイン方程式は，重力が非常に強い超高密度の天体である**ブラックホール**の存在を予言する．ブラックホールからは，その名の通り，光も出て来られない．宇宙には多数のブラックホールが存在し，特に，太陽質量の百万倍から百億倍に達する超大質量ブラックホールが，半数以上の銀河の中心に存在することがわかってきた．

さらに，アインシュタイン方程式には膨張解もあり，現在の膨張宇宙を記述することもできる．

問題 18.10

球対称のブラックホールに近づいてシュバルツシルト半径を越えると，二度とこの世界に戻ることができない．質量 M のブラックホールのシュバルツシルト半径は，$2GM/c^2$ である．太陽質量の 10 倍の星がブラックホールになったときのシュバルツシルト半径を求めなさい．ここで，G は万有引力定数，c は光速である．必要な値は見返しの表から求めなさい．

相対性理論は私たちの日常生活には無関係に見える．しかしながら，例えばGPSには，相対論的効果の補正がなされている．GPS衛星は高度2万kmを高速で飛行しているので，時計は地上に比べて遅れる．一方，一般相対性理論では，重力が弱いほど時計が速く進む．これらの効果を補正しないと，1日当り11 km以上の誤差が生じる．

コラム 時空間の歪みと重力波

18.4節で話題にした重力波とは何だろうか．ここでも，2次元の膜を考える．膜の上で2つの天体（連星系）が互いに公転し合っているとき，膜は波打ち，その波は光速で伝わっていくだろう．これが重力波である．1916年，アインシュタインは重力波の存在を予言した．だが，その波はあまりにも小さく，検出はほぼ不可能だろうと思われていた．

しかし，重力波の直接観測は人類の挑戦であり，次々と重力波検出器が建設・改良されてきた．そしてついに，アインシュタインの予言からちょうど100年後の2016年2月11日に，「直接観測に成功した」との発表が世界を駆け巡った．LIGO（Laser Interferometer Gravitational-wave Observatory：レーザー干渉計重力波観測所）では，北米2箇所に建設された観測装置でほぼ同時に重力波を観測し，この業績により，ワイスらは2017年のノーベル物理学賞に輝いた．

それは，13億光年彼方で，それぞれ太陽質量の36倍と29倍のブラックホールが合体し，62倍のブラックホールが誕生した瞬間（約0.2秒間）の重力波であった．換算すると，太陽質量3個分のエネルギーが，重力波として放出されたわけだが，13億年かかって地球に届いたときの空間の歪みの大きさは，10^{-21}，すなわち，太陽-地球間の長さに対して，たった水素原子1個分の変化であった．

日本でも低温技術で雑音をさらに減らした重力波観測装置 KAGRA（KAmioka GRAvitational-wave observatory：大型低温重力波望遠鏡）が，2019年度内の観測開始を目指して，建設・調整が続けられている．

重力波という新しい手段を用いて，宇宙を探求する時代がいよいよ到来した．

章 末 問 題

18.1 静止している中性π中間子の平均寿命は 8.4×10^{-17} s であり，2つの光子（電磁波）に崩壊する．$0.95c$ [m/s] で運動している中性π中間子の平均寿命を求めなさい．ここで c は真空中の光速である． ⇒ 18.1, 18.2節

18.2 速度 V [m/s] で運動する列車の中に，列車内の観測者から見て，列車の前端と後端に置かれた2つの時計が同期されている．時計の間の距離を D [m] とした場合に，列車の外の観測者から見て前端の時計は後端の時計に比べて，(18.7)に示した値だけ遅れていることを示しなさい． ⇒ 18.1, 18.2節

18.3 ローレンツ変換を用いて，次の問いに答えなさい． ⇒ 18.1〜18.3節

(1) 動いている時計がゆっくりと時を刻むことを示しなさい．

(2) 動いている物体は運動方向に縮んで見えることを示しなさい．

(3) 2点間の世界距離は不変に保たれることを示しなさい．

18.4 12.4.3 項で音波のドップラー効果について取り扱った．このとき，音源の速さ，観測者の速さは音波の「伝わる媒質」についての速さであった．宇宙での赤方偏移は光のドップラー効果が起源であるが，「伝わる媒質」がない光で，どうして起こるのだろうか．
⇨ 18.1，18.2 節

18.5 静止している K 系と，その x 軸に沿って速さ $(5/13)c$ [m/s] で移動している K′ 系がある．2 つの系の時間がともに 0 を示したときに，2 つの系の原点が一致した．K 系で，時刻 $t = 13.0 \times 10^{-7}$ s のときに，位置 $(x, y, z) = (390\,\mathrm{m}, 0, 0)$ で光を発射した．K′ 系からは，この光がいつどの位置で発射されたと観測するか．ただし，真空中の光速を $c = 3.00 \times 10^8$ m/s とする．⇨ 18.1，18.2 節

18.6 C 君から見て，A 君の乗った宇宙船は右向きに速さ $0.4c$ [m/s] で，B 君の乗った宇宙船は左向きに速さ $0.5c$ [m/s] で飛行している．A 君から見たときの，B 君の速さと運動の向きを求めなさい．ここで，c [m/s] は真空中の光速である．⇨ 18.1，18.2 節

18.7 静止しているときの長さが L [m] の車が，長さ $L/2$ [m] の車庫へ向かって $\sqrt{0.75}\,c$ [m/s] の速さで走行している．このとき，車庫から見ると車の長さは $L \times \sqrt{1-0.75} = L/2$ であるため，車は車庫に入れることができる．一方で，車から見ると車庫の長さは $L/2 \times \sqrt{1-0.75} = L/4$ であるので，車は車庫に入ることができない．この議論はどこが間違っているのだろうか．説明しなさい．この問題は**ガレージのパラドックス**とよばれる．⇨ 18.1，18.2 節

18.8 30℃，0.100 kg の鉄製の物体を 100℃ まで上昇させたとき，物体の質量はいくら増加するか．ただし，鉄の比熱を 0.46×10^3 J/(kg·K)，真空中の光速を 3.0×10^{10} m/s とする．
⇨ 18.2 節

18.9 3 元運動量保存則，エネルギー保存則は相対論的領域でも成り立つ．c [m/s] を光速として次の問いに答えなさい．⇨ 18.1〜18.3 節

(1) ある慣性系に静止していた粒子が，粒子 A と B に分裂した．分裂した直後，粒子 A は速さ $(4/5)c$ で右方向に，粒子 B は速さ $(3/5)c$ で左方向に運動した．粒子 A と B の質量比を求めなさい．

(2) 2 個の粒子 A，B が正面衝突をし，1 体となって静止した．衝突する直前，粒子 A の速さは $(12/13)c$，粒子 B は速さ $(5/13)c$ であった．粒子 A と B の質量比を求めなさい．

18.10 静止していた中性 π 中間子 π^0 が，質量 0 の 2 個の光子 γ に崩壊した．π^0 の質量を $m_{\pi^0} = 135\,\mathrm{MeV}/c^2$（1 MeV $= 1.60218 \times 10^{-13}$ J）として，崩壊直後の光子のエネルギーおよび運動量の大きさを求めなさい．ただし，真空中の光速を 3.0×10^8 m/s とする．
⇨ 18.1〜18.3 節

18.11 地球に届く太陽光線のエネルギーは単位面積，単位時間当り，1.37 kJ である．次の問いに答えなさい．⇨ 18.1〜18.3 節

(1) 太陽が単位時間当りに放出しているエネルギーを求めなさい．ただし，地球 − 太陽間距離を 1.5×10^{11} m，真空中の光速を 3.0×10^8 m/s とする．

(2) このエネルギーの放出によって，単位時間当りに減少する太陽の質量を求めなさい．

(3) 太陽の質量を 2.0×10^{30} kg として，そのすべてがエネルギーとして放出されるには，何年かかるか求めなさい．

第 19 章

ミクロの世界の物理学

　ミクロの世界では，波と思われていた光も粒子性を示し，逆に粒子も波動性を示すことが明らかになった．こんな常識破りのミクロの世界を探検しよう．また，現代人の常識として，放射線や原子力発電についても最低限の知識を身につけよう．

学習目標
- 粒子性と波動性の二重性について正しく認識し，説明できるようになる．
- ボース粒子とフェルミ粒子の区別と性質の違いを説明できるようになる．
- ボーア模型を用いて，水素原子のエネルギー準位を計算できるようになる．
- 原子核エネルギーと放射線について理解を深める．

キーワード
光電効果，光量子仮説，粒子性，波動性，ド・ブロイ波長，不確定性原理，放射線，原子力発電

19.1 光電効果と光量子仮説

19.1.1 光電効果

　金属の表面に紫外線や短い波長（高い振動数）の光を当てると，電子が飛び出してくる．この現象を**光電効果**といい，飛び出してきた電子を**光電子**という．19世紀末までに明らかになった光電効果の実験結果は，次のようであった（図19.1）．

- 金属に当てる光の振動数をだんだんと小さくしていくと，ある振動数（**限界振動数**）より低い振動数の光を，いくら強度を強くして当てても電子は出て来ない．

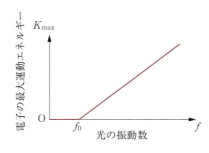

図 19.1　光電効果：電子の最大エネルギーと光の振動数

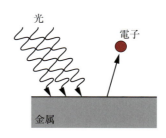

図 19.2　光電効果

- 光電子の運動エネルギーの最大値は，光の振動数に比例して大きくなる．
- 光の強度を強くすると，光電子の運動エネルギーの最大値は変わらず，出てくる電子の数が増加する．

19.1.2 光量子仮説

光が波であると考えると，振動数が小さくても，光の強度が大きければ電子は飛び出すはずである．また，光の強度が大きくなれば，電子の運動エネルギーは増加するはずである．これらは，19.1.1 項の実験結果とは異なっている．

一方で，光が粒子として振舞うと考え，その粒子のエネルギーが振動数に比例すると考えると，実験結果をうまく説明できる❶．これを**光量子仮説**といい，粒子としての光を**光子**という．

振動数 f [Hz]，波長 λ [m] の光子 1 個のもつエネルギー E [J] は，光速を c [m/s] として，次のように表される．

$$E = hf = \frac{hc}{\lambda} \text{ [J]} \tag{19.1}$$

ここで，$h = 6.62607004 \times 10^{-34}$ J·s を**プランク定数**といい，ミクロの世界で本質的な役割を果たす定数である．

19.1.3 仕事関数と限界振動数，限界波長

金属内の自由電子には，金属中の正の電荷から引力がはたらいている．そのため，自由電子が金属から外に飛び出すには，エネルギーが必要になる．このエネルギーの最小値は金属ごとに決まっていて，それを**仕事関数**という．

ミクロの世界では，エネルギーの単位として eV（読み：エレクトロンボルト（電子ボルト））❷をよく用いる．金属の仕事関数の値は，金属の種類やその表面の状態によって変わるが，数 eV である．

問題 19.1 $1 \text{ eV} = 1.602 \times 10^{-19}$ J であることを確かめなさい．

金属から飛び出した光電子の運動エネルギーの最大値 $K_{\max}$ は，次のように，光子のエネルギー hf [J] から，仕事関数 W [J] を差し引いた値になる．

$$K_{\max} = hf - W \text{ [J]} \tag{19.2}$$

限界振動数 f_0，および，それに対応する波長（**限界波長**）λ_0 は，$K_{\max} = 0$ の場合に相当する．したがって，次の関係が成り立つ．

$$f_0 = \frac{W}{h} \text{ [Hz]}, \quad \lambda_0 = \frac{hc}{W} \text{ [m]} \tag{19.3}$$

---

❶ 1905 年にアインシュタインが光電効果の理論を発表した（この業績で，1921 年にノーベル物理学賞を受賞）．この年には，特殊相対性理論の完成，ブラウン運動の理論も発表し，奇跡の年といわれている．

❷ 1 eV は，電気量 $e = 1.602 \times 10^{-19}$ C の粒子が 1 V の電位差で加速されたときに得る運動エネルギーである．

19.2 粒子の波動性

19.1 節では，波と思われていた光が粒子として振舞うことを見た．この節では，粒子が波のように振舞うことを見よう．

19.2.1 電子の二重スリット実験

12.5.3 項で，二重スリットを用いた光の波動性に関するヤングの実験を学んだ．ここでは，光の代わりに電子銃を用いて，電子を入射した場合を考えよう．

電子銃から飛び出す電子の数を制御すると，電子を 1 個ずつ飛ばすことができる．このとき，電子 1 個 1 個は，スリットを通ってスクリーン上のどこかに到達する．しかし，これを何度も繰り返すと，電子の分布に干渉縞が観測される．これは，個々の電子が波として振舞い，二重スリットで干渉することを意味する．

問題 19.2 波が粒子のようにも振舞い，粒子が波のようにも振舞うとはどういうことか．矛盾ではないのか．

19.2.2 ド・ブロイ波

光電効果では，光のエネルギーが (19.1) のように書けることを学んだ．また，相対論的エネルギーの式 $E = \sqrt{m^2 c^4 + |\boldsymbol{p}|^2 c^2}$ ((18.26) 参照) に，$m = 0$ (光子の質量は 0) を代入すると $E = |\boldsymbol{p}|c$ となるから，光の運動量の大きさは以下のように書ける．

$$|\boldsymbol{p}| = \frac{E}{c} = \frac{h}{\lambda} \text{ [kg·m/s]} \tag{19.4}$$

ド・ブロイは，1924 年，光の関係式 (19.4) が電子のような物質粒子についても成り立つべきであると考え，次のように**ド・ブロイ波長** λ [m] を定義した．

$$\lambda = \frac{h}{|\boldsymbol{p}|} \text{ [m]} \quad (\text{ド・ブロイ波長}) \tag{19.5}$$

19.3 粒子の大別

19.3.1 ボース粒子とフェルミ粒子

波は粒子としても振舞い，粒子は波としても振舞うから，ここではそれらすべてを「粒子」とよぼう．量子力学では，粒子の波としての性質は**波動関数**で表されると考える．波動関数の値は一般に複素数である．粒子の波動関数を $\phi(t; x, y, z)$ と書くと，$|\phi(x, y, z, t)|^2 dV$ は，時刻 t [s] に，位置 $\boldsymbol{r} = (x, y, z)$ [m] にある微小体積 dV [m^3] の中に粒子が存在する確率を表す．つまり量子力学では，粒子の位置などの観測量は，確率でしか求めることができない[3]．

---

[3] 量子力学の確立にも大きく貢献したアインシュタインは，「神はサイコロを振らない」と言って，量子力学の確率解釈に最後まで反対した．

ミクロの世界では，電子同士，光子同士など，同一の粒子は互いに区別できない．以下で概略ではあるが解説するように，このことにより粒子が2つの種類に大別され，物質の性質に多大な影響を与える．

まず，2個の同一粒子（例えば電子2個）と2つの状態（例えば2つの異なるエネルギー状態）A，Bを考えよう．ここで，粒子1が状態A，粒子2が状態Bにある場合の波動関数を$\phi(A, B)$，粒子を入れかえた場合，すなわち，粒子1が状態B，粒子2が状態Aにある場合の波動関数を$\phi(B, A)$としよう．上で述べたように，量子力学では，波動関数の絶対値の2乗が意味をもつ量である．粒子を入れかえても状態は同じだから，

$$|\phi(B, A)|^2 = |\phi(A, B)|^2 \tag{19.6}$$

が成り立つ．したがって，ηを位相因子として，

$$\phi(B, A) = \eta \phi(A, B), \quad |\eta|^2 = 1 \tag{19.7}$$

が得られる．もう一度，状態AとBとを入れかえるともとに戻るから，

$$\phi(A, B) = \eta \phi(B, A) = \eta^2 \phi(A, B) \tag{19.8}$$

となる．これより，$\eta = \pm 1$を得る．

このηの符号によって，粒子は2つの種類に大別される．同一粒子を入れかえたとき，波動関数の符号が変わらない粒子（$\eta = +1$）を**ボース粒子**（ボソン），変わる粒子（$\eta = -1$）を**フェルミ粒子**（フェルミオン）という．粒子がボース粒子であるか，フェルミ粒子であるかが，物質の性質に根源的な影響を与える．

ボース粒子の例は光子であり，フェルミ粒子の例は電子，陽子，中性子である．また，偶数個のフェルミ粒子は，ボース粒子として振舞う．

19.3.2 パウリ原理

フェルミ粒子の場合，複数の同一粒子が同じ状態を占めることはできない．これを**パウリ原理**という．

例題 19.1

フェルミ粒子がパウリ原理に従うことを示しなさい．

解 2つの状態が等しい（A = B）とすると，2個の同一粒子がフェルミ粒子であるとき，

$$\phi(A, A) = -\phi(A, A) \tag{19.9}$$

より$\phi(A, A) = 0$（波動関数が0とは，その状態が存在しないことを指す），すなわち，フェルミ粒子は複数個の同一粒子が同じ状態を占めることはできないことがわかる．

19.3.3 ボース-アインシュタイン凝縮

複数個の同一フェルミ粒子が同じ状態を占めることはないが，ボース粒子は何個でも同じ状態を占めることができる．これにより，ボース粒子からなる系の温度を下げていくと，ある温度でマクロな数の粒子が最もエネルギーの低い1つの状態を占めることがある．この現象を，**ボース-アインシュタイン凝縮**（BEC：Bose-Einstein condensation）という．

問題 19.3 もし電子がボース粒子であったら，この世界はどのようになっていただろうか．

19.3.4 超伝導と超流動

超伝導や超流動は，系のボース粒子がボース-アインシュタイン凝縮をする現象といえる．超伝導では，フェルミ粒子である2つの電子が対（クーパー対）を作り，ボース粒子として振舞う．超流動は極低温で粘性が0になる現象で，^{4}He と ^{3}He で起こることが発見された．^{4}He は，2つの陽子と2つの中性子からなる原子核と2つの電子の，計6個のフェルミ粒子からなる．よって，^{4}He はボース粒子として振舞う．^{3}He は，^{4}He から中性子を1個取り除いた原子である．よって，^{3}He はフェルミ粒子であるが，超伝導におけるクーパー対と同様に，それが対を作りボース粒子として振舞う．超伝導は，電荷をもつ電子が粘性0で動くので，超流動の一種といえる．

問題 19.4 狭義の BEC は，中性（電荷が0）の原子気体が極低温で基底状態に凝縮する現象である．中性原子は，BEC を起こす原子と起こさない原子とに大別される．BEC を起こす原子の条件は何か？【ヒント】原子は原子核と電子からなり，原子核は陽子と中性子でできている．中性原子では，陽子の数と電子の数は等しい．

19.3.5 粒子の状態への入り方

ボース粒子，フェルミ粒子の状態への入り方について，以下の例題を通して考えてみよう．

例題 19.2
3個の同一ボース粒子と3つの状態がある．ボース粒子を b，3つの状態を（ ）（ ）（ ）で表すとき，粒子がこれらの状態をどのように占めるか列挙しなさい．

解 ボース粒子は互いに区別できず，しかも1つの状態に何個でも入れるので，状態の占め方は次の10種類になる．

$(bbb)(\ )(\ )$, $(\ )(bbb)(\ )$, $(\ )(\ )(bbb)$, $(bb)(b)(\ )$, $(bb)(\ )(b)$,
$(\ )(bb)(b)$, $(b)(bb)(\ )$, $(b)(\ )(bb)$, $(\ )(b)(bb)$, $(b)(b)(b)$

問題 19.5 3個の同一フェルミ粒子と4つの状態がある．フェルミ粒子を f，4つの状態を（ ）（ ）（ ）（ ）で表すとき，粒子がこれらの状態をどのように占めるか列挙しなさい．

19.4 原子の構造とボーア模型

この節では，どのようにして原子の構造がわかり，定式化されたかを解説していく．

19.4.1 原子の構造

20世紀の初めまでには，原子の中に負の電荷をもつ電子があり，全体として中性（電荷が0）であることがわかっていた．また，原子の質量は電子に比べて数千倍以上も重いこともわかっていた．

原子の中に，電子の負電荷を相殺する正電荷があるはずである．そこで，原子の構造として，次の2つの模型が考えられた（次ページの図19.3を参照）．

1. 「スイカ模型」：広がったプラスの電荷（スイカの果肉）の中に電子（種）が一様にばらまかれている．
2. 「太陽系模型」（長岡半太郎 他）：中心に重い原子核があり，電子が周囲を回っている．

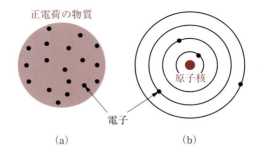

図 19.3　原子模型：(a) スイカ模型（模型 1），(b) 太陽系模型（模型 2）

1911 年，ラザフォードは，金箔に入射した α 粒子が散乱される様子を観測した❹．α 粒子は，後にヘリウムの原子核とわかる，正の電荷をもつ重い（電子の質量の 1 万倍弱）粒子である．その結果，大部分の α 粒子はほぼ直進するが，まれに大きく散乱される粒子が観測された❺．模型 1 では，α 粒子は大きく散乱されることはない．模型 2 がうまくこの結果を説明できる．すなわち，原子の中心には，正電荷をもち質量のほとんどを担う原子核があり，その周りを電子が回っているという描像である．そして，原子核の大きさは，原子の数万分の 1 であることがわかった❻．

> **問題 19.6**　ラザフォードの散乱実験で，原子は模型 2 であると結論できる理由を説明しなさい．また，なぜ標的として金箔を使ったのだろうか．

19.4.2　ボーア模型

水素原子は，正電荷をもつ陽子の周りに 1 個の電子が回っている一番単純な原子である．水素原子を熱すると，決まった波長のとびとびのスペクトル線が放出される．これは，水素原子中の電子のエネルギーが連続的な値をもつことができず，ある決まったとびとびの値しかもたないことを意味している．電子があるエネルギー状態からより低いエネルギー状態に移るときに，そのエネルギー差の光が放出されるのである．

1913 年にボーアは水素原子の模型を考え，このとびとびのスペクトル線を説明した．ボーアの模型は，後に発見されたド・ブロイ波を用いて，次のように理解される．

水素原子内の電子は陽子の周りを円運動しているとし，また，電子が波でもあることから，電子の軌道として定常波のみが許されるとする．n 番目の電子の軌道半径を r_n [m]，電子の質量を m [kg]，速さを v_n [m/s]，ド・ブロイ波長を λ_n [m] とすると，(19.5) を用いて❼，

$$2\pi r_n = n\lambda_n = \frac{nh}{mv_n} \text{ [m]} \quad (n = 1, 2, 3, \cdots) \tag{19.10}$$

と求まる．ここで，n は定常波の波の数であり，**主量子数**とよばれる❽．また，クーロン力（静電気力）と遠心力がつり合う条件から，

---

❹　このような散乱をラザフォード散乱という．
❺　ラザフォードは，「薄い金箔から大砲の弾が跳ね返ってきた」と驚いたそうである．
❻　液体や固体中の原子核を人間の大きさに拡大すると，隣人（隣の原子の原子核）は 10 km 先にいることになる．
❼　ボーアは，角運動量 mvr が $\hbar$ の整数倍になるとした．
❽　実際には，主量子数 n は**量子ゆらぎ**とよばれる効果のために，定常波の波の数に 1 を足した数になる．

$$\frac{e^2}{4\pi\varepsilon_0 r_n^2} = \frac{mv_n^2}{r_n}\,[\mathrm{J}] \tag{19.11}$$

となる．(19.10) と (19.11) から v_n を消去して，次式を得る．

$$r_n = \frac{n^2\varepsilon_0 h^2}{\pi e^2 m}\,[\mathrm{m}] \tag{19.12}$$

一方，電子のエネルギー $E_n\,[\mathrm{J}]$ は，運動エネルギーとポテンシャルエネルギーの和であるから，(19.10)，(19.11)，(19.12) より，

$$\begin{aligned}E_n &= \frac{mv_n^2}{2} - \frac{e^2}{4\pi\varepsilon_0 r_n}\\ &= -\frac{e^2}{8\pi\varepsilon_0 r_n} = -\frac{me^4}{8\varepsilon_0^2 h^2 n^2}\,[\mathrm{J}]\end{aligned} \tag{19.13}$$

を得る．エネルギーの値が負なのは，電子が原子核に束縛されているからである．$E \geq 0$ の値をもつときには，電子は電子核から離れる．

問題 19.7 $n=3$ から $n=2$ へ遷移するときに放出される光の波長を求めなさい．$n=2$ への遷移で放射される可視光の系列を，バルマー系列という．

問題 19.8 基底状態 ($n=1$) の水素原子における，電子軌道の半径 $r_{\text{ボーア}}$（ボーア半径）とエネルギー $E_{\text{基底}}$ が次のようになることを確かめなさい．ただし，与えられていない必要な数値は見返しの表から求めなさい．

$$\begin{cases} r_{\text{ボーア}} = 5.3 \times 10^{-11}\,\mathrm{m} \\ E_{\text{基底}} = -13.6\,\mathrm{eV} \end{cases} \tag{19.14}$$

問題 19.9 原子核の電気量だけが Z 倍になった場合，$r_{\text{ボーア}}$ と $E_{\text{基底}}$ はもとの何倍になるか．

実際には，電子の波動関数は円軌道を描いているわけではなく，原子核の周りに雲のように広がっている．この状態の電子の波動関数を計算するには，1926 年，シュレディンガーによって提唱されたシュレディンガー方程式を用いなければならない．しかしながら，(19.13) のエネルギーの式は正しく観測結果を再現する．

19.5　不確定性原理

1927 年，ハイゼンベルグは，粒子の位置と運動量は同時に正確には測定できないという**不確定性原理**を発見した．不確定性原理は，次のように書ける．

$$\Delta x \cdot \Delta p_x \geq \frac{\hbar}{2}\,[\mathrm{J \cdot s}] \tag{19.15}$$

ここで，Δx と Δp_x はそれぞれ位置の x 成分と運動量の x 成分の不定性（y, z についても同様の式）であり，$\hbar = h/(2\pi)$ である．

電子の波動関数が原子核の周りに雲のように存在していて，電子が原子核に落ち込まない（主量子数 n が 0 の状態がない）のは，不確定性原理による．

19.6 放射性元素

放射線は目で見ることができないため，やみくもに怖いと思うかも知れないが，正しい知識を身につけて正しく怖がる必要があろう．ここでは，放射線の基本的な事柄を理解しよう．

19.6.1 粒子の安定性と崩壊

粒子の安定性を決めている重要な要素の1つは，質量である．静止エネルギーの式 $E = mc^2$ からわかるように，粒子の質量が大きいほどエネルギーが高く，一般には不安定になる．（光子は安定である．質量が0なので壊れようがない．）

粒子の安定性に関して次に重要なのは，保存則である．例えば，電子は安定である．なぜだろうか．それは，電子は負の電荷をもっていて，電荷保存則は厳密に成り立っているからである．そのため電子は，壊れようとしても電子より軽い荷電粒子が存在しないので，壊れようがない．

陽子は電子の約1800倍の質量をもつ（1800倍高いエネルギー状態にある）．しかし安定である．安定でなければこの世界は存在できない．なぜ壊れないのだろうか．その説明のために，陽子や中性子のようなバリオン（重粒子）族の粒子に，バリオン数保存則を導入する．陽子はバリオン族の中で一番軽い．現時点での陽子の寿命の下限値は 10^{34} 年である[9]．

例えば，中性子 n は陽子 p より少し重く，次の崩壊モードで崩壊する．

$$n \to p + e^- + \bar{\nu} \tag{19.16}$$

崩壊反応の前後でバリオン数，電荷保存則などを満たしていることがわかる．(19.16) で，e^- は電子（β 線）であり，$\bar{\nu}$ は反ニュートリノといって，ほとんど相互作用しない粒子である．

ある粒子の個数が崩壊によって初めの半分になる時間を，**半減期**という．中性子が単独で存在する場合，その半減期は 610 秒である．

問題 19.10　もし，陽子と中性子の質量が入れかわっていたら，この世界はどのようになっていただろうか．

19.6.2 原子核の安定性と崩壊

原子核は，陽子と中性子が**強い力**（核力）で結びついてできている．原子核内の陽子や中性子（これらの粒子を総称して核子とよぶ）は，自由な核子より軽い．それは，なぜだろうか．再び $E = mc^2$ を思い起こそう．陽子と中性子が結びつくと余分なエネルギーを放出し，その分だけ質量が軽くなる．このとき放出されるエネルギーを核融合エネルギーとよび，太陽などの恒星はこの核融合エネルギーで輝いている．

元　素

原子の化学的性質は電子の数でほとんど決まる．原子内の電子の数と陽子の数は等しいか

---

[9] 岐阜県飛騨市に建設されたスーパーカミオカンデ実験が，その記録を作り，更新中である．

ら，陽子の数（**原子番号**）で原子の化学的性質が決まるともいえる．特に，原子を化学的性質に注目して区別したものを**元素**という．

同位体

陽子の数が同じで中性子の数が異なる元素を，同位体（同位元素）という．例えば，炭素の原子番号は 6 であるが，その同位体の陽子の数（原子番号）Z と中性子の数 N の和（これを**質量数**という）$A = Z + N$ は，$8 \sim 22$ までの 15 種類が知られている．このうち A が 12 と 13 のもの（これを ^{12}C，^{13}C と表す）が安定で，残りは不安定であり，放射線を放出して安定な別の原子核に変わっていく．

原子核の崩壊

原子核の崩壊の種類には，不安定な原子核が **α線**（$^4_2$He の原子核❿）を放出して別の原子核になる **α崩壊**と，不安定な原子核内の中性子や陽子が **β線**（電子または陽電子）を放出して陽子や中性子に変わり，別の原子核になる **β崩壊**とがある．α線や β線を放出して崩壊した後，まだ不安定なエネルギーの高い状態になっている原子核は，よりエネルギーの低い状態に落ち着こうとする．このとき，**γ線**（エネルギーの高い光子）を放出する．これを γ崩壊という．

β安定性

β安定性とは，β崩壊に対する安定性である．質量数 A を一定にして原子核の質量を Z の関数としてグラフを描くと，図 19.4 のように，下に凸の放物線となる．（Z は整数しか許されない．）当然，原子核は一番安定な状態に落ち着こうとする．

安定な原子核の原子番号を Z_0 としよう．$Z < Z_0$ の原子核は中性子が過剰なので，(19.16)の崩壊モードで崩壊する（$β^-$ 崩壊）．逆に $Z > Z_0$ の原子核は陽子数が多すぎる．そこで

$$p \rightarrow n + e^+ + \nu, \quad p + e^- \rightarrow n + \nu \tag{19.17}$$

のように，$β^+$ 線（陽電子）を出す（$β^+$ 崩壊）か，または，原子内の電子を捕獲（**電子捕獲**）して中性子になる．

実は，図 19.4 は $A =$（奇数）の場合で，$A =$（偶数）の場合は図 19.5 のように，Z, N がともに偶数の場合（偶偶核）と，ともに奇数の場合（奇奇核，より不安定）の 2 つの放物線が描かれる．この場合も，より軽い原子核に落ち込もうとすることは同じである．

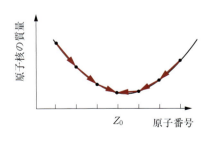

図 19.4 安定性（$A =$ 奇数）

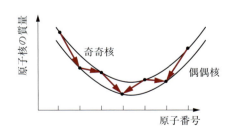

図 19.5 安定性（$A =$ 偶数）

---

❿ 原子番号 Z の元素 X の質量数が A であった場合，^A_ZX と表す．

放射性壊変系列

　α粒子はヘリウムの原子核であり，その陽子と中性子は固く結びついている．ウランなどの重い原子核は，このα粒子を放出して，より軽い原子核に落ち着こうとする．このように，α崩壊では，質量数A，原子番号Zの原子核がα粒子を放出して，$A-4$，$Z-2$の原子核になる．なお，崩壊してできた原子核（娘原子核）はさらにα崩壊をするか，β，γ崩壊をして次々と崩壊していく．

　一方，β崩壊ではAが，γ崩壊ではAとZが変わらない．したがって，放射性壊変系列では，nを整数として$A=4n$，$4n+1$，$4n+2$，$4n+3$の原子核はそれぞれ独立の系列をなして崩壊する．これらは，それぞれトリウム系列，ネプツニウム系列，ウラン系列，アクチニウム系列とよばれ，それぞれ^{232}Th，^{237}Np，^{238}U，^{235}Uを出発元素として，^{208}Pb，^{205}Ta，^{206}Pb，^{207}Pbに落ち着くまで崩壊していく．例えば，^{238}Uの半減期は45億年で，ほぼ地球の年齢に等しい．

核分裂

　ウランなどの重い原子核は，自発的に（**自発的核分裂**），または中性子を吸収して（**誘導核分裂**），軽い複数の原子核に分裂する．このときに放出するエネルギーが**核分裂エネルギー**である．核分裂では中性子も数個放出される．その中性子を吸収して次々に核分裂が起こることを**連鎖反応**という．

　天然のウランには^{238}Uが99.3%，^{235}Uが0.7%含まれているが，誘導核分裂を起こしやすい^{235}Uを3%まで濃縮したものが核燃料として使われる．

問題 19.11　1gの^{235}Uが中性子を吸収して誘導核分裂を起こしたとき，放出する核分裂エネルギーを求めなさい．ただし，^{235}Uおよび吸収した中性子と生成された原子核との質量差は0.96×10^{-3} g/mol，光速は3.0×10^8 m/sである．

原子力発電

　連鎖反応が爆発的に起これば原子爆弾になってしまうが，それを制御して利用するのが**原子力発電**である．原子炉1基当りの発電量はおよそ1 GWである．2011年3月11日の東日本大震災での福島第1原子力発電所事故以前の日本では，原子力発電が供給電力の約32%を占めていたが，事故後は激減している．

　原子力発電所では，火力の代わりに核反応により発生する熱で水蒸気を作り，それでタービンを回して発電する．原子炉の模式図を図19.6に示す．原子炉格納容器内の圧力容器に燃料

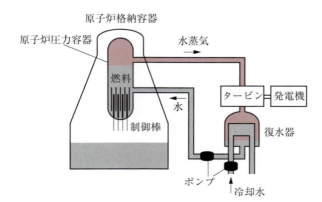

図19.6　原子炉模式図

棒が入っていて，制御棒で反応を制御しながら熱を発生させる．圧力容器の中の水は，放出された中性子を減速し，^{235}U に吸収されやすい熱中性子に変換する役割も負う．核分裂の熱で生成された水蒸気は，タービンを回した後，復水器で水に戻され，原子炉内でまた水蒸気に変えられる．

福島第1原子力発電所事故は，地震で外部電源を失い，津波で非常用発電機も失ったことで起こった．燃料を冷却できなくなって炉心溶融に至った．燃料棒が高温になって発生した水素によって水素爆発が起き，放射性物質がまき散らされて大事故になった．

原子力発電は，発電時に二酸化炭素などの温暖化ガスや環境汚染ガスを出さないなどのメリットはあるが，事故の危険性に加えて，半減期が数万年という使用済み核燃料の処理方法がまだ確立されていないという問題や核爆弾の原料となるプルトニウム蓄積の問題などもある．

19.6.3 放射線の人体への影響

放射線，放射能，放射性物質

まず，言葉の整理をしよう．放射線とは α 線，β 線，γ 線，中性子線などのエネルギーをもった粒子線である．放射能とは，放射線を出す能力のこと，また放射性物質とは，放射能をもつ物質のことである．

放射線の単位

放射線の単位として，Bq（ベクレル），Gy（グレイ），Sv（シーベルト）がある．いずれも人名に因み，Bq は 1 秒間に壊変する原子の数を表す単位である．また，Gy は **吸収線量** を表す単位で，物質の単位質量（1 kg）当りに吸収されたエネルギー量（すなわち，1 Gy = 1 J/kg）である．さらに，Sv は **実効線量** を表す単位で，Gy に放射線粒子の危険度を乗じた量である．例えば，β 線や γ 線は 1 倍，α 線なら 20 倍，中性子線だとエネルギーによって 5〜20 倍される．

線量率は単位時間当りの線量で，Sv/h などの単位が用いられる．

放射線の人体への影響

放射線は人体の中で直接的，間接的に影響を及ぼす．中でも DNA の損傷が起こると，細胞分裂がうまくいかなかったり，誤った遺伝情報が娘細胞（じょうさいぼう）に伝わったりする．特に，組織の再生などを担う幹細胞（かんさいぼう）が損傷を受けると新たな細胞が作られなくなり，その組織が壊滅してしまう．また，生殖細胞が損傷すると，次の世代に遺伝的影響が及ぶ場合がある．

放射線の人体への影響には，**急性効果** と **晩発性効果**（ばんぱつせいこうか）がある．7 Sv 以上の放射線量を一度に浴びるとほとんどの人は死に至る．それより少なくても一度に多量の放射線を浴びた場合，急性効果として，脱毛，食欲不振などの症状が出る．回復後も晩発性効果（癌など）の心配がある．

人体への影響には，**確定的影響** と **確率的影響** の 2 種類がある．確定的影響では，症状が出る線量にしきい値（閾値（いきち））があり，その量を超えると症状が重くなる．放射線による白内障などがこの例である．確率的影響では，吸収線量が大きいほど症状の起こる確率が増し，重篤度（じゅうとくど）は線量にはよらない．白血病などの癌がこの例である．

人が自然界で受ける放射線量は，年間 2 mSv 程度であり，この程度であれば，被ばくを心配する必要はほとんどない．また，被ばく量がこの値を大きく超えないように管理する必要がある．

19.6.4 放射線の利用

医療では，放射線は X 線写真，癌治療，PET（Positron Emission Tomography）などに利用されている．癌治療では，手術をせずに放射線で癌細胞を破壊する．これには γ 線が手軽なため用いられてきたが，最近では，高いエネルギーを患部に集中できる荷電重粒子線も使われるようになった．PET は，β^+ 崩壊をする放射性元素を含む物質を患部に吸収させ，陽電子－電子対消滅で患部から放射される 2 本の γ 線を測定して患部の断層写真を撮る．

他に，放射線は，食品の殺菌・滅菌，発芽抑制や，年代測定で活躍している．また，工業界では厚さ計，液面計，材料加工，非破壊材料検査などにも利用されている．正しい知識できちんと管理して，放射線を利用することが重要である．

コラム ^{14}C 年代測定

過去の地層や化石などの年代を推定する際に，放射年代測定が使われる．年代測定には，求めたい年代に合った半減期の放射性元素が利用される．

約 5 万年前までの年代測定に活躍するのが，^{14}C（炭素 14）年代測定法である．質量数 12 と 13 の炭素（^{12}C と ^{13}C）は安定であるが，質量数 14 の炭素（^{14}C）は半減期が 5730 年の放射性元素である．^{14}C は，大気中の窒素に 2 次宇宙線中性子が衝突してほぼ一定の割合で生成される．^{14}C は光合成によって植物に取り込まれ，それを食料とする動物にも取り込まれる．取り込まれた炭素の比 ^{14}C/^{12}C は，大気中の炭素比で決まる．

この ^{14}C は，β 崩壊によって ^{14}N に戻る．^{14}C/^{12}C の比を測定することによって，光合成が行われていた年代が測定できる．

だが，大気中の ^{14}C/^{12}C の比が一定というのは大きな仮定であり，その値がどのように変動して来たかを較正することが，正確な年代測定には必要不可欠である．

その較正をするうえで重要になるのが樹木の年輪である．樹木の年輪は，数えることができるのと同時に ^{14}C/^{12}C の比が測定でき，12600 年前まではほぼ誤差なしに較正ができた．しかし，その先の較正が困難であった．それ以前は，氷河期の中でも寒冷な氷期になって，年代測定に使えそうな樹木が育たなかったのである．

そんな折，2012 年に，福井県の水月湖の湖底にある年縞を精密測定した結果が発表された．それは，5 万年前までの較正が誤差 170 年で可能になったという報告であった．年縞とは，堆積物によって年輪のように毎年作られる縞である．まず，ボーリングをして，年縞を壊さないように堆積物を回収する．回収した堆積物の年縞を間違いなくたんねんに数え，それと同時にその中の落ち葉の ^{14}C/^{12}C の比を測定することによって，この快挙が成し遂げられた（詳しくは『時を刻む湖』（中川毅 著，岩波書店）を参照のこと）．

では，水月湖で，このようなことが実現できたのはなぜであろうか．それは，水月湖が，7 万年間（45 m）もの年縞が測れるための以下の条件をすべて満たしていたからである．

1. 季節変化が明瞭で，毎年，年縞ができること．
2. 流れ込む河川がなく，湖底が酸欠状態のため動物が棲まず，縞が乱されないこと．
3. 地盤が沈下して，湖底が浅くならないこと．

この ^{14}C 年代測定法の正確な較正のおかげで，5 万年前までの化石や試料の年代を高精度で決めることができるようになった．

章 末 問 題

19.1 ナトリウムランプの光の中には，D線とよばれる強い2本のスペクトルがある．これらはエネルギーが高い2つの状態に対応するスペクトルである．D線の波長は，それぞれ，D1：$\lambda_1 = 589.6$ nm，D2：$\lambda_2 = 589.0$ nm である．この2つの光に対応する2つの状態のエネルギー差を求めなさい．ただし，プランク定数を6.6×10^{-34} J·s とし，光速を 3.0×10^8 m/s とする．⇨ 19.1節，19.4節

19.2 3個の粒子と2つの状態がある．2つの状態を( )( )として，次の場合について2つの状態への入り方を列挙しなさい． ⇨ 19.1〜19.3節

(1) 3個の粒子が互いに区別でき，それぞれ b_1, b_2, b_3 とするとき．

(2) 3個の粒子が同一ボース粒子 b であるとき．

(3) 3個の粒子のうち2個が同一ボース粒子 b であり，1個がフェルミ粒子 f であるとき．

(4) 3個の粒子のうち1個がボース粒子 b であり，2個が同一フェルミ粒子 f であるとき．

19.3 水素原子について次の問いに答えなさい． ⇨ 19.4節

(1) 基底状態にある水素原子内の電子が電離する際に，吸収するエネルギーを求めなさい．

(2) l番目の状態のエネルギーを E_l [J]，k番目の状態のエネルギーを E_k [J] とすれば，それらの差は，

$$E_l - E_k = Rhc\left(\frac{1}{k^2} - \frac{1}{l^2}\right) \text{ [J]} \quad (19.18)$$

となる．ここで，R を**リュードベリ定数**という．その値が $R = 1.097 \times 10^7$ m^{-1} であることを示しなさい．ただし，必要な数値は見返しの表から求めなさい．

19.4 ミューオンは，電気素量 e [C] に等しい負の電荷と電子の206.7倍の質量をもつ不安定な粒子である．ミューオンビームを物質に入射すると，物質内の原子核に束縛される．この束縛状態をボーア模型で考えたとき，基底状態（$n = 1$）の半径は電子の場合の何倍になるか．

19.5 放射性元素の崩壊について，次の問いに答えなさい． ⇨ 19.4節，19.6節

(1) Δt [s] の間に崩壊する放射性元素の数 ΔN [個] は，その時刻に存在する放射性元素の数 $N(t)$ [個] と Δt に比例する．すなわち，比例定数を $1/\tau$ [1/s] として次のように書ける．

$$\Delta N = -N(t)\frac{\Delta t}{\tau} \text{ [個]} \quad (19.19)$$

これを積分して次式が得られることを示しなさい．

$$N(t) = N(0)\exp\left(-\frac{t}{\tau}\right) \text{ [個]} \quad (19.20)$$

ただし，$N(0)$ [個] は時刻 $t = 0$ の放射性元素の数である．

(2) τ [s] が平均の寿命であることを示しなさい．

(3) 半減期 T [s] と τ の関係を求めなさい．

19.6 炭素14の半減期は5730年で，β崩壊して窒素14になる．初め，炭素12と炭素14の個数の割合が ^{12}C：^{14}C $= 0.99 : 1.2 \times 10^{-12}$ であったとき，1万年後のこの割合はどうなるか． ⇨ 19.6節

19.7 物質量1 mol の水素と0.5 mol の酸素が反応すると水になり，2.5×10^5 J の熱が発生する．0.5 mol ずつの水と反水が対消滅を起こしたときに発生する熱量は，水生成反応熱の何倍か．ただし，反水とは反物質の水で，質量などは水と等しい． ⇨ 19.6節

19.8 次の核反応式の( )に当てはまるものを求めなさい． ⇨ 19.6節

(1) $^{14}_{7}\text{N} + ^{4}_{2}\text{He} \rightarrow ($)

(2) $^{9}_{4}\text{Be} + ^{4}_{2}\text{He} \rightarrow ^{12}_{6}\text{C} + ($)

19.9 次の原子核崩壊について，α崩壊とβ崩壊の回数を求めなさい． ⇨ 19.6節

(1) $^{238}_{92}\text{U}$ が $^{206}_{82}\text{Pb}$ になった．

(2) $^{235}_{92}\text{U}$ が $^{207}_{82}\text{Pb}$ になった．

(3) $^{232}_{90}\text{U}$ が $^{208}_{82}\text{Pb}$ になった．

問題解答

問題の詳細な解答は，裳華房のウェブページ https://www.shokabo.co.jp/mybooks/ISBN978-4-7853-2263-2.htm からダウンロードできるので，参照してほしい．

第1章

問題1.1 (1) 729 (2) 1024 (3) 108
問題1.2 速さはそれぞれ，(1) 10 m/s
(2) 2.8×10^2 m/s (3) 4.6×10^2 m/s
(4) 3.0×10^4 m/s (5) 1.6×10^{-9} m/s
(6) 30 m/s (7) 3.3×10^2 m/s
(8) 3.0×10^8 m/s
したがって，大きい順に (8)→(4)→(3)→(7)→(2)→(6)→(1)→(5)．
問題1.3 (1) 1.50×10^{11} m (2) 9.46×10^{15} m
問題1.4 $v = C\sqrt{E/\rho}$ (C は無次元の比例係数)
問題1.5 (1) 2.6 (2) 0.1 (3) 12
問題1.6 $\theta = 45.1°$, $\cos\theta = 0.706$
問題1.7 0.9995
問題1.8 $\sqrt{2} = \sqrt{1.5^2 - 0.25} = 1.5\sqrt{1 - 1/9} \simeq 1.5(1 - 1/(2\times 9)) = 1.41$

章末問題

1.1 現行の国際キログラム原器は 1879 年に製作された人工物（白金 90%，イリジウム 10% の合金製）であり，表面吸着により質量が約 $1\,\mu g$/年増加したり，洗浄により $60\,\mu g$ も減少したりと不安定であった．そのため，自然定数を用いた新定義が切望されていた．

1.2 1.7×10^{-27} kg
1.3 (1) 1.0×10^3 kg/m³ (2) 5.49×10^3 kg/m³
(3) 1.29 kg/m³ (4) 1.41×10^3 kg/m³
(5) 4.75×10^{17} kg/m³
1.4 3.77×10^2 m/s
1.5 C を無次元の比例係数として結果のみ示す．
(1) $v = C\sqrt{hg}$, 2.0×10^2 m/s, 23 h (2) $E = C\rho R^5/t^2$, TNT 18 kt (3) (長さ) $= \sqrt{G\hbar/c^3} \simeq 1.6 \times 10^{-35}$ m, (質量) $= \sqrt{\hbar c/G} \simeq 2.2 \times 10^{-8}$ kg, (時間) $= \sqrt{G\hbar/c^5} \simeq 5.4 \times 10^{-44}$ s
1.6 省略
1.7 それぞれ 0.245, 0.200, 0.173. 実はこの三角関数の近似は，最低次のテイラー展開を行っているにすぎない．この展開の誤差は，$|\sin\theta - \theta| < |\theta|^3/6$, $|\cos\theta - 1| < |\theta|^2/2$ と評価できる．すなわち，$\sin\theta$ の誤差は $|\theta|$ の2次であるのに対し，$\cos\theta$ の誤差は θ の1次である．そのため，$\cos\theta$ の方が誤差が大きくなる．

第2章

問題2.1 スタート地点を原点とし，コースに沿って x 軸を取れば，図1のようになる．

(1)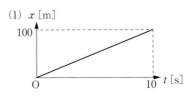

(2)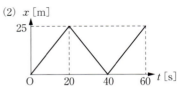

(3)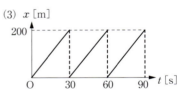

図1 x-t グラフ

問題2.2 1.2 m/s, 2.0 m/s
問題2.3 (1) 最大：0 s, 3.0 s, 6.0 s 最小：1.5 s と 4.5 s (2) 正の向き：0.0～1.5 s と 4.5～6.0 s 負の向き：1.5～4.5 s
問題2.4 2.0 m
問題2.5 6.0 s
問題2.6 (1) 5.0 m/s² (2) 10 m/s²
(3) 4.0 m/s² (4) 5.0 m/s²
問題2.7 省略
問題2.8 (1) 無限回繰り返しても追いつくまでの時間は有限であり，有限の時刻にアキレスは亀に追いつき，追い越していく．したがって，パラドックスではない．

アキレス腱について：ギリシア神話において，アキレスの母親が，生まれたばかりの息子を不死身にするために，足首を持って逆さにし，血の池にざぶんと漬けたという．そのため，アキレスの足首だけは不死身ではなく，弱点として残ったという言い伝えから，足首の腱をアキレス腱という．

(2) 物体の速度（位置を時間で微分したもの）が0でないとき，物体は動いている．飛んでいる矢の速度は0ではない．したがって矢も動いている．

問題 2.9 (1) A, 0　(2) $2at+b$, $2a$
(3) $4A(At+B)^3$, $12A^2(At+B)^2$

問題 2.10 省略

問題 2.11 (1) 位置：$a_0t^2/2+v_0t$, 速度：a_0t+v_0
(2) 位置：$At^3/6$, 速度：$At^2/2$
(3) 位置：$At^4/12$, 速度：$At^3/3$

問題 2.12 (1.7 m, 1.0 m)

問題 2.13 GPSでは，カーナビなどの受信機が人工衛星からの電波を受けて，その位置を求めている．このとき，3次元空間内の1点を特定するためには，3つの人工衛星からの距離がわかればよい．電波の速さ（光速）は高精度で求まっているので，人工衛星が電波を発した時間と，受信機が電波を受信した時間がわかればよい．しかし，人工衛星に乗せるような高精度な時計は，高価なため，受信機に搭載することはできない．そこで，時間も未知として，4つの人工衛星を用いて，3つ（空間座標）＋1つ（時間）の合計4つを決定している．

問題 2.14 変位は，ある時刻の位置から別の時刻の位置までの差で，ベクトル量である．移動距離は，ある時刻の位置から別の時刻の位置まで移動した距離の総和で，スカラー量である．

問題 2.15 (2.0 m, 1.0 m)

章末問題

2.1 (1) 図2の実線の通り．(2) 5時10分に出発すればよい．ダイヤグラムは，図2の点線の通り．(3) 5時22分に出発すればよい．ダイヤグラムは，図2の破線の通り．

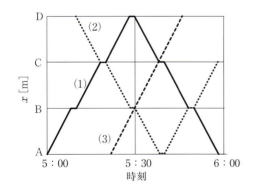

図2　ダイヤグラム

2.2 (1) 図3の通り．(2) 1.8×10^3 m
(3) 44 s

2.3 (1) $v_0^2/g = h$　(2) $h > 2v_0^2/g$

2.4 (1) 夏至：$(-R, 0)$, 秋分：$(0, -R)$

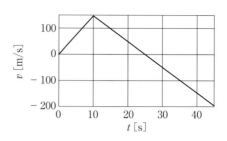

図3　ロケットv-tグラフ

(2) $(-R, R)$　(3) $(0, -2R)$

2.5 (1) $(0, 0, R_E)$
(2) $(-\sqrt{2}R_E/4, \sqrt{2}R_E/4, \sqrt{3}R_E/2)$
(3) $((1+\sqrt{2}/4)R_E, -\sqrt{2}R_E/4, -\sqrt{3}R_E/2)$
(4) $(\sqrt{2}R_E/4, -\sqrt{2}R_E/4, (1-\sqrt{3}/2)R_E)$
(5) $(-\sqrt{2}(R_E+h)/2, \sqrt{2}(R_E+h)/2, 0)$

2.6 軌跡は図4の通り．
(1) 位置：$(r\cos(vt/r), r\sin(vt/r))$
　速度：$(-v\sin(vt/r), v\cos(vt/r))$
　加速度：$-(v^2/r) \times (\cos(vt/r), \sin(vt/r))$
(2) 位置：$(r\sin(vt/r), r\{1-\cos(vt/r)\})$
　速度：$(v\cos(vt/r), v\sin(vt/r))$
　加速度：$-(v^2/r) \times (\sin(vt/r), \cos(vt/r))$

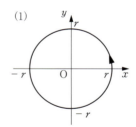

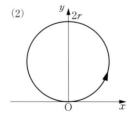

図4　軌跡

2.7 (1) $r(\sin(vt/r), 1-\cos(vt/r))$
(2) $(r/t) \times (\sin(vt/r), 1-\cos(vt/r))$

2.8 速さは一定でも，速度の向きは変わるので，加速度は0ではない．

第3章

問題 3.1 5.0 N

問題 3.2 1.7 N

問題 3.3 A君：$W\sin\theta_B/\{\sin(\theta_A+\theta_B)\}$
B さん：$W\sin\theta_A/\{\sin(\theta_A+\theta_B)\}$

問題 3.4 主塔が低いとメインケーブルにかかる負担が増え，メインケーブルを太くしなければならないため．ただし，主塔を高くすると建設費が高くなるので，実際には，両者のバランスを取って，主塔の高さが決まる．

問題 3.5 6.7×10^{-7} N

問題 3.6 1.78×10^2 倍

問題 3.7 質量は物質固有の量で不変量である．一方，(重量) = (質量) × (重力加速度の大きさ) であり，無重力状態では重量は 0 である．

問題 3.8 0.166 倍（約 1/6 倍）

問題 3.9 mg/k

問題 3.10 糸 1：$(m_A+m_B)g$，糸 2：$m_B g$

問題 3.11 いえない．重力（地球が物体を引く万有引力）と作用反作用の関係にあるのは，物体が地球を引く万有引力であり，机が物体を押す力と作用反作用の関係にあるのは，物体が机を押す力である．

問題 3.12 (1) 10 N　(2) 2.0

問題 3.13 摩擦力の大きさと垂直抗力の大きさの比例関係は，表面が乾いており，垂直抗力の大きさが（物体の硬さに比べて）小さいときにはよく成り立つが，そうでないと，それらは徐々に比例しなくなる．そして，比例関係が成り立つ領域から外れると，摩擦力の大きさが接触面の面積に依存し始める．

特に，スリックタイヤの場合は，摩擦熱によって，タイヤ表面を溶かしてベトベトにして，それが粘着テープのように路面に貼りついてグリップ力を高めている．

章末問題

3.1 アーチを構成する一番上の石塊 a は重力を受けて下方に移動しようとするが，両側の石塊に支えられて移動ができない（これらの力がつり合っている）．a の右および左の石塊にはそれぞれ，a の石塊から反作用としての力と重力を受けて移動しようとするが，さらに隣の石塊に支えられて移動ができない．こうして，端の石塊 b まで力が伝わっていく．端の石塊 b は，地面（土台）から受ける力が隣の石塊の押す力および重力とつり合っている．

3.2 2 つの支点を A, B とし，加重の加わる点を O とする．支点間隔に対してスリングが短いと，∠AOB が 120° よりも大きくなり，それぞれの支点には，1 つの支点で支えるよりも大きな加重が 1 つの支点に加わる．通常は，∠AOB が 60° 程度（もしくはそれ以下）になるよう，支点の間隔に対してスリングを長くしている．

3.3 装置 A：M，装置 B：$2M$

3.4 鳥かごが密閉されていれば，電子天びんは鳥と鳥かごの重量の和を指し示す．密閉されていなければ，空気の一部が鳥かごの外に流れ出て鳥かごの外の地面を下に押すので，電子天びんの指し示す値は鳥と鳥かごの重量の和より小さくなる．

3.5 (1) f/k_1, f/k_2
(2) $f/(k_1+k_2)$

3.6 (1) $f\cos\theta$
(2) $\mu mg/(\cos\theta+\mu\sin\theta)$

3.7 最小値：$(\sin\theta-\mu\cos\theta)mg/(\cos\theta+\mu\sin\theta)$
最大値：$(\sin\theta+\mu\cos\theta)mg/(\cos\theta-\mu\sin\theta)$

第 4 章

問題 4.1 慣性の法則は，運動方程式が成り立つ慣性系を規定している．非慣性系では，運動方程式に「見かけの力」が現れる．

問題 4.2 (1), (2) $md^2x/dt^2=0$
(3) $md^2x/dt^2=F_{x0}$　(4) $md^2x/dt^2=ma_{x0}$

問題 4.3 乗っている人とかごの質量の和とおもりの質量が同じであれば，力がつり合ってモーターにかかる負荷をほぼ 0 にすることができる．乗っている人は増減するので，通常は 0 人と最大の間を取って（かごの重さ）＋（定格積載量の半分の質量）のおもりが吊り下げられている．

問題 4.4 図 5 の通り，鉛直下向きである．

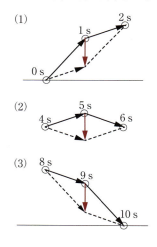

図 5 放物運動でボールにはたらく力

問題 4.5 41 m/s（147 km/h）

問題 4.6 $t=0$ の物体の位置を原点とし，運動方向を x 軸とすると，運動方程式は，$md^2x/dt^2=-\mu'mg$ となる．t で積分し，時刻 t の速度を $v_x(t)$ とすると，初速度は v_0 だから，$v_x(t)=-\mu'gt+$

v_0 を得る．もう一度 t で積分すると，止まるまでの距離 $x(t)$ は $x(t) = -(1/2)\mu' g t^2 + v_0 t$ となる．止まる時刻を t_1 とすると，$v_x(t_1) = 0$ より，$t_1 = v_0/(\mu' g)$ を得る．これより（制動距離）$= v_0^2/(2\mu' g)$ と求まる．制動距離は，自動車の質量にはよらず，初速の2乗に比例することがわかる．

問題 4.7　運動方程式：$md^2x/dt^2 = At$,
位置：$At^3/6$，速度：$At^2/2$

問題 4.8　(c) ヘリウム風船は前に傾く．

章末問題

4.1　地球は西から東に自転しているので，自転と同じ東の方向に打ち出すと，慣性の法則より，打ち上げ基地が赤道に近い方が初速が稼げる．また，赤道上空にある静止軌道（地球の自転と同じ周期で周回運動する人工衛星の軌道）に乗せるための方向転換に要する燃料が少なくてすむ．

4.2　(1)　運動方程式：$md^2x/dt^2 = mg\sin\theta$, 位置：$g(\sin\theta)t^2/2$，速度：$g(\sin\theta)t$
(2)　運動方程式：$md^2x/dt^2 = mg\sin\theta - f$, 位置：$(g\sin\theta - f/m)t^2/2$，速度：$(g\sin\theta - f/m)t$
(3)　運動方程式：$md^2x/dt^2 = -F + mg\sin\theta$, 位置：$(-F/m + g\sin\theta)t^2/2$，速度：$(-F/m + g\sin\theta)t$
(4)　運動方程式：$md^2x/dt^2 = -F + mg\sin\theta + f$, 位置：$\{(-F+f)/m + g\sin\theta\}t^2/2$，速度：$\{(-F+f)/m + g\sin\theta\}t$

4.3　(1)　μm　(2)　A：$md^2x/dt^2 = S - \mu'mg$, B：$Md^2x/dt^2 = Mg - S$　(3)　加速度：$(M - \mu'm)g/(m+M)$，張力：$(1+\mu')mMg/(m+M)$
(4)　$\sqrt{2(M-\mu'm)gh/(M+m)}$
(5)　$(1+\mu')Mh/\{\mu'(M+m)\}$

4.4　$m(1+a/g)$

4.5　(3)

4.6　水面は斜面に平行になる．

4.7　加速度センサとして最も一般的なものは，ばねとおもりである．おもりの動きがばねの伸び縮みに変換され，フックの法則により加速度が測定できる．速度の測定が有用でない理由の1つは，慣性の法則により，等速度運動の場合の速度は測定できないからである．また，速度よりも速度変化（加速度）の方が一般に有用である．

第5章

問題 5.1　(1)　2.5×10^2 N·s　(2)　20 m/s（72 km/h）

問題 5.2　ボールを停止させるためには，ボールに（ボールの質量）×（ボールの速度）と同じ大きさの力積を及ぼさなければならない．力積は（平均の力）×（止まるまでの時間）なので，止まるまでの時間が長いほどボールに加える力が小さくなる．その反作用としてのボールが手に及ぼす力も小さくなり，痛みも少なくなる．

問題 5.3　急斜面に着地し，着地後は斜面に沿って滑り降りるので，運動量の変化（すなわち選手に加わる力積）は選手が耐えられるぐらい小さくすることができる．なお，ヒルサイズ（K点の先にある）を超える距離を飛行すると，着地地点の斜面がなだらかなため危険である．

問題 5.4　(1)　A：0，B：v_0　(2)　$v_0/2$

問題 5.5　$\sqrt{3}/3$

問題 5.6　省略

問題 5.7　省略

問題 5.8　(1)　44 W　(2)　9.8×10^2 W
(3)　9.8×10^6 W

問題 5.9　$v_0^2/(2\mu'g)$

問題 5.10　等しい

問題 5.11　9

問題 5.12　$\sqrt{2gL(\sin\theta - \mu\cos\theta)}$

章末問題

5.1　だるま落としは，重ねて置いた円柱を下段から木槌で水平に叩いて抜いていき，うまく一番上のだるまを落とす玩具である．下段を叩いて抜くとき，その1つ上の円柱にはたらく力は，円柱同士の摩擦力である．木槌で素早く叩くほど，摩擦力のはたらく時間が短くなり，上の円柱が受ける力積が小さくなる．与えた力積が円柱の運動量の変化であるから，上の円柱の運動量の変化が小さくなるように抜くためには，円柱を思い切って素早く叩いた方がよい．

5.2　0.50 km/s

5.3　(1)　しない　(2)　しない　(3)　する

5.4　(1)　$\sqrt{2\mu gL}$　(2)　0　(3)　$\sqrt{2\mu g(L+L')}$
(4)　衝突直前の速度を $\boldsymbol{v}_0$，斜め衝突後の速度を $\boldsymbol{v}_1$, $\boldsymbol{v}_2$ とする．運動量保存則より $\boldsymbol{v}_0 = \boldsymbol{v}_1 + \boldsymbol{v}_2$，力学的エネルギー保存則より $v_0^2 = v_1^2 + v_2^2$ が得られる．この2つの関係は，3つのベクトルが $\boldsymbol{v}_0$ を斜辺とする直角三角形になることを意味する．すなわち，$\boldsymbol{v}_1$ と $\boldsymbol{v}_2$ は直交する．

5.5　$\sqrt{2m_B E/\{m_A(m_A+m_B)\}}$．3つの粒子 A, B, C に分裂したときには，3つの粒子の速さの向きによって，粒子 A はいろいろな速さになる．

5.6　(1)　1/3　(2)　4

5.7　10 m/s

5.8　11 km/s

第 6 章

問題 6.1 等速円運動をする物体の運動エネルギーは変化しないので，この物体にはたらく力のする仕事は 0 である．したがって，物体にはたらく力は常に運動方向に垂直でなければならない．すなわち，力は円の中心を向く．

問題 6.2 -3.0×10^{-2} m

問題 6.3 0.14 s

問題 6.4 周期：2.0 s，糸の長さ：0.99 m

問題 6.5 4.8 s

問題 6.6 省略

問題 6.7 3.6×10^4 km

問題 6.8 地軸は地球の公転面に対し 23.4° だけ傾いていて，近日点では南緯 23.4° を真上から照らす．北半球は斜めに照らされるため，単位面積当りに受け取る熱量が小さくなり，冬となる．

問題 6.9 45 s

問題 6.10 図 6 の通り．

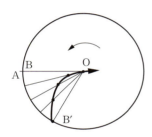

図 6　コリオリ力の図

問題 6.11 北半球で台風に吹き込む風は，右向きにコリオリ力を受ける．よって，反時計回りになる．

問題 6.12 ヒントより図 7 の通り．

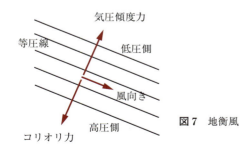

図 7　地衡風

章末問題

6.1 つり合いの位置を原点とし，鉛直下向きを x 軸とする．運動方程式：$md^2x/dt^2 = -kx$
位置：$d\cos(\sqrt{k/m}\, t)$
速度：$-\sqrt{k/m}\, d\sin(\sqrt{k/m}\, t)$

6.2 例えば，ばね定数のわかっているばね（k とする）に体をつけ，振動させて周期 T を測る．体重を m とすると，周期 $T = 2\pi\sqrt{m/k}$ より，体重は $m = kT^2/(4\pi^2)$ と求まる．

6.3 張力：$Gmm'M(r^3 - r'^3)/\{(mr + m'r')^2 r'^2\}$，
周期：$2\pi\sqrt{(mr + m'r')/\{GM(m/r^2 + m/r'^2)\}}$

6.4 7.1×10^{22} kg

6.5 月-地球間の距離：3.8×10^8 m，月の半径：1.7×10^6 m，月の密度：3.4×10^3 kg/m^3

6.6 向心力と万有引力が等しいという式を書くときに用いるべき距離は，実は，地球と太陽からなる系の質量中心からの距離である．地球と太陽の場合は，地球に比べて太陽が十分に質量が大きいため，質量中心が太陽の中心とほぼ一致する．そのため，太陽の質量中心との距離を公転半径と考えてよい．地球を中心と考えるときには，距離を公転半径にすることはできない．

6.7 2.0×10^{30} kg

6.8 (1) 地球の質量を M とすると $mg = GmM/R_E^2$ より，$M = R_E^2 g/G$ が得られる．数値を代入して 6.0×10^{24} kg を得る．

(2) $|x|$ に含まれる質量は $M_x = M(|x|/R_E)^3$ であり，乗り物にはたらく万有引力の大きさは，(1) の値を代入して $GmM_x/|x|^2 = GmM|x|^3/(R_E^3|x|^2) = mg|x|/R_E$ となる．向きは常に中心を向くから $-mgx/R_E$ となる．

(3) $md^2x/dt^2 = -mgx/R_E$

(4) 7.9 km/s

(5) 42 分

6.9 地球と L1 および L2 との距離は 1.5×10^6 km，L3 との距離は 3.0×10^8 km である．

第 7 章

問題 7.1 支点には $W_A + W_B$ の大きさの力が上向きにかかっている．点 A 周りの力のモーメントを考えると，時計回りに $(l_A + l_B)W_B$，反時計回りに $l_A(W_A + W_B)$ がはたらき，つり合っている．すなわち，$(l_A + l_B)W_B = l_A(W_A + W_B)$ となり，整理して (7.1) と同じ式が得られる．

問題 7.2 例えば，物体に糸を取りつけて吊すと，重心は糸を取りつけた位置を通る鉛直線上にある．糸を取りつける場所を変えて 2 回行えば，2 つの線の交わる位置に重心がある．

問題 7.3 (1) GmM/R^2

(2) 万有引力と遠心力との差は，

$$\frac{GmM}{(R-r)^2} - \frac{GmM}{R^2}$$
$$= \frac{GmM}{[R^2\{1-(r/R)\}^2]} - \frac{GmM}{R^2}$$
$$\simeq \frac{GmM}{R^2}\left(1 + \frac{2r}{R} - 1\right) = \frac{2GmMr}{R^3}$$

となる.ここで,$|x| \ll 1$ のとき,$1/(1-x)^2 \simeq 1 + 2x$ の近似を用いた.

月側では,月の引力の方が遠心力よりも大きいため,海面が月側に引っ張られて満潮になる.月の反対側では,遠心力が月の引力より大きいため,海面が外側に引っ張られて満潮になる.したがって,地球が1回自転したときに2回満潮になる.

問題 7.4 $ma^2/2$

問題 7.5 省略

問題 7.6 $ml^2/12 + m(l/2)^2 = ml^2/3$

問題 7.7 (1) $m\{(l+R)^2 + 2R^2/5\}$
(2) $2\pi\sqrt{(l+R)[1+\{2R^2/(5(l+R)^2)\}]/g}$
(3) 同じになる.

問題 7.8 1.1 m/s (3.9 km/h)

問題 7.9 なぜ半回転するかについては,各自考えてほしい.1回転する高さは 120 cm.

問題 7.10 鉛直下向きに x 軸を取り,回転角を φ,糸の張力を S とする.(1) $m d^2x/dt^2 = mg - S$, $I d^2\varphi/dt^2 = RS$ (2) $g/\{1 + I/(mR^2)\}$

問題 7.11 質量 m,半径 R とする.慣性モーメントが大きいほど遅い.一番速いもの:慣性モーメントが1番小さいのは,中心に質量が集まって球状の構造のもの,または,中心軸上に質量が集まった円筒状の構造のもので,半径 R まではできるだけ軽いもので満たしたものである.理想的にはともに $I = 0$ となる.

一番遅いもの:慣性モーメントが1番大きいのは,中空で半径 R のところに質量が集まっている円筒形のもの($I = mR^2$)である.

章末問題

7.1 物体にはたらく力は図8の通り.
(1) $a \geq (h\tan\theta)/2$ (2) $\{(h\cos\theta)/2 \mp a\tan\theta\} \times mg/(h\cos\theta)$(負符号は前,正符号は後ろ)

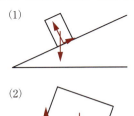

図8 物体にはたらく力

7.2 (1) $\theta = \tan^{-1}\{1/(2\mu_f)\}$ (2) $90°$

7.3 (1) 起き上がり小法師は下部におもりが固定されていて重心が低く,傾けると復元力がはたらき,ひとりでに起き上がるのである.
(2) 大型のタンクローリーの重心は高いので,カーブを曲がるときに,タンクの内容物が遠心力で外側に移動したりすると,少しの傾きで転倒しやすくなる.
(3) 月の重心は月の中心よりも地球に近い位置にあり,起き上がり小法師の原理で,地球からの引力により同じ面を地球に向けている(潮汐ロック).

7.4 (1) $(a/3, b/3)$ (2) $(a/2, 0)$
(3) $(7a/45, 19b/45)$ (4) 円板の中心を原点,穴の中心の位置を正の x 軸上に置くと $(-c^2(a-2c)/(a^2-c^2), 0)$ (5) 球の重心から $(a+h/2)r^2h/(4a^3/3 + r^2h)$ の点.

7.5 独立な3点で平面が決まる.脚が4本ある場合は,より長い3本で床に安定するが,短い4本目が床に届いていないため,そこに重さがかかると沈んでがたつく.

7.6 (1) $Ml^2/2$ (2) Ml^2 (3) $Mb^2/3$

7.7 重心の高い方が,地面と接する点の周りの慣性モーメントが大きくなる.その結果,重心の高い方がゆっくりと倒れる.そのため,制御が容易になる.

7.8 (1) $I d^2\varphi/dt^2 = rF$ (2) rFt/I
(3) $rFt^2/(2I)$ (4) 慣性モーメントは質量に比例するので,回転の加速度は $1/4$ 倍になる.

7.9 $\{1 + I/(MR^2)\}v_0/(g\sin\theta)$

7.10 ローラーを回転させようとする力のモーメントは体重に比例して大きくなる.したがって,ローラーの回転の速さは,体重の重い大人の方が速いので,速く滑り降りる.

第8章

問題 8.1 水蒸気が肌の表面で水に凝縮するとき,大量の潜熱を放出するため.

問題 8.2 減圧する.

問題 8.3 CO_2 の三重点は 5.1 気圧で,1気圧よりかなり上にある.1気圧のもとで温度を上げると,昇華曲線を越えて固体から気体の領域に入り,昇華する.白い「煙」は,空気中の水蒸気が冷却されて細かい水滴(霧)になったものである.

問題 8.4 1.5×10^{11} Pa

問題 8.5 まず,王冠の質量を測って M だったとする.次に,糸に吊した王冠を水に浸けて重さを測り,その目盛りが m だったとしよう.すると,王冠の体積はアルキメデスの原理により,$(M-m)/\rho$ とわかる.ρ は水の密度である.王冠の密度は M を体積で割って,$M\rho/(M-m)$ と求まる.金の密度は銀のそれより 1.84 倍も大きいので,この値が純金の密度の値より有意に小さければ,王冠に銀が混入されたことは間違いないと結論できる.

問題 8.6　11%

問題 8.7　いえない．下底面には水からの圧力がはたらかないので，浮力がはたらかないから．

問題 8.8　同じである．液体の圧力は液面からの深さのみによる．2つの容器で水の深さが同じなので，底での圧力は同じになる．

問題 8.9　省略

問題 8.10　10 m

問題 8.11　魚の体は海水より密度が大きいので，浅海魚にはガス交換による浮力を得るために浮き袋がついている．しかし，高い水圧のため，深海魚はガス交換による浮き袋が使えない．そこで深海魚の中には，浮力を得るために，浮き袋の内容物を気体ではなく海水よりも密度の小さい脂肪にして浮力を得ているものもいる．また，深海魚の中には浮き袋をもたず，脂肪を筋肉中に保持して浮力を得ているものもいる．脂肪は気体に比べてほとんど体積変化しないので，つぶれることはない．

問題 8.12　ホースの口を細くし，ホースを水平からおよそ 45° の角度に向ける．

問題 8.13　(1)　船は流線形をしているため，2つの船の間は船首よりだんだんと狭くなっていて，連続の方程式より流速が速くなる．するとベルヌーイの定理により圧力が低くなり，2つの船は引力を受ける．2枚の紙の間に息を吹き込んでみよう．同じ原理で，紙はお互いに引き合う．

(2)　飛行機の翼の底面は平面，上面は上に凸の流線形である．翼が止まっていて，空気が流れているとしよう．今，底面は水平とすると，上面に沿っての空気の流れは，面がカーブしているため，底面に沿う空気流より流速は速くなる．（空気の流れは層流であるので，翼の後ろで渦を起こさないため．）するとベルヌーイの定理により圧力が低くなり，揚力を受ける．

翼が斜め上向きの場合には，空気が翼の下面で下方に動き，その反動で上向きの揚力がはたらく．

(3)　傘の形をしていると，飛行機の翼と同様に，傘の上面を通る風の速さが下側より速く，胞子が揚力を受けることができるため．

(4)　(1)と同様に，窓の外を流れる空気の速さは速いため，ベルヌーイの定理により窓の外側の圧力が低くなり，室内の空気も減圧される．それで鼓膜が引っ張られて耳が痛くなる．

(5)　横から見て，ボールの回転が反時計回りで左に進むとする．この状態は，ボールがある位置で回転しながら停止していて，空気の流れが右向きであるとしても同じである．ボールの上面を通る空気はボール表面の動きと逆向きなので遅くなり，下面を通る空気は速くなる．したがってベルヌーイの定理により，下向きの力がはたらき，下方に曲がる．

(6)　声帯の狭い隙間を空気が通るとき，ベルヌーイの定理により圧力は下がって声帯が互いに引き合い，弾性のためもとに戻ろうとすることを繰り返すことにより振動する．その振動は単にズズズという音である．それを声にするために，喉と口腔で共鳴させ，口腔を変形させて，「あいうえお」などを発音している．

問題 8.14　省略

問題 8.15　空気の流れの中で静止しているボールを考えても，はたらく力については同じである．無回転ボールでは空気の流れに突発的に渦が生じ，その方向に抵抗を受けて曲がる．渦はランダムに生じるので，いつどのように曲がるのかを予測することができない．

章末問題

8.1　まず臨界温度以下に冷やさないと，いくら圧力をかけても液化しない．成功の秘訣は冷却能力にあった．

8.2　(1)　$(H_1/E_1 + H_2/E_2)F/L^2$

(2)　$(H_1/G_1 + H_2/G_2)F/L^2$

8.3　49 N

8.4　マウンドの上を通り過ぎる風は，マウンドによって押し上げられ風速が上がる．マウンドが高ければ高いほど風速が速くなり，それゆえ圧力が小さくなる．マウンドの高低差によって圧力差が生じるため，それによって巣穴に新鮮な空気が吹き込む．

8.5　深さ $h/2$ の点．

8.6　(1)　$4\pi r^3 \rho_l g/3$

(2)　$(4\pi r^3 \rho_m/3)d^2x/dt^2 = 4\pi r^3 \rho_m g/3 - C\rho_l r^2 v^2/2 - 4\pi r^3 \rho_l g/3$

(3)　$\sqrt{8\pi r(\rho_m - \rho_l)g/(3C\rho_l)}$

8.7　省略

第 9 章

問題 9.1　示強的な物理量の例は，圧力，比熱，密度など．示量的な物理量の例は，体積，粒子数など．

問題 9.2　50 km 付近にはオゾン層があり，太陽からの紫外線を吸収しているため温度が高い．また，90 km 以上では，太陽からの熱を吸収し，希薄な空気分子が高速で運動しているため温度が高い．

問題 9.3　高地では気圧が低く，水が沸騰する温度も低くなる．カップラーメンの麺を戻すには，それだけ余計な時間が必要になる．

問題 9.4　高度 10 km を超えると，高度とともに温度が上昇する．そのため，水蒸気を含んだ暖かい空

気がそれ以上上昇できなくなり，横に広がる．

問題 9.5 省略

問題 9.6 約 116 W

問題 9.7 そばやうどんを入れたときにお湯の温度が変化しないとすれば，2人前でも3分ゆでればよい．その理由は，ゆでるのに必要な熱量は，(温度)×(時間) であり，1人前でも2人前でも温度は100℃で一定なので，時間も同じだからである．吹きこぼれないためには，沸騰を保ったまま火力を下げる．ゆで上がった後に水にさらすのは，反応を止めるためである．

問題 9.8 6.7×10^2 J/(g·K)

問題 9.9 $V = l^3$ を代入して $\beta = \Delta l^3/(l^3 \Delta T) = 3l^2 \Delta l/(l^3 \Delta T) = 3\alpha$ を得る．

問題 9.10 省略

問題 9.11 レールは熱膨張により伸び縮みするので，温度変化に対応できるように隙間を空けている．新幹線などでは，騒音対策などのため，熱膨張率が低いレールを開発した他，列車の車輪は，レールの内側にはまっているため，レールのつなぎ目を斜めカットにし，レールが伸びたときに外側に張り出すようにしている（伸縮継目）．

問題 9.12 アルミ箔の方が熱伝導率がずっとよいので，アルミ箔にくるんだ氷が先に融ける．

問題 9.13 (1) ae^{ax} (2) $2axe^{ax^2}$
(3) $2(x+a)e^{(x+a)^2}$

問題 9.14 a/x

章末問題

9.1 省略

9.2 (1) 自由度が3であるから，分子1個当たりの平均エネルギーは $3k_B T/2$ である．N_A を掛け，T で微分して $3R/2$ を得る．
(2) 自由度が5であるから，同様に $5R/2$ となる．
(3) 自由度が6であるから，同様に $3R$ となる（デュロン–プティの法則）．

9.3 熱気球の下部の穴付近では，気球内部と外部の圧力は等しいが，(9.6) より，高度が増えたときに，気体の温度が高い方が圧力の減少量が少ない．気球内部では，空気は外部に比べて温度が高くなるため，気球上部の内側の圧力が外側に比べて大きいので，気球は浮く．

9.4 (1) $PV_1/(RT_1)$
(2) $VT_1T_2/\{V_1T_2 + (V-V_1)T_1\}$ (3) PV_1/V

9.5 (1) 1.8 m (2) 13 m

9.6 (1) 8.2×10^2 mol (2) 8.5×10^4 J

9.7 熱伝導率は，金属が高く，ゴムは低い．したがって，手の熱は金属に触るとすぐ奪われて冷たく感じるが，ゴムだとゆっくり奪われるのでそうは感じない．

9.8 陸の土は熱伝導率が高く，熱せられやすく，冷めやすい．海水は逆である．昼は陸地が熱せられ，低気圧になって，海から陸に風が吹き，夜は逆である．その境目の朝や夕方は陸地と海水の温度がほぼ等しくなって風が止む．

9.9 コンクリートと空気では，熱伝導率が異なるため，コンクリート構造物の中に空隙があると，日射や気温が変化したときに表面温度に差が生じる．それゆえ，例えば，サーモグラフィーカメラで撮影して表面温度の変化のむらを測定すれば，コンクリートの内部や剥離や空洞などを予測することができる．疑わしい箇所があれば，X線などを用いた，より正確な方法で調べればよい．

第10章

問題 10.1 気体は固体や液体に比べて熱膨張率が大きく，したがって，温度を変えたときに気体が外部にする仕事も大きいからである．

問題 10.2 1.0 J，2.5 J

問題 10.3 省略

問題 10.4 宇宙船が大気圏に突入すると，大気が断熱圧縮されて，高温になる．（大気との摩擦熱の影響はそれに比べると小さく，大気との摩擦のために高温になるというのは間違いである．）

問題 10.5 ヒントの通り，下降気流が断熱圧縮されると，熱力学第1法則により温度が上がる．したがって湿度（相対湿度）が低くなり，乾燥空気に覆われるので砂漠となる．

問題 10.6 0℃での圧力，体積，絶対温度をそれぞれ P_0, V_0, $T_0 (= 273.15$ K$)$ とすると，$PV^\gamma = P_0 V_0^\gamma$ より，

$$K = -V\frac{dP}{dV} = -P_0 V_0^\gamma V \frac{dV^{-\gamma}}{dV}$$
$$= \gamma P \frac{P_0 V_0^\gamma}{PV^\gamma} = \gamma P$$

となる．1 mol の空気を考えると，気体定数を R [J/(K·mol)]，モル質量を M [kg/mol] として，$\rho = M/V$ だから，$\sqrt{K/\rho} = \sqrt{\gamma P/\rho} = \sqrt{\gamma PV/M} = \sqrt{\gamma RT/M}$ なので，

$$v(t) = \sqrt{\gamma \frac{(RT_0 + t)}{M}} = v(0) \times \sqrt{\frac{T_0 + t}{T_0}}$$
$$\simeq v(0)\left(1 + \frac{t}{2T_0}\right)$$

と求まる．ここで，$v(0) = \sqrt{\gamma RT_0/M}$ である．

問題 10.7 省略

問題 10.8 2.0×10^3 J，1.4×10^3 J

問題 10.9 浮力は，表面各点にはたらく圧力を積

分したものとなる．圧力は面に垂直にはたらくので，その合力である浮力は円柱の中心を斜めに押し上げる力となり，回転力にはならない．

問題 10.10 図9の通り．

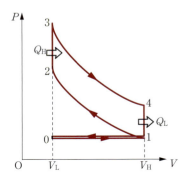

図9　ガソリンエンジンの P-V グラフ

問題 10.11 図10の通り．

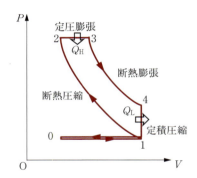

図10　ディーゼルエンジンの P-V グラフ

章末問題

10.1（1）H_2O の分子量は 18，N_2，O_2 の分子量はそれぞれ 28，32 なので，水蒸気は大気の主成分である窒素や酸素より軽い．同じ圧力，体積，温度では，含まれる分子数は同じなので，湿った空気の方が軽くなる．
（2）断熱膨張では，熱の流入なしに膨張するので，熱力学第1法則により，外へ仕事をした分だけ内部エネルギーが減少し，温度が下がる．
（3）水蒸気が水滴として凝結する際，大量の凝結熱を放出する．そのため温度が上がる．
10.2（1）(a)，(b)，(c) すべて等しい．
（2）(a)＞(b)＞(c)
（3）(a)＞(b)＞(c)
10.3（1）$nRT_0/(P_0S + Mg)$　（2）$2T_0$
（3）nRT_0　（4）$5nRT_0/2$
10.4（1）図11の通り．ただし，(a) の過程を行った後の状態の体積を V_1，(b) の過程を行った後の状態の圧力を P_1 とした．

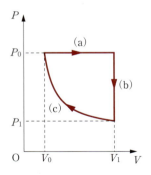

図11　P-V グラフ

（2）外部にした仕事，吸収した熱量，内部エネルギーの変化の順に
(a)　$P_0V_0(T_1/T_0 - 1)$，$5P_0V_0(T_1/T_0 - 1)/2$，$3P_0V_0(T_1/T_0 - 1)/2$
(b)　0，$3P_0V_0(1 - T_1/T_0)/2$，$3P_0V_0(1 - T_1/T_0)/2$
(c)　$P_0V_0\ln(T_0/T_1)$，0，$P_0V_0\ln(T_0/T_1)$
（3）$2\{T_1/T_0 - 1 + \ln(T_0/T_1)\}/\{5(T_1/T_0 - 1)\}$
10.5　6.6 K
10.6　単位時間当りに屋内に放出する熱の大きさを Q_H，屋外から吸収する熱の大きさを Q_L とすれば，エアコン暖房の場合は，単位時間当り $Q_H - Q_L$ の消費電力しか要さないのに対し，電気ストーブの場合は単位時間当り Q_H の消費電力が必要になる．したがって，エアコン暖房は，電気ストーブに比べて少ない消費電力ですむことになる．
10.7　省略

第 11 章

問題 11.1　断熱過程は，理想気体の温度を低温熱源の温度または高温熱源の温度にするのに必要だからである．
問題 11.2　いろいろなサイクルの中でカルノーサイクルは，T-S グラフにおいて曲線に囲まれた領域が長方形になり，面積が最大になる．すなわち，$Q_H - Q_L$ が最大となる．したがって，効率は最大になる．いろいろなサイクルの中でカルノーサイクルの効率が最大ではあるが，等温過程が非常に遅いので，自動車のエンジンなどではカルノーサイクルは利用されてない．
問題 11.3　省略
章末問題
11.1　可逆である．空気の摩擦がなければ永久に振れ続ける．

11.2 6.7%．効率が悪すぎる．

11.3 省略

11.4 上の導出の計算で $\Delta Q_L/T_L$ を使っており，上の議論を $T_L = 0$ の場合に単純に適用することはできない．

11.5 熱効率は第1種永久機関では無限大，第2種永久機関では1である．

11.6 いえない．水力発電や風力発電のエネルギー源は太陽であり，太陽からの熱が途絶えたら使えない．地熱発電は地球内部に蓄えられた熱を利用しているが，地球が冷えてしまうと使えない．

11.7 しきりを取り去る前と取り去った後での気体の温度は等しい．したがって，しきりを取り去る前と，しきりを取り去った後の状態を仮想的に等温膨張によって十分にゆっくりと変化させたとすると，そのとき，気体に外部から加えられる仕事は負であるから，熱力学第1法則より，気体に外部から加えられる熱は正となる．エントロピーの変化は途中の経路によらない．しきりを取り去る前と比べて，取り去った後はエントロピーは増加している．

一方で，十分にゆっくりと図の右端まで動かしたときは，断熱膨張であるから熱の出入りはなく，エントロピーの変化は 0 である．この場合は，気体は外部に仕事をしているので，気体の温度はしきりを瞬間的に取り去ったときに比べて低くなっている．

11.8 (1) 41 ℃ (2) 1.08×10^3 J/K

11.9 15 J/K

11.10 図 12 の通り．

第 12 章

問題 12.1 図 13 の通り (実線：合成波，破線：右向きの波，点線：左向きの波)．

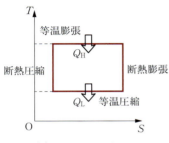

(1) カルノーサイクル

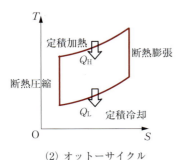

(3) ディーゼルサイクル

図 12 *T-S* グラフ

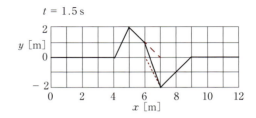

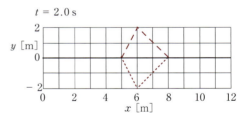

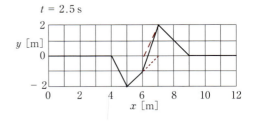

図 13 2つの波の重ね合わせ

問題 12.2 図 14 の通り (実線：合成波，破線：入射波，点線：反射波)．

問題 12.3 図 15 の通り (実線：合成波，破線：入射波，点線：反射波)．

問題 12.4 図 16 の通り．

問題 12.5 音の高さ，すなわち，振動数を小さくするためである．長さ L の弦で生じる基本振動の波長は $2L$ であり，振動数 f は，弦を伝わる音速を v として $f = v/(2L)$ となり，速さに比例する．振

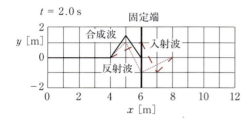

図 14 固定端で反射

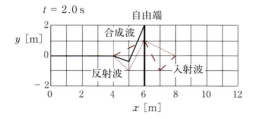

図 15 自由端で反射

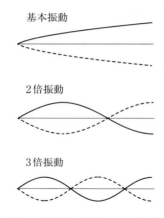

図 16 片端（左端）固定の振動

動数を小さくするには，弦の長さを長くすればよいが，物理的制限がある．そこで，ヒントのように $v = \sqrt{T/\rho_1}$ であるから，線密度が大きいほど振動数は小さくなるので，金属の巻線により低い音を出せるようにしている．

問題 12.6 管楽器は，管内にその長さに合った定常波を作り音を出している．通常は，管をスライドさせるなどして管の長さを調節するが，オーボエ（とファゴット）は，管を抜き差しして音の高さを調節することができない．そこで，オーボエを基準にして，皆がそれに合わせているのである．

問題 12.7 (1) 水深は海岸に近づくほど浅くなっていく．したがって，波は海岸に近いほど遅くなる．海岸線に対して斜めに入射する波面を考えよう．海岸に近い方の素元波は，速度が小さいので半径も小さい．沖の方の素元波は，速度が大きいので半径も大きい．したがって，波は海岸線に平行になっていく．

(2) 沖での津波の波長は数 km にも及び，スピードも速く波高は低い．海岸に近づくと水深が浅くなるのでスピードが遅くなり，後ろから来る波が前の波に重なって高くなる．

問題 12.8 夜は地上が冷え，大気は暖かい．音速は温度が高いほど大きい．したがって，夜は，音源からの音が屈折して地上に降りてくるので，遠くの音が聞こえやすい．逆に昼間は，音源からの音は屈折して地上から離れて行くため聞こえにくい．

問題 12.9 1 s 間に 1 回（0.995 回）

問題 12.10 反射角は 30°，屈折角は 22°．

問題 12.11 $\theta = \cos^{-1}(n_2/n_1)$

問題 12.12 図 17 (a) のように，主虹では球形の水滴の上側から入射した太陽光が，水滴の中で屈折，反射，屈折して目に届く．このとき，波長の短い青い光ほど屈折角が大きいので，上側に赤，下側が紫の虹ができる．

副虹では，図 17 (b) のように，入射した太陽光が水滴内で 2 度反射するので，水滴の下側から入射して上側から出てくる太陽光を見ている．そのため色の順序が逆転する．

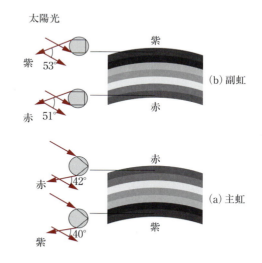

図 17 (a) 主虹と (b) 副虹の原理

問題 12.13 空が青い理由：波長の短い青い光が，空気分子などに散乱されて目に届くからである．（波長の長い赤い光は散乱されにくいため，ほぼ直進する．）

海が青い理由：海水中では，青い光は透過しやすく，反射，屈折して目に届くからである．赤い光は吸収されてしまう．

葉が緑色である理由：葉緑体が光合成するときに，青と赤の光を吸収するためで，不要な緑色の光は透過・反射して目に届く．

問題 12.14 (1) 6.32×10^{-7} m (2) 0.0903 mm (3) $n = 0$ の位置は 2 つのスリットからの距離が等しいので，いろいろな波長はすべて強め合って，白の明線ができる．$n = 1$ では，波長が短いほど明線の中心からの距離が小さくなるので，中心に近いほうから紫 → 赤の虹色の線ができる．

問題 12.15 入射光を薄膜に垂直に入射させて，反射光の強度を測定する．薄膜表面で反射した光と，薄膜裏面で反射した光が干渉し，強め合う条件は (12.25) で与えられる．空気中に置かれた薄膜に光を垂直に入射して，波長を反射光が弱め合う波長 λ_1 から λ_2 まで変化させる．その間の反射光の強め合う数を m とすれば，$m = nd(1/\lambda_2 - 1/\lambda_1)$ より膜厚 d を求めることができる．ただし，n は空気に対する相対屈折率で，既知とする．

章末問題

12.1 図 18 のように点 A，B から点 P までの距離 $\overline{PA}$ と $\overline{PB}$ の差を $x = (\overline{PA} - \overline{PB})$ とすれば，P における点 A からの波と点 B からの波は，位相が $2\pi x/\lambda$ だけ異なる．したがって，$\overline{AB}$ に比べて波長 λ が長い場合には，P に到達する A と B からの波の位相差が小さく，波の山と山がほとんど重なる．

一方，波長 λ が短い場合には，波面 AB 上の各波源からの P への波は位相が異なるので，打ち消し合って消える．したがって，隙間が波長に比べて広いときは，ホイヘンスの原理によって波はほぼ直進し，回折は目立たない．

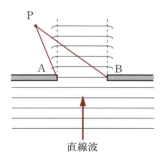

図 18 波の回折

12.2 8 箇所

12.3 (1) 0.386 m (2) 880 Hz, 1320 Hz (3) 220 Hz (4) 高くなる

12.4 1.0×10^3 N

12.5 33.3 m/s (120 km/h)

12.6 シャボン玉の膜の厚さは可視光線の波長とだいたい同じであり，シャボン玉の膜の表面と裏面で反射した可視光線が干渉する．このとき，場所によって膜の厚さが少しずつ違うことで，干渉する光の波長が異なり，虹のような模様になる．

12.7 $\lambda/(4n_1)$

12.8 媒質へ入射した光は法線に近づくように屈折する．光を粒子と考えると，表面で下向きに力を受け，下向きに加速されたことになる．この場合，媒質中の光速は，真空中より大きくなるはずである．

12.9 人の目には角膜と水晶体というレンズの役割をする部分があり，光の屈折を調節して網膜に像を映し出している．角膜は球面をなして，光の屈折の大半を担っている．すなわち，空気から入射した光は，角膜でまず大きく屈折される．ところが水中では，水と角膜との屈折率の差が小さく，屈折を調節しきれなくなり，ものがぼやけて見える．

12.10 これは光環とよばれる現象であり，そういうときには，大気中に花粉などの多くの微粒子が浮遊している．これらの微粒子に光が当たると，その光が微粒子によって回折される．太陽光はいろいろな色の光を含んでいるが，波長によって回折する角度が変わるので虹のように見えるのである．

12.11 m 番目の明線の位置：$\{m - (1/2)\}\lambda/(2\tan\theta)$

第 13 章

問題 13.1 電荷には正と負の 2 種類があり，異符号の電荷は引き合って全体として電荷は 0 となる．すると，電気力ははたらかない．磁気に関してもほぼ同様である．すなわち通常，物質は中性（電荷が 0）なので，電気力ははたらかない．一方，質量は正の値を取り，万有引力はその名の通り引力のみがはたらくので，宇宙では支配的となる．

問題 13.2 3.0×10^{-7} C

問題 13.3 水面に 1 円玉が浮かぶのは，表面張力による．1 円玉の周りの水面はへこんでいる．へこんでいるもの同士はくっつく．一方で，水よりも比重の小さい木片は，浮力によって水に浮かぶが，木片は水に濡れて，水面は盛り上がっている．盛り上がった水面とへこんだ水面は反発する．

問題 13.4 (1) 0 (2) $Q > 0$ のとき点電荷 $2Q$ から重心の向きで，強さは $3Q/(4\pi\varepsilon_0 a^2)$ [N/C].

問題 13.5 運動方程式：$md^2x/dt^2 = qE$，$t = 0$ での荷電粒子の位置を原点とし，電場の方向を x 軸とする．位置：$\{E/(2m)\}t^2 + v_0 t$，速さ：$(qE/m)t + v_0$

章末問題

13.1 スマートフォンやタブレットの多くは，静電容量式というタッチパネルの方式が採用されている．人間の身体は導体といってよい．静電容量式

タッチパネルで指を近づけると，パネル表面の電荷分布が変わり，この変化を検出することによって，タッチした位置を特定している．手袋などの電流を流しにくいもので触れても電荷分布が変わらないので，反応しない．

13.2 (1) 開く (2) (1)より小さく開く (3) 閉じる（電圧は数百V以上なので，木は電気を伝える）

13.3 距離 r [m] だけ離れた電気量 q [C], Q [C] の点電荷にはたらく静電気力を考えよう．電気量の積のべき乗になることは明らかである．なぜなら，一方が 0（中性）のとき，力は 0 にならなければならないからである．そこで，電気力が $1/r^2$ に比例することは既知とし，静電気力が点電荷の積の n 乗に比例するとする．すると，比例定数を $1/(4\pi\varepsilon_0)$ として，電荷 q にはたらく静電気力の大きさ F は，$F = (qQ)^n/(4\pi\varepsilon_0 r^2)$ と書ける．
一方で，電荷 Q を電気量 $Q/2$, $Q/2$ の 2 つの電荷の和であるとすれば，電荷 q にはたらく静電気力の大きさ F は，$F = 2(qQ)^n/\{(2^n)\pi\varepsilon_0 r^2\}$ と書くこともできる．この 2 つが等しくなるのは $n = 1$ 以外ない．したがって，点電荷間にはたらく静電気力は，点電荷の電気量の積に比例する．

13.4 向きは $-y$ 方向で強さは $qd/[4\pi\varepsilon_0(x^2+(d/2)^2)^{\frac{3}{2}}]$. $d \ll x$ の極限での強さは $qd/(4\pi\varepsilon_0 x^3)$ になる．

13.5 1.02×10^{-19} C

13.6 (1) $2\pi a\lambda x/[4\pi\varepsilon_0(x^2+a^2)^{\frac{3}{2}}]$. 特に $x \gg a$ の場合は，$2\pi a\lambda x/(4\pi\varepsilon_0 x^2|x|)$ となり $2\pi a\lambda$ の電荷が作る電場と一致する． (2) $\sigma/(2\varepsilon_0)(x/|x| - x/\sqrt{x^2+a^2})$.

13.7 半径：$\dfrac{3}{2}\sqrt{\dfrac{\eta(v_- + v_+)}{g(\rho_\text{油}-\rho_\text{空気})}}$

電荷：$\dfrac{9\pi(v_- - v_+)}{2E}\sqrt{\dfrac{\eta^3(v_- + v_+)}{g(\rho_\text{油}-\rho_\text{空気})}}$

第 14 章

問題 14.1 $4\pi a^3 \rho/3$

問題 14.2 (1)は球の中心からの，(2)〜(5)は円筒軸からの距離を r [m] とする．
(1) $r > a : \rho a^3/(3\varepsilon_0 r^2)$, $r < a : \rho r/(3\varepsilon_0)$ 向きは球の中心から放射状に広がる向き． (2) $r < a : 0$, $r > a : \sigma a/(\varepsilon_0 r)$ 向きは円筒の軸に垂直に遠ざかる方向． (3) $r < a : 0$, $a < r < b : \sigma a/(\varepsilon_0 r)$ 向きは円筒の軸に垂直に外向き．$r > b : \sigma(b-a)/(\varepsilon_0 r)$ 向きは円筒の軸に垂直に内向き． (4) $r < a : \rho r/(2\varepsilon_0)$, $r > a : \rho a^2/(2\varepsilon_0 r)$ 向きは円筒の軸に垂直に遠ざかる方向． (5) $r < a : 0$, $a < r < b : \rho(r^2-a^2)/(2\varepsilon_0 r)$, $r > b : \rho(b^2-a^2)/(2\varepsilon_0 r)$ 向きは円筒の軸に垂直に遠ざかる方向．

問題 14.3 (1) 1.8×10^{-8} F (2) -18 C (3) 8.9×10^9 J

章末問題

14.1 (1) F/q (2), (3) $\varepsilon_0 F/q$

14.2 球の中心からの距離を r [m] とする．
(1) 電場の強さ $r > b : \sigma(b^2-a^2)/(\varepsilon_0 r^2)$ 向きは中心に向かう向き（$-\sigma < 0$ のため），$b > r > a : \sigma a^2/(\varepsilon_0 r^2)$ 向きは中心から遠ざかる向き（$\sigma > 0$ のため），$a > r : 0$ 電位 $r > b : (b^2-a^2)\sigma/(3\varepsilon_0 r)$, $b > r > a : -\sigma(b-a^2/r)/\varepsilon_0$, $a > r : -\sigma(b-a)/\varepsilon_0$
(2) 電場の強さ $r > b : \rho(b^3-a^3)/(3\varepsilon_0 r^2)$, $b > r > a : \rho(r^3-a^3)/(3\varepsilon_0 r^2)$ 向きは中心から放射状，$a > r : 0$, 電位 $r > b : \rho(b^3-a^3)/(3\varepsilon_0 r)$, $b > r > a : \rho(3b^2-r^2-2a^3/r)/(6\varepsilon_0)$, $a > r : \rho(b^2-a^2)/(2\varepsilon_0)$ (3) 電場の強さ $r > a : Aa^5/(5\varepsilon_0 r^2)$, $a > r : Ar^3/(5\varepsilon_0)$ 向きは中心から放射状，電位：$r > a : Aa^5/(5\varepsilon_0 r)$, $a > r : A(5a^4-r^4)/(20\varepsilon_0)$

14.3 陽極の電荷密度を σ とすると，中心から r の位置での電場の強さ E は $E = a\sigma/(\varepsilon_0 r)$ である．電圧 V は電場を a から b まで積分して $V = a\sigma \ln(b/a)/\varepsilon_0$ を得る．この 2 つの式から(14.27)を得る．

14.4 $\pi\varepsilon_0/\{\ln(d/a-1)\}$

14.5 図 19 の通り．

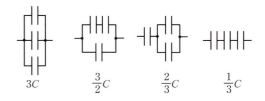

図19 3つのコンデンサの接続法

14.6 C_1 に蓄えられた電荷を Q_1, C_2 に蓄えられた電荷を Q_2 とする．$Q_1 = C_1 V_0$, $Q_2 = C_2 V_0$ であり，エネルギーの総和は，$(Q_1 V_0 + Q_2 V_0)/2 = (C_1 + C_2)V_0^2/2$ である．
(1) スイッチを閉じた後の電荷 Q は $|Q| = |Q_1 - Q_2| = |C_1 - C_2|V_0$ であり，合成容量 C は $C = C_1 + C_2$ である．したがって，蓄えられたエネルギーは $Q^2/(2C) = |C_1-C_2|^2 V_0^2/\{2(C_1+C_2)\}$ である．比を取ると $(C_1-C_2)^2/(C_1+C_2)^2$ を得る．
(2) 実際には，導線にも抵抗があり，失われたエネルギーの一部はその抵抗によって熱エネルギーに変換された．また，残りはコンデンサの間から発生する電磁波のエネルギーとして放射された（抵抗が発生するジュール熱については第 15 章，電磁波については第 16 章参照）．

14.7 (1) $Q^2\Delta x/(2Cd)$　　(2) $Q^2/(2Cd)$

第15章

問題 15.1 0.074 mm/s

問題 15.2 銅線の中におびただしい数（1 mol 当りアボガドロ定数個）の自由電子が線に沿って存在しており，スイッチを入れると電圧（光速で伝わる）を感じてそれらが一斉に動き出すので，瞬時に電流が流れ，部屋の電気がつく．

問題 15.3 16倍

問題 15.4 $\rho_0 = 2.1 \times 10^{-8}\,\Omega\cdot\text{m}$, $4.2 \times 10^{-3}/\text{K}$

問題 15.5 22 Ω

問題 15.6 (1) 10 Ω　　(2) c → b

章末問題

15.1 $R_3 > R_1 > R_2$

15.2 (1) $2R/3$　　(2) $3R/4$　　(3) R
(4) $(1+\sqrt{5})R/2$

15.3 $R = r$ のとき．

15.4 R_1 に 1 A，R_2 に 2 A，ともに右向き．R_3 に 3 A で左向き．

15.5 抵抗が大きいときは(a)，小さいときは(b)．

15.6 (1) 図20の通り．　　(2) 図20の通り．

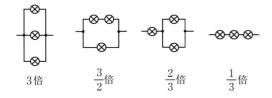

図20　3つの電球

15.7 たこ足配線をすると，並列に負荷が接続されていることになる．その数が多いと電源タップには大きな電流が流れることになり，それにより，ブレーカーが落ちたり，電源タップ内で発火したりしてしまう場合がある．

第16章

問題 16.1 電流の定義式(15.1)に数値を代入すると，定義通りになっていることがわかる．

問題 16.2 長さ a のコイルの辺には，大きさは IaB で，それぞれ鉛直下向きと上向きに，コイルを反時計回りに回転させようとする力がはたらく．長さ b の辺には，大きさは $IbB\sin\theta$ で，コイルを縮めようとする力がはたらく．この力は回転には寄与しない．

問題 16.3 (1) $\boldsymbol{E} = -\boldsymbol{v}\times\boldsymbol{B}$　　(2) $v = E/B$

問題 16.4 磁場の方向らせんの軸とするらせん運動をする．

問題 16.5 磁場に関するガウスの法則は，$\Phi_\text{M} = \oint_S \boldsymbol{B}\cdot d\boldsymbol{S} = Q_\text{m}$ と書きかえられる．ここで，Q_m は閉曲面 S に含まれる磁荷の総和である．

問題 16.6 円筒軸からの距離を r [m] とすれば，$r > a : \mu_0 I/(2\pi r)$，右ねじの向き．$r < a : 0$

章末問題

16.1 導線内には負電荷をもつ電子の他に，正電荷の原子核があり電気的に中性になっている．電子と同じ速度で運動している観測者からは，電子が静止しており，原子核の正電荷が逆向きに運動しているように見えるので，同じように平行に電流が流れていることになり，電流間には引力がはたらいている．

16.2 (1) 各辺に大きさ IBl の力．向きは，面内であり，向かい合う辺で互いに逆向き．　　(2) 磁場が電流と平行な辺の力は0，電流と垂直な辺には大きさ IBl で磁場と電流に垂直な偶力．

16.3 力は $+z$ 方向，その大きさは，$\mu_0 q v_0 I/(2\pi a)$．荷電粒子は，力を電流と直接及ぼし合っているのではなく，電磁場を通して，力を及ぼし合っている．そのため，ローレンツ力の反作用は荷電粒子が電流に及ぼす力ではなく，荷電粒子による電磁場の変化である．実際に，電磁場の運動量を考えることにより，広い意味での作用反作用の法則が説明できる．

16.4 (1) 0　　(2) $\sqrt{3}I/(\pi d)$

16.5 省略

16.6 中心軸からの距離を r [m] とすれば，磁場の方向は右ねじの法則の向きで，$r > c : 0$，$c > r > b : \mu_0 I(c^2 - r^2)/\{2\pi r(c^2 - b^2)\}$，$b > r > a : \mu_0 I/(2\pi r)$，$r < a : \mu_0 I r/(2\pi a^2)$．

16.7 半径 r ($r_1 < r < r_2$) では $\mu NI/(2\pi r)$．

16.8 (1) 1.3 T　　(2) 6.3×10^3 N/m で向きは外向き．　　(3) 1.0×10^3 N/m で，向きはお互いに引き合う向き．

第17章

問題 17.1 レンツの法則により，磁石の落下を妨げる向きに電流が流れる．磁石の下側では，N 極に反発するため，N 極ができるように図21の向きに電流が流れる．磁石の上側では，S 極を引きつけるため，N 極ができるように図21の向きに電流が流れる．

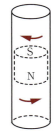

図21　アルミパイプと磁石

問題 17.2 $2.0 \times 10^2\,\Omega$, 0.71 A

問題 17.3 省略

問題 17.4 省略

問題 17.5 $V = -LdI/dt$ の式により，電流の時間変化が大きいとき，高い電圧が生じ，火花放電が起こる．

問題 17.6 電場と磁場の比の式
$$E_x/H_y = \sqrt{\mu_0/\varepsilon_0}$$
に $B_y = \mu_0 H_y$ を代入して，
$$E_x/B_y = 1/\sqrt{\varepsilon_0 \mu_0} = c$$
が得られる．

問題 17.7 (1) 直線偏光（偏光面は x 軸に対して $+45°$ だけ傾いている）．
(2) 直線偏光（偏光面は x 軸に対して $-45°$ だけ傾いている）．
(3) 右回り円偏光
(4) 左回り円偏光

章末問題

17.1 (1) IH クッキングヒーターでは，数十 kHz の交流磁場が磁性の鍋に誘導電流を起こし，ジュール熱によって加熱する装置である．交流磁場は，インバータによって生成した同じ周波数の交流電流を鍋直下のコイルに流して生成する．
(2) ワイヤレス給電器は，送信コイルからの交流磁場を受信コイルで受け，誘導起電力により生じる電流を整流して直流電圧を生成し，給電している．
(3) IC カードでは，その中の IC モジュールが読み取り機からの電波を受信し，情報を送受信する仕組みである．電波受信には，電磁誘導の原理が用いられている．

17.2 素電荷を e とすると，自由電子にはローレンツ力 $F = evB$ が導体棒に沿った向きにはたらく．したがって電場の強さ E は $E = F/e = vB$ となり，導体棒の長さ l を掛けて起電力 $V = vBl$ を得る．

17.3 引き下げ導線に電流が流れると，その電流によって磁場が発生し，その磁場の変化によって周りの電線に誘導電流が流れる．そして，その誘導電流が，機器の故障の原因になる．

17.4 71 V

17.5 (1) 送電線にもわずかであるが抵抗がある．長い距離を送る場合，送電線の抵抗 R で消費される電力 ΔP は無視できなくなる．ここで，同じ電力 P を送る場合に，電流の大きさ I が小さい方が，すなわち，電圧 V が大きい方が，送電線の抵抗 R で消費される電力が小さくなる（$\Delta P = I^2 R = P^2 R / V^2$）．そこで，電力を発電所から家庭まで送る際に，変圧器で高電圧に変換して送っている．現在，発電所から変電所までの送電には 500 kV 送電が多く用いられている．

(2) 直流送電では，送電設備が整備され始めた当時，直流電圧を昇圧する方法が確立されておらず，(1)で論じた送電損失が大きく，遠くまで送電できなかった．

17.6 $1/\sqrt{LC}$

17.7 $0.22\,\mu$H 以上．

17.8 (1) 187.1〜565 m (2) 3.3〜3.9 m
(3) 1.35〜3.3 m

17.9 偏光板では，向きが揃った長いヨウ素化合物が並んでいる．その方向に振動する直線偏光が入射すると，化合物上の電子はその方向に動くことができ，したがって光を吸収する．化合物が揃っている方向と垂直方向に振動する直線偏光に対しては，電子は動けず，光を透過する．

液晶画面では，液晶を用いて偏光を制御しているので，透過して来る光はある方向に直線偏光している．したがって，偏光板をその方向に合わせると光は透過できず，画面は暗くなる．

17.10 透明なセロハンなどは製造過程で方向性をもち，光が複屈折する．複屈折とは，縦横の方向によって屈折率が異なることであり，その屈折率も波長に依存する．偏光板で方向が揃った偏光がセロハン等で複屈折し，2 枚目の偏光板で選ばれた波長の光が目に届く．片方の偏光板を回すことによって選ぶ波長が異なるため，色が変わって見える．

17.11 (1) 9.4×10^2 W/m^2 (2) 電場：6.0×10^2 V/m，磁場：2.0×10^{-6} T

第 18 章

問題 18.1 2.6×10^8 m/s

問題 18.2 相対性原理により，「兄から見ても弟は高速で移動していたのだから，兄が老人になっていてもよいはずである」ということになってパラドックスのように見える．

しかしながら，兄は地球を出発して戻ってきたので，出発時，引き返すとき，着陸時に加速度運動をしている．したがって，兄と弟とでは，運動が異なる．このことにより，兄と弟で時間の差が生じてもよく，実際に起こり得る現象となる．

問題 18.3 宇宙船 A の長さの方が，宇宙線 B の長さよりも短い．

問題 18.4 宇宙船 B から見ると，A の宇宙船はさらに縮んで見える．

問題 18.5 $\gamma \simeq 1 + \beta^2/2 \simeq 1$，$\beta c = V$ より．

問題 18.6 省略

問題 18.7 省略

問題 18.8 5.0×10^8 倍（5.0億倍）

問題 18.9 省略

問題 18.10　30 km

章末問題

18.1　2.7×10^{-16} s

18.2　図 18.3 のように，列車の中央から光を発射した場合を考える．光が前端と後端に到着したときに，それぞれの時計を $t = 0$ に合わせる．これを列車の外の観測者から見てみよう．列車の外の観測者からは，2 つの時計の間隔はローレンツ収縮をして，$D\sqrt{1-(V/c)^2}$ となっている．光が前端に到着する時刻 $T_\text{前}$ は $cT_\text{前} = D\sqrt{1-(V/c)^2}/2 + VT_\text{前}$ の関係を満たし，光が後端に到達する時刻 $T_\text{後}$ は $cT_\text{後} = D\sqrt{1-(V/c)^2}/2 - VT_\text{後}$ の関係を満たす．したがって，外の観測者から見た，光が前端に到達する時刻と後端に到達する時刻の時間差 Δt は $\Delta t = T_\text{前} - T_\text{後} = DV\sqrt{1-(V/c)^2}/(c^2 - V^2) = DV/(c^2\sqrt{1-(V/c)^2})$ であり，前端の時計に光が到達する時刻が，後端の時計に光が到達する時刻に比べて遅い．時計は列車の外の観測者から見て運動しているので，$\sqrt{1-(V/c)^2}$ の因子だけ，ゆっくりと時を刻んでいる．したがって，列車の外の観測者から見ると，後端の時計が先に $t = 0$ に合わせられ，前端の時計を $t = 0$ に合わせるときには，後端の時計は $t = \Delta t \times \sqrt{1-(V/c)^2} = VD/c^2$ を指し示していることがわかる．

18.3　(1) K 系，K' 系とも原点に時計を置き，K 系，K' 系の原点が一致したときに $t = t' = 0$ に合わせたとする．$x' = 0$，すなわち $x = c\beta t$ に置かれた時計はローレンツ変換 $ct' = \gamma(ct - \beta x)$ に $x = c\beta t$ を代入して，$ct' = \gamma(ct - \beta x) = \gamma(1 - \beta^2)ct = \sqrt{1-\beta^2}\,ct$ を得る．$\beta = V/c < 1$ より，動いている時計は遅れて見える．

(2) K' 系に置かれた長さ l' の棒を，K 系では長さ l と見えるとしよう．$l' = x_2' - x_1'$ として，$x' = \gamma(x - ct)$ を代入すると，$l' = \gamma(x_2 - \beta ct_2 - x_1 + \beta ct_1)$ となる．ここで，K 系での時計は同じ $(t_1 = t_2)$ であるから，$l = l'/\gamma \leq l'$ となる．$1/\gamma < 1$ より，動いている棒は縮んで見える．

(3) $s_2 = (ct_2, x_2, y_2, z_2)$ などとおくとき，$(s_2' - s_1')^2 = (s_2 - s_1)^2$ となることを以下に示す．$(s_2' - s_1')^2 = (x_2' - x_1')^2 + (y_2' - y_1')^2 + (z_2' - z_1')^2 - (t_2' - t_1')^2 = \gamma^2(x_2 - \beta ct_2 - x_1 + \beta ct_1)^2 + (y_2 - y_1)^2 + (z_2 - z_1)^2 - \gamma^2(ct_2 - \beta x_2 - ct_1 + \beta ct_1)^2 = \gamma^2(1 - \beta^2)\{(x_2 - x_1)^2 - c^2(t_2 - t_1)^2\} + (y_2 - y_1)^2 + (z_2 - z_1)^2 = (s_2 - s_1)^2$

18.4　確かに，光は伝わる媒質がなく，また，どの座標系でも同じ速さなので，ドップラー効果は起こらないと思うかもしれない．しかし，光源に置かれた時計と，観測者が持っている時計で時間の進み方が異なるので，その結果，光についても 2 つの場合で異なる結果を得る．また，それらの結果は，非相対論的極限で，音波のドップラー効果の形と一致する．

18.5　8.67×10^{-7} s，260 m

18.6　$3c/4$（左向き）

18.7　結論は，「どちらから見てもガレージに収まる」というものである．ガレージから見ると，自動車はローレンツ収縮しているのでガレージに収まる．逆に自動車から見たとき，自動車の後端がガレージの入り口に達した瞬間と自動車の先端がガレージの奥に達した瞬間とが同時刻であり，やはりガレージに収まる．

18.8　3.6×10^{-14} kg

18.9　(1)　9/16　　(2)　25/144

18.10　1.08×10^{-11} J，3.61×10^{-20} kg·m/s

18.11　(1)　3.9×10^{26} W　　(2)　4.3×10^9 kg/s
(3)　1.5×10^{13} 年

第 19 章

問題 19.1　静止していた電気量 1.602×10^{-19} C の電荷を一様な電場のもとで加速する場合を考える．初めの位置と，そこから距離 d だけ離れた位置の電位差を 1 V とすると，電荷が電場から受ける力の大きさは $F = qV/d = 1.602 \times 10^{-19}/d$ [CV/m] であるから，電荷が得る運動エネルギーは，$E = Fd = 1.602 \times 10^{-19}/d$ [CV/m] $\times d = 1.602 \times 10^{-19}$ CV $= 1.602 \times 10^{-19}$ J．したがって，1 eV $= 1.602 \times 10^{-19}$ J となる．

問題 19.2　これは人智を超えるとしかいいようがない．そもそも波とか粒子とかは，日常の経験から人間が認識，区別している概念であり，自然はそんな人間の概念などはあずかり知らない．

問題 19.3　原子の周りのすべての電子は，基底状態に落ち込んでしまう．（原子半径は重い原子ほど小さくなる．）さらに，原子と原子が近づくと爆発的に反応して，より大きな塊になるということであり，とても現在のような自然にはならない．

問題 19.4　中性子の数が偶数であること．（ただし，2 つの原子がクーパー対を作って BEC を起こす場合もある．）

問題 19.5　$(f)(f)(f)(\ )$，$(f)(f)(\ )(f)$，$(f)(\ )(f)(f)$，$(\ )(f)(f)(f)$ の 4 種類．

問題 19.6　重い質量のアルファ粒子が大角度に散乱されるということは，それより重いものが中に含まれていることを意味する．また，それがまれにしか起こらないということは，その大きさが非常に小さいことを意味する．

　金は金箔として均一に非常に薄くでき，α 粒子が

問題 19.7　656 nm

問題 19.8　$\gamma_{ボーア} = \varepsilon_0 h^2/(\pi e^2 m) = 8.854 \times 10^{-12} \times (6.626 \times 10^{-34})^2 / \{\pi (1.602 \times 10^{-19})^2 \times 9.109 \times 10^{-31}\} \simeq 5.3 \times 10^{-11}$ m.

エネルギーは eV 単位なので, 1.062×10^{-19} J で割って $E_{基底} = -me^4/(8\varepsilon_0^2 h^2 \times 1.602 \times 10^{-19}) = -9.109 \times 10^{-31} \times (1.602 \times 10^{-19})^4 / \{8 \times (8.854 \times 10^{-12})^2 \times (6.626 \times 10^{-34})^2 \times 1.602 \times 10^{-19}\} \simeq -13.6$ eV を得る.

問題 19.9　Z 倍, Z^2 倍

問題 19.10　陽子は中性子に崩壊して, 軽水素 (^{1}H) 原子が存在できない. 危険な中性子が飛び交っていて, 恐らく生物は誕生しなかったであろう. (陽子と中性子が結びついた重水素原子 (^{2}H) は存在できるが, 存在はわずかと思われる. したがって, 水 (H_2O) もほとんどない.)

問題 19.11　3.7×10^8 J

章末問題

19.1　2×10^{-3} eV

19.2　(1)　$(b_1 b_2 b_3)(\ )$, $(b_1 b_2)(b_3)$, $(b_1 b_3)(b_2)$, $(b_2 b_3)(b_1)$, $(b_1)(b_2 b_3)$, $(b_2)(b_1 b_3)$, $(b_3)(b_1 b_2)$, $(\ )(b_1 b_2 b_3)$ の 8 種類.
(2)　$(bbb)(\ )$, $(bb)(b)$, $(b)(bb)$, $(\ )(bbb)$ の 4 種類.
(3)　$(bbf)(\ )$, $(bf)(b)$, $(f)(bb)$, $(bb)(f)$, $(b)(bf)$, $(\ )(bbf)$ の 6 種類.
(4)　$(fb)(f)$, $(f)(fb)$ の 2 種類.

19.3　(1)　13.6 eV
(2)　$E_l - E_k = me^4/(8\varepsilon_0^2 h^2) \times (1/k^2 - 1/l^2)$ である. したがって, $R = me^4/(8\varepsilon_0^2 h^3 c) = 9.109 \times 10^{-31} \times (1.602 \times 10^{-19})^4 / \{8(8.854 \times 10^{-12})^2 \times (6.626 \times 10^{-34})^3 \times 2.998 \times 10^8\} = 1.097 \times 10^7$ m^{-1} を得る.

19.4　4.838×10^{-3} 倍

19.5　(1)　(19.19) の両辺を Δt で割り, $\Delta t \to 0$ の極限を取れば, 次の微分方程式が得られる.
$$dN(t)/dt = -N(t)/\tau$$
この微分方程式を t について 0 から t まで積分すると, (19.20) が得られる.
(2)　寿命 (崩壊するまでの時間) の平均値を求める式は次の通りである.
$$(平均寿命) = \frac{\int_0^\infty t N(t)\, dt}{\int_0^\infty N(t)\, dt}$$
これに (19.20) を代入して計算を行えば,
$$(平均寿命) = \frac{\int_0^\infty t N(0) \exp(-t/\tau)\, dt}{\int_0^\infty N(0) \exp(-t/\tau)\, dt}$$
$$= \frac{[-t\tau \exp(-t/\tau) - \tau^2 \exp(-t/\tau)]_0^\infty}{[-\tau \exp(-t/\tau)]_0^\infty} = \tau$$
となる.
(3)　半減期 T は $T = \tau \ln 2 \simeq 0.693\, \tau$.

19.6　3.6×10^{-13}

19.7　65 億倍

19.8　(1)　$^{18}_9$F　(2)　$^1_0$H (中性子)

19.9　(1)　$\alpha : 8$, $\beta : 6$　(2)　$\alpha : 7$, $\beta : 4$
(3)　$\alpha : 6$, $\beta : 4$

索　引

ア

α 線　211
α 崩壊　211
アインシュタイン方程式　199
圧縮性流体　93
　　非——　93
圧力　88
アトウッドの器械　82
アボガドロ定数　100
アルキメデスの原理　90
アンペールの法則　178
　　マクスウェル-——　186

イ

位相　63
　　初期——　63
位置エネルギー（ポテンシャルエネルギー）　56
位置ベクトル　21
一般相対性理論　200
インダクタンス　185
インピーダンス　186
　　真空の特性——　188

ウ

腕の長さ　67
運動エネルギー　55
運動の3法則　38
運動の第1法則（慣性の法則）　38
運動の第2法則（運動の法則）　39
運動の第3法則（作用反作用の法則）　40
運動量　47
　　——保存則　48
　　4元——　198
　　角——　68
　　　　——保存則　69

エ

a-t グラフ　16

n 次導関数　16
SI（国際単位系）　2
x-t グラフ　10
x 成分　21
X 線　189
液体　86, 87
遠隔作用　151
円形波　132
遠心力　70
エントロピー　124
　　——増大則　125
円偏光　188
　　楕——　189
　　　　左回り——　189
　　　　右回り——　189
　　左回り——　188
　　右回り——　188

オ

応力　88
オストヴァルトの原理　122
オームの法則　167
重さ（重量）　30
温度　99
　　絶対——　100
　　抵抗率の——係数　168

カ

γ 線　189, 211
外積　67
回折　133
　　——格子　140
回転の方程式　68
外燃機関　115
可逆過程　118
　　不——　118
角運動量　68
　　——保存則　69
角振動数　62
角速度　62
確定的影響　213
核分裂エネルギー　212
確率的影響　213

核力（強い力）　29, 210
重ね合わせの原理　128
加速度　14
　　——ベクトル　23
　　重力——の大きさ　30
　　瞬間の——　14
　　等——運動　15
　　等——直線運動　15
　　平均の——　14
過程　111
　　断熱——　111, 112
　　定圧——　111
　　定積——　111
　　等温——　111, 113
　　不可逆——　118
荷電粒子　144
ガリレイ変換　193
カルノーサイクル　119
　　逆——　121
ガレージのパラドックス　202
干渉　129
慣性　38
　　——座標系　44
　　非——　44
　　——抵抗係数　96
　　——抵抗力　95
　　——の法則（運動の第1法則）　38
　　——モーメント　77
　　——力（見かけの力）　44
完全絶縁体　146
完全導体　146
完全非弾性衝突　50

キ

気圧傾度力　72
幾何光学　137
気化熱（蒸発熱）　87
気体　86, 87
　　理想——　100
　　——の状態方程式　100
気体定数　100
起電力　171

234　索　引

　　誘導── 182
基本振動　131
　　── 数　131
基本的な力　29
逆カルノーサイクル　121
キャパシタ　161
キャビテーション　94
吸収線量　213
急性効果　213
球面波　132
凝固熱　87
凝縮熱　87
共振角周波数　191
キルヒホッフの第1法則　169
キルヒホッフの第2法則　169
近似　6
近接作用　151

ク

偶力　74
屈折角　137
屈折の法則（スネルの法則）
133, 137
屈折率　137
　　絶対──　137
組立単位　2
クラウジウスの原理　121
クラウジウスの不等式　123
クーロンの法則　147

ケ

撃力　48
ケプラーの法則　69
限界振動数　203
限界波長　204
原子　86
　　── 番号　211
原始関数　18
現象論的な力　30
原子力発電　212
元素　211

コ

（広義の）ローレンツ力　176
光子　204
向心力　40
合成抵抗　169

合成容量　163
剛性率　90
光速不変の原理　193
剛体　74
　　── の平面運動　81
　　── 振り子（物理振り子）　80
光電効果　203
光電子　203
交流電圧　183
交流電流　183
光量子仮説　204
抗力　33
　　垂直──　30, 33
合力　27
光路差　140
光路長　138
国際単位系（SI）　2
誤差　4
固体　86, 87
固定軸　77
固定端　129
固有振動　131
固有振動数　131
コリオリ力　70

サ

3重点　87
3倍振動　131
サイクル　113
　　カルノー──　119
　　逆カルノー──　121
最大静止摩擦力　34
作業物質　110
座標　10
座標系　10
　　2次元極──　20
　　慣性──　44
　　直交──（デカルト──）　19
　　非慣性──　44
座標軸　10
作用線　26
作用点　26
作用反作用の法則（運動の第3法則）　29, 40
三角形法　21

シ

紫外線　189
時間　2
　　── の遅れ　194
示強的　100
次元　3
　　── 解析　4
　　2── 極座標系　20
　　4── 時空　198
　　無── 数　3
試験電荷　152
仕事　50
　　── 関数　204
　　── の原理　51
　　── 率　54
　　熱の── 当量　103
指数　2
　　── 関数　106
　　── 法則　3
自然対数　106
自然長　32
磁束　175
　　── 密度　175
　　── ベクトル　175
実効線量　213
実効電圧　184
実効電流　184
実効電力　184
質点　9
質量　2, 9
　　── 数　211
　　── 中心　75
　　── 密度（密度）　87
磁場　151, 175
　　── に関するガウスの法則　177
　　── ベクトル　178
自発的核分裂　212
周期　63
重心　75
自由端　129
自由電子　146
周波数　128
重量（重さ）　30
重力　30
　　── 加速度の大きさ　30

―― 波　200
主量子数　208
ジュール熱　168
瞬間の加速度　14
瞬間の速度　11
準静的　110
昇華　87
　　―― 曲線　87
　　―― 熱　87
蒸気圧曲線　87
状態変化（相変化）　87
状態方程式　100
　　理想気体の ――　100
状態量　100
蒸発熱（気化熱）　87
常用対数　106
初期位相　63
初速度　12
示量的　100
磁力線　178
真空の特性インピーダンス　188
振動数　64, 128
　　角 ――　62
　　共振 ――　191
　　限界 ――　203
　　固有 ――　131
振幅　64, 128

ス

水銀柱気圧計　92
垂直抗力　30, 33
水平ばね振り子　63
スカラー積　52
スカラー量　21
スネルの法則（屈折の法則）　133, 137
スペクトル　138
　　離散 ――　139
　　連続 ――　139
スペクトロスコピー（分光法）　139

セ

z 成分　21
静止衛星　70
静止エネルギー　198
静止摩擦係数　34

静止摩擦力　34
　　最大 ――　34
静止流体　90
静電エネルギー密度　162
静電気力　144
静電誘導　146
世界距離　198
赤外線　189
積分　18
　　定 ――　18
　　不 ――　19
　　被 ―― 関数　18
積分定数　19
赤方偏移　136
絶縁体　146
　　完全 ――　146
接触力　30
　　非 ――　30
絶対温度　100
絶対屈折率　137
線電荷密度　149
潜熱　87
全反射　138
線膨張率　105

ソ

相　86, 87
　　―― 図　87
　　―― 変化（状態変化）　87
双極子モーメント　154
相互作用　29
相対性原理　193
層流　96
速度　11
　　―― ベクトル　23
　　角 ――　62
　　加 ――　14
　　―― ベクトル　23
　　重力 ―― の大きさ　30
　　瞬間の ――　14
　　等 ―― 運動　15
　　等 ―― 直線運動　15
　　平均の ――　14
　　瞬間の ――　11
　　初 ――　12
　　第 1 宇宙 ――　70
　　第 2 宇宙 ――　61

伝播 ――　133
等 ―― 運動　12
ドリフト ――　167
平均の ――　11
塑性変形　89
疎部　134
疎密波（縦波）　128, 134

タ

第 1 宇宙速度　70
第 2 宇宙速度　61
第 1 種永久機関　114
第 2 種永久機関　122
対数関数　106
対数法則　106
体積電荷密度　151
帯電　144
体膨張率　105
対流　105
楕円偏光　189
　　左回り ――　189
　　右回り ――　189
縦波（疎密波）　128, 134
単位　2
　　組立 ――　2
　　国際 ―― 系 (SI)　2
端子電圧　171
単振動　63
弾性限度　89
弾性衝突　50
　　完全非 ――　50
　　非 ――　50
弾性力　30, 31
断熱過程　111, 112
単振り子　65

チ

力の 3 要素　26
力の大きさ　26
力の合成　27
力のつり合い　28
力の分解　27
力の向き　26
力のモーメント　67
地球温暖化　115
地衡風　72
中心力　69

索引

張力　30, 32
直衝突　49
直線波　132
直線偏光　188
直列接続　163
直交座標系（デカルト座標系）　19
直交軸の定理　79

ツ

強い力（核力）　29, 210

テ

定圧過程　111
定圧比熱　104
定圧モル比熱　111
抵抗率　168
　　──の温度係数　168
定常波　131
定常流体　92
　　非──　92
定積過程　111
定積比熱　104
定積分　18
　　不──　19
定積モル比熱　111
デカルト座標系（直交座標系）　19
電圧　160
　　──計　171
　　交流──　183
　　実効──　184
　　端子──　171
電位　160
　　──差　160
　　等──面　160
電荷　144
　　──保存則　145
　　試験──　152
　　線──密度　149
　　体積──密度　151
　　面──密度　151
電気双極子　154
電気素量　145
電気抵抗　167
電気容量　162
電気力線　155
電気量　144
電源　171

点磁荷　177
電磁気力　29
電磁波　188
電子捕獲　211
電磁誘導　182
電束　156
電束密度　156
　　──ベクトル　156
点電荷　147
電場　151
　　──に関するガウスの法則　157
　　──ベクトル　152
電波　189
伝播速度　133
電流　166
　　──計　171
　　交流──　183
　　実効──　184
　　変位──　187
　　誘導──　182

ト

等温過程　111, 113
等価原理　199
等加速度運動　15
等加速度直線運動　15
導関数　16
　　n 次──　16
動径成分　20
等時性　66
透磁率　174
導線　146
等速円運動　62
等速直線運動　12
等速度運動　12
導体　146
　　完全──　146
　　半──　146
等電位面　160
動摩擦係数　34
動摩擦力　34
ドップラー効果　135
ド・ブロイ波長　205
トムソンの原理　121
トリチェリの定理　94
ドリフト速度　167

ナ

内燃機関　115
内部エネルギー　99
内部抵抗　171
長さ　2
　　腕の──　67
波　127
　　縦──（疎密波）　128, 134
　　横──　128

ニ

2次元極座標系　20
2倍振動　131
入射角　137
ニュートンの運動方程式　39
ニュートンリング　141

ネ

音色　134
熱　103
　　──の仕事当量　103
　　凝固──　87
　　凝縮──　87
　　ジュール──　168
　　昇華──　87
　　蒸発──（気化熱）　87
　　潜──　87
　　比──　104
　　──比　112
　　定圧──　104
　　定圧モル──　111
　　定積──　104
　　定積モル──　111
　　モル──　104
　　融解──　87
熱運動　99
熱機関　113
　　──の熱効率　114
熱伝導　105
熱平衡状態　103
熱放射　105
熱容量　103
熱力学第0法則　103
熱力学第1法則　109
熱力学第2法則　118, 121
熱力学第3法則　120

索　引

熱量　103
　　——保存則　103
粘性　95
　　——係数　95
　　——抵抗力　95
　　——率　95

ハ

媒質　127
パウリ原理　206
波源　127
波長　128
　　限界——　204
　　ド・ブロイ——　205
波動　127
　　——関数　205
はね返り係数（反発係数）　50
ばね定数　32
波面　132
速さ　11
腹　131
馬力　55
パルス波　128
半減期　210
反射　129
　　——角　137
　　——の法則　137
　　全——　138
半導体　146
晩発性効果　213
万有引力　29
　　——定数　30

ヒ

非圧縮性流体　93
光の分散　138
非慣性座標系　44
ひずみ　88
被積分関数　18
非接触力　30
非相対論的極限　193
左回り円偏光　188
左回り楕円偏光　189
非弾性衝突　50
非定常流体　92
比熱　104
　　——比　112

　　定圧——　104
　　定積——　104
　　モル——　104
　　　　定圧——　111
　　　　定積——　111
微分　16
　　偏——　57
微分可能　16
微分係数　16
標準気圧　91
比例限度　89

フ

v-tグラフ　12
ファラデーの法則　183
フェルマーの原理　137
フェルミ推定　7
フェルミ粒子　206
不可逆過程　118
不確定性原理　209
節　131
双子のパラドックス　194
フックの法則　32
物質の三態　87
物質量　100
物理振り子（剛体振り子）　80
物理量　2
不定積分　19
プランク定数　204
浮力　90
分光　138
　　——法（スペクトロスコピー）　139
分子　86
　　——時計　24
分力　27

ヘ

β線　211
β崩壊　211
平均の加速度　14
平均の速度　11
平行軸の定理　80
平行四辺形法　21
平行板コンデンサ　161
平面波　132
並列接続　163

ベクトルの成分表示　22
ベクトル場　92
ベクトル量　21
ベルヌーイの関係式　103
ベルヌーイの定理　93
変位　11
　　——電流　187
　　——ベクトル　23
偏微分　57

ホ

ポアソンの式　112
ポアソン比　89
ホイートストンブリッジ　171
ホイヘンスの原理　132
ボイル-シャルルの法則　100
ポインティングベクトル　189
方位角成分　20
放射線　210
ボース-アインシュタイン凝縮　206
ボース粒子　206
保存力　56
ポテンシャルエネルギー（位置エネルギー）　56

マ

マイヤーの関係式　111
マクスウェル-アンペールの法則　186
マクスウェル方程式　187
マグヌス効果　94
摩擦力　30, 34
　　静止——　34
　　最大——　34
　　動——　34

ミ

見かけの力（慣性力）　44
右手系　19
右回り円偏光　188
右回り楕円偏光　189
密度（質量密度）　87
密部　134

ム

無次元数　3

メ

面電荷密度　151

モ

モーター　175
モル比熱　104
　　定圧 ——　111
　　定積 ——　111

ヤ

やじろべえ　76
ヤングの実験　139
ヤング率　89

ユ

融解曲線　87
融解熱　87
有効数字　4
誘電分極　146
誘電率　147
誘導核分裂　212
誘導起電力　182
誘導電流　182

ヨ

4元運動量　198
4次元時空　198
横波　128
弱い力　29

ラ

ラグランジュ点　71
乱流　96

リ

力学的エネルギー　58
　　—— 保存則　58
力積　48
力率　184
離散スペクトル　139
理想気体　100
　　—— の状態方程式　100
流管　93
流線　92
流体　90
　　圧縮性 ——　93
　　非 ——　93
　　静止 ——　90
　　定常 ——　92

　　非 ——　92
リュードベリ定数　215
臨界角　138
臨界点　87

ル

累乗　2

レ

レイノルズ数　96
連鎖反応　212
連続スペクトル　139
連続の方程式　93
連続波　128
レンツの法則　182

ロ

ローレンツ逆変換　197
ローレンツ収縮　195
ローレンツ不変量　198
ローレンツ変換　193, 196
ローレンツ力　176

ワ

y 成分　21

MEMO

MEMO

著者略歴

轟木 義一（とどろき のりかず）

1976年，宮城県に生まれる．東京工業大学工学部電子物理工学科卒業，東京工業大学大学院理工学研究科物性物理学専攻修士課程修了，東京大学大学院工学系研究科物理工学専攻博士課程修了．神奈川大学特別助手，千葉工業大学助教を経て，現在，千葉工業大学准教授．
専門：統計力学，磁性
主な著書：「演習形式で学ぶ相転移・臨界現象」，「新・基礎力学演習」，「新・基礎電磁気学演習」（以上，サイエンス社）

渡邊 靖志（わたなべ やすし）

1944年，長野県に生まれる．東京工業大学理工学部物理学科卒業，東京大学大学院理学系研究科物理学専攻修士課程修了，米コーネル大学大学院理学研究科物理学専攻博士課程修了．米アルゴンヌ国立研究所研究員，東京大学理学部物理学科助手，高エネルギー物理学研究所（現 高エネルギー加速器研究機構）助教授，東京工業大学理学部教授，同大学院理工学研究科教授，神奈川大学工学部教授を経て，現在，神奈川大学非常勤講師．
専門：素粒子物理学実験
主な著書：「素粒子物理入門」，「基礎の電磁気学」（以上，培風館），「理工系の物理学入門」（裳華房）

理工系のリテラシー　物理学入門

2018年10月25日　第1版1刷発行

著作者	轟木　義一	
	渡邊　靖志	
発行者	吉野　和浩	
発行所	東京都千代田区四番町 8 − 1	
	電話　03-3262-9166（代）	
	郵便番号　102-0081	
	株式会社　裳　華　房	
印刷所	株式会社　真　興　社	
製本所	牧製本印刷株式会社	

検印省略
定価はカバーに表示してあります．

社団法人
自然科学書協会会員

JCOPY 〈(社)出版者著作権管理機構 委託出版物〉
本書の無断複写は著作権法上での例外を除き禁じられています．複写される場合は，そのつど事前に，(社)出版者著作権管理機構（電話03-3513-6969, FAX 03-3513-6979, e-mail: info@jcopy.or.jp）の許諾を得てください．

ISBN 978-4-7853-2263-2

© 轟木義一・渡邊靖志，2018　Printed in Japan

本質から理解する 数学的手法

荒木　修・齋藤智彦 共著　Ａ５判／210頁／定価（本体2300円＋税）

　大学理工系の初学年で学ぶ基礎数学について，「学ぶことにどんな意味があるのか」「何が重要か」「本質は何か」「何の役に立つのか」という問題意識を常に持って考えるためのヒントや解答を記した．話の流れを重視した「読み物」風のスタイルで，直感に訴えるような図や絵を多用した．
【主要目次】1．基本の「き」　2．テイラー展開　3．多変数・ベクトル関数の微分　4．線積分・面積分・体積積分　5．ベクトル場の発散と回転　6．フーリエ級数・変換とラプラス変換　7．微分方程式　8．行列と線形代数　9．群論の初歩

力学・電磁気学・熱力学のための 基礎数学

松下　貢 著　Ａ５判／242頁／定価（本体2400円＋税）

　「力学」「電磁気学」「熱力学」に共通する道具としての数学を一冊にまとめ，豊富な問題と共に，直観的な理解を目指して懇切丁寧に解説．取り上げた題材には，通常の「物理数学」の書籍では省かれることの多い「微分」と「積分」，「行列と行列式」も含めた．
【主要目次】1．微分　2．積分　3．微分方程式　4．関数の微小変化と偏微分　5．ベクトルとその性質　6．スカラー場とベクトル場　7．ベクトル場の積分定理　8．行列と行列式

大学初年級でマスターしたい 物理と工学の ベーシック数学

河辺哲次 著　Ａ５判／284頁／定価（本体2700円＋税）

　手を動かして修得できるよう具体的な計算に取り組む問題を豊富に盛り込んだ．
【主要目次】1．高等学校で学んだ数学の復習 －活用できるツールは何でも使おう－　2．ベクトル －現象をデッサンするツール－　3．微分 －ローカルな変化をみる顕微鏡－　4．積分 －グローバルな情報をみる望遠鏡－　5．微分方程式 －数学モデルをつくるツール－　6．2階常微分方程式 －振動現象を表現するツール－　7．偏微分方程式 －時空現象を表現するツール－　8．行列 －情報を整理・分析するツール－　9．ベクトル解析 －ベクトル場の現象を解析するツール－　10．フーリエ級数・フーリエ積分・フーリエ変換 －周期的な現象を分析するツール－

物理数学　［裳華房テキストシリーズ - 物理学］

松下　貢 著　Ａ５判／312頁／定価（本体3000円＋税）

　数学的な厳密性にはあまりこだわらず，直観的にかつわかりやすく解説した．とくに学生が躓きやすい点は丁寧に説明し，豊富な例題と問題，各章末の演習問題によって各自の理解の進み具合が確かめられる．
【主要目次】Ⅰ．常微分方程式（１階常微分方程式／定係数２階線形微分方程式／連立微分方程式）　Ⅱ．ベクトル解析（ベクトルの内積，外積，三重積／ベクトルの微分／ベクトル場）　Ⅲ．複素関数論（複素関数／正則関数／複素積分）　Ⅳ．フーリエ解析（フーリエ解析）

裳華房ホームページ　http://www.shokabo.co.jp/